国家职业技能等级认定培训教材

高技能人才培养用书

铣 工

(初级)

国家职业技能等级认定培训教材编审委员会　组编

主　编　胡家富
参　编　尤根华　王　珂
　　　　吴卫奇　方金华

机械工业出版社

本书是根据现行《国家职业技能标准 铣工》（初级）的知识要求和技能要求，采用项目形式，按照岗位培训需要的原则编写的，为读者提供实用的培训内容。本书主要内容包括：专业基础知识，平面与连接面加工，台阶、直角沟槽与特形沟槽加工，分度头和回转工作台的应用，角度面与刻度加工，外花键加工以及直齿圆柱齿轮加工。

本书既可作为各级技能等级认定培训机构、企业培训部门的考前培训教材，又可作为读者考前的复习用书，还可作为职业技术院校、技工院校和综合类技术院校机械专业的专业课教材。

图书在版编目（CIP）数据

铣工：初级 / 胡家富主编 .—北京：机械工业出版社，2021.6
高技能人才培养用书　国家职业技能等级认定培训教材
ISBN 978-7-111-68722-1

Ⅰ.①铣… Ⅱ.①胡… Ⅲ.①铣削–职业技能–鉴定–教材
Ⅳ.①TG54

中国版本图书馆 CIP 数据核字（2021）第 140290 号

机械工业出版社（北京市百万庄大街 22 号　邮政编码 100037）
策划编辑：赵磊磊　责任编辑：赵磊磊　侯宪国　王　良
责任校对：李　杉　责任印制：常天培
天津翔远印刷有限公司印刷
2022 年 1 月第 1 版第 1 次印刷
184mm×260mm · 15.75 印张 · 311 千字
0 001—3 000 册
标准书号：ISBN 978-7-111-68722-1
定价：55.00 元

电话服务　　　　　　　　　网络服务
客服电话：010-88361066　　机 工 官 网：www.cmpbook.com
　　　　　010-88379833　　机 工 官 博：weibo.com/cmp1952
　　　　　010-68326294　　金 书 网：www.golden-book.com
封底无防伪标均为盗版　　　机工教育服务网：www.cmpedu.com

国家职业技能等级认定培训教材

 编审委员会

主　　任　李　奇　　荣庆华
副主任　　姚春生　　林　松　　苗长建　　尹子文
　　　　　周培植　　贾恒旦　　孟祥忍　　王　森
　　　　　汪　俊　　费维东　　邵泽东　　王琪冰
　　　　　李双琦　　林　飞　　林战国

委　　员　（按姓氏笔画排序）
　　　　　于传功　　王　新　　王兆晶　　王宏鑫
　　　　　王荣兰　　卞良勇　　邓海平　　卢志林
　　　　　朱在勤　　刘　涛　　纪　玮　　李祥睿
　　　　　李援瑛　　吴　雷　　宋传平　　张婷婷
　　　　　陈玉芝　　陈志炎　　陈洪华　　季　飞
　　　　　周　润　　周爱东　　胡家富　　施红星
　　　　　祖国海　　费伯平　　徐　彬　　徐丕兵
　　　　　唐建华　　阎　伟　　董　魁　　臧联防
　　　　　薛党辰　　鞠　刚

序

Preface

　　新中国成立以来,技术工人队伍建设一直得到了党和政府的高度重视。20世纪五六十年代,我们借鉴苏联经验建立了技能人才的"八级工"制,培养了一大批身怀绝技的"大师"与"大工匠"。"八级工"不仅待遇高,而且深受社会尊重,成为那个时代的骄傲,吸引与带动了一批批青年技能人才锲而不舍地钻研技术、攀登高峰。

　　进入新时期,高技能人才发展上升为兴企强国的国家战略。从2003年全国第一次人才工作会议,明确提出高技能人才是国家人才队伍的重要组成部分,到2010年颁布实施《国家中长期人才发展规划纲要(2010—2020年)》,加快高技能人才队伍建设与发展成为举国的意志与战略之一。

　　习近平总书记强调,劳动者素质对一个国家、一个民族发展至关重要。技术工人队伍是支撑中国制造、中国创造的重要基础,对推动经济高质量发展具有重要作用。党的十八大以来,党中央、国务院健全技能人才培养、使用、评价、激励制度,大力发展技工教育,大规模开展职业技能培训,加快培养大批高素质劳动者和技术技能人才,使更多社会需要的技能人才、大国工匠不断涌现,推动形成了广大劳动者学习技能、报效国家的浓厚氛围。

　　2019年国务院办公厅印发了《职业技能提升行动方案(2019—2021年)》,目标任务是2019年至2021年,持续开展职业技能提升行动,提高培训针对性实效性,全面提升劳动者职业技能水平和就业创业能力。三年共开展各类补贴性职业技能培训5000万人次以上,其中2019年培训1500万人次以上;经过努力,到2021年底技能劳动者占就业人员总量的比例达到25%以上,高技能人才占技能劳动者的比例达到30%以上。

　　目前,我国技术工人(技能劳动者)已超过2亿人,其中高技能人才超过5000万人,在全面建成小康社会、新兴战略产业不断发展的今天,建设高技能人才队伍的任务十分重要。

序

Preface

　　机械工业出版社一直致力于技能人才培训用书的出版,先后出版了一系列具有行业影响力,深受企业、读者欢迎的教材。欣闻配合新的《国家职业技能标准》又编写了"国家职业技能等级认定培训教材"。这套教材由全国各地技能培训和考评专家编写,具有权威性和代表性;将理论与技能有机结合,并紧紧围绕《国家职业技能标准》的知识要求和技能要求编写,实用性、针对性强,既有必备的理论知识和技能知识,又有考核鉴定的理论和技能题库及答案;而且这套教材根据需要为部分教材配备了二维码,扫描书中的二维码便可观看相应资源;这套教材还配合天工讲堂开设了在线课程、在线题库,配套齐全,编排科学,便于培训和检测。

　　这套教材的出版非常及时,为培养技能型人才做了一件大好事,我相信这套教材一定会为我国培养更多更好的高素质技术技能型人才做出贡献!

中华全国总工会副主席

高凤林

前言 Foreword

我国市场经济的迅猛发展，促使各行各业处于激烈的市场竞争中，而人才是企业在竞争中取得领先地位的重要因素。除了管理人才和技术人才，一线的技术工人始终是企业不可缺少的核心力量。为此，我们按照人力资源和社会保障部制定的《国家职业技能标准 铣工》（2018年修订），编写了本书，为读者提供初级铣工实用、够用、切合岗位实际的技术内容，能够帮助读者尽快地达到初级铣工的上岗要求，以适应激烈的市场竞争。

本书采用项目的形式，按照岗位培训需要的原则编写。本书主要内容包括专业基础知识，平面与连接面加工，台阶、直角沟槽与特形沟槽加工，分度头和回转工作台的应用，角度面与刻度加工，外花键加工，直齿圆柱齿轮加工等。本书在普通铣工的基础上，融入了数控铣工相应的理论知识和操作技能，书中每一个技能项目都配有技能训练实例，便于读者和培训机构实训。本书既可作为各级技能鉴定培训机构、企业培训部门的考前培训教材，又可作为读者考前的复习用书，还可作为职业技术院校、技工院校和综合类技术院校机械专业的专业课教材。

本书由胡家富主编，尤根华、王珂、吴卫奇、方金华参加编写，由纪长坤任主审。

由于编者的水平有限，书中难免存在不足之处，欢迎广大读者批评指正，在此表示衷心的感谢。

编　者

目 录

Contents

序
前言

项目1　专业基础知识

1.1　铣削加工基本知识 ·· 1
　　1.1.1　铣削加工基本内容 ··· 1
　　1.1.2　常用铣床种类与结构组成 ··· 3
　　1.1.3　常用铣刀种类与安装方法 ··· 9
　　1.1.4　常用铣床通用夹具与使用方法 ································ 12
　　1.1.5　常用工量具种类与使用方法 ···································· 14
　　1.1.6　铣工安全操作规程与文明生产 ································ 18
1.2　铣削用量及其选择方法 ·· 19
　　1.2.1　铣削用量基本知识 ·· 19
　　1.2.2　铣削用量的选择方法 ·· 21
1.3　铣刀的几何角度、铣刀选用与铣刀材料 ························· 23
　　1.3.1　铣刀基本几何角度 ·· 23
　　1.3.2　铣刀的选用 ·· 24
　　1.3.3　铣刀切削部分的常用材料 ······································· 31
1.4　铣床的操作方法及其保养 ·· 32
　　1.4.1　常用铣床的操作与调整方法 ···································· 32
　　1.4.2　常用铣床的维护与保养 ·· 36
1.5　切削液及其选用 ··· 37
　　1.5.1　切削液的种类 ·· 38
　　1.5.2　切削液的作用 ·· 38

目录

Contents

  1.5.3 切削液的合理选用 ·················· 38

项目2 平面与连接面加工

2.1 平面与连接面加工必备专业知识 ·················· 40
  2.1.1 平面与连接面的技术要求 ·················· 40
  2.1.2 平面与连接面的铣削特点 ·················· 41
  2.1.3 平面铣削的基本方式 ·················· 43
  2.1.4 平面铣削的常用刀具 ·················· 47
  2.1.5 平面与连接面铣削的工件装夹方法 ·················· 51
  2.1.6 平面与连接面的测量与检验方法 ·················· 53
2.2 连接面铣削加工技能训练实例 ·················· 56
  技能训练1 立式铣床上加工平板状矩形工件 ·················· 56
  技能训练2 卧式铣床上加工长条状矩形工件 ·················· 61
  技能训练3 调整主轴角度铣削斜面 ·················· 67
  技能训练4 转动工件角度和用角度铣刀铣削斜面 ·················· 73

项目3 台阶、直角沟槽与特形沟槽加工

3.1 台阶、直角沟槽和特形沟槽加工必备专业知识 ·················· 78
  3.1.1 直角沟槽与特形沟槽的种类及铣削技术要求 ·················· 78
  3.1.2 直角沟槽与键槽铣削加工方法 ·················· 79
  3.1.3 特形沟槽铣削加工方法 ·················· 82
  3.1.4 工件切断与窄槽加工方法 ·················· 84

  3.1.5 键槽和特形沟槽的测量与检验方法 …………………………………… 86
 3.2 台阶、直角沟槽、特形沟槽加工技能训练实例 ………………………………… 90
  技能训练1 双台阶工件加工 ……………………………………………… 90
  技能训练2 封闭键槽加工 ………………………………………………… 94
  技能训练3 螺钉起口槽加工 ……………………………………………… 98
  技能训练4 T形槽加工 …………………………………………………… 102
  技能训练5 V形槽加工 …………………………………………………… 105
  技能训练6 燕尾槽与燕尾块的加工 ……………………………………… 109

项目4 分度头和回转工作台的应用

 4.1 分度头与回转工作台应用必备专业知识 ………………………………………… 114
  4.1.1 万能分度头各部分名称及功用 …………………………………… 114
  4.1.2 万能分度头的附件及其功用 ……………………………………… 118
  4.1.3 回转工作台各部分名称及功用 …………………………………… 122
  4.1.4 万能分度头的维护保养 …………………………………………… 123
  4.1.5 分度方法与计算 …………………………………………………… 125
 4.2 分度法操作技能训练实例 ………………………………………………………… 149
  技能训练1 万能分度头简单分度法操作 ………………………………… 149
  技能训练2 万能分度头角度分度法操作 ………………………………… 151
  技能训练3 等分差动分度法操作 ………………………………………… 152
  技能训练4 角度差动分度法操作 ………………………………………… 154
  技能训练5 直齿条直线移距分度法操作 ………………………………… 156
  技能训练6 刻线直线移距分度法操作 …………………………………… 158

目录

Contents

项目5 角度面与刻度加工

5.1 角度面与刻度加工必备专业知识 ······ 161
    5.1.1 角度面与刻度加工技术要求 ······ 161
    5.1.2 角度面加工的计算和调整方法 ······ 163
    5.1.3 用分度头和回转工作台等分刻线的方法 ······ 164
    5.1.4 刻线刀具的刃磨 ······ 167
5.2 角度面与刻线加工技能训练实例 ······ 168
    技能训练1 六棱柱（六角）体铣削加工 ······ 168
    技能训练2 角度面零件铣削加工 ······ 172
    技能训练3 平面直线移距刻线 ······ 177
    技能训练4 圆柱面刻线 ······ 181

项目6 外花键加工

6.1 外花键加工必备专业知识 ······ 185
    6.1.1 外花键的种类及特征 ······ 185
    6.1.2 矩形外花键的工艺要求 ······ 185
    6.1.3 矩形外花键铣削加工的特点和方法 ······ 186
    6.1.4 矩形外花键的检验与质量分析方法 ······ 190
6.2 外花键单刀铣削操作技能训练实例 ······ 191
    技能训练1 单刀加工大径定心外花键 ······ 191
    技能训练2 单刀加工小径定心外花键 ······ 197
6.3 外花键组合铣刀铣削操作技能训练实例 ······ 203
    技能训练1 用组合的三面刃铣刀内侧刃铣削外花键 ······ 203

技能训练2　用组合的三面刃铣刀圆周刃铣削外花键 ……………………… 208

项目7　直齿圆柱齿轮加工

7.1　直齿圆柱齿轮齿形加工必备专业知识 ………………………………… 212
 7.1.1　直齿圆柱齿轮加工的基本技术要求 ……………………………… 212
 7.1.2　直齿圆柱齿轮加工的常用量具与使用方法 ……………………… 215
 7.1.3　直齿圆柱齿轮铣削加工的刀具和选用方法 ……………………… 222
 7.1.4　直齿圆柱齿轮铣削加工的检验与质量分析要点 ………………… 223
7.2　直齿圆柱齿轮铣削操作技能训练实例 …………………………………… 223
 技能训练　用盘形齿轮铣刀加工直齿圆柱齿轮 ………………………… 223
模拟试卷样例 ……………………………………………………………………… 229
 模拟试卷样例一 …………………………………………………………… 229
 模拟试卷样例一答案 ……………………………………………………… 233
 模拟试卷样例二 …………………………………………………………… 233
 模拟试卷样例二答案 ……………………………………………………… 236

Chapter 1

项目 1 专业基础知识

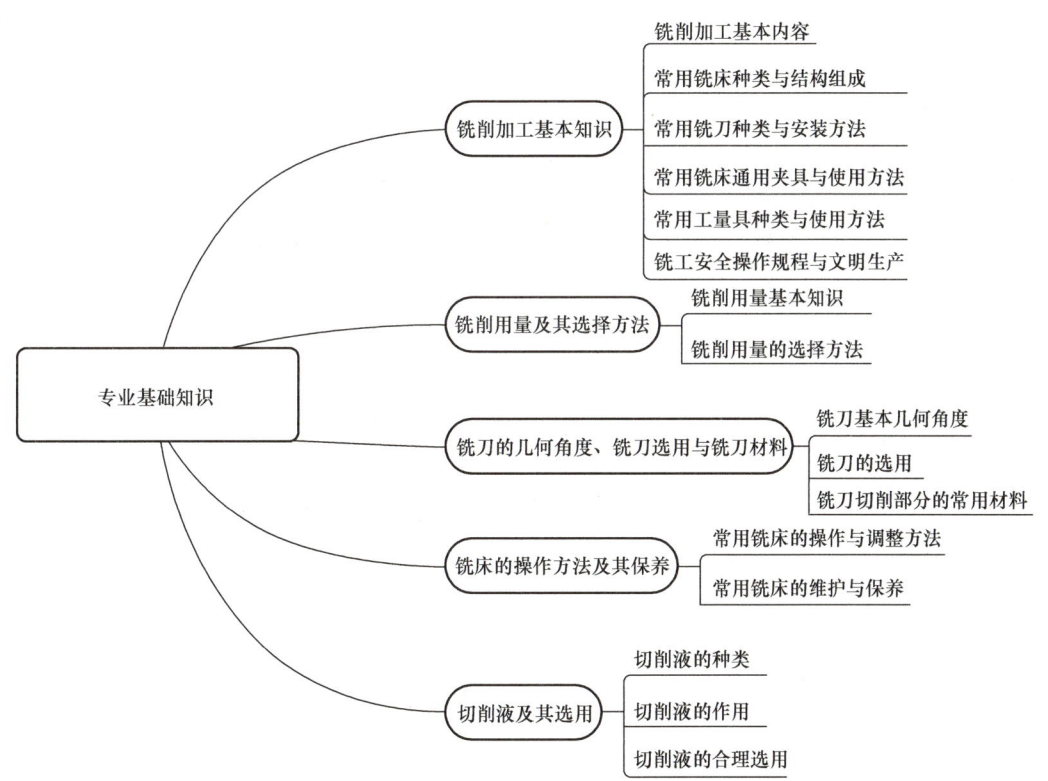

1.1 铣削加工基本知识

1.1.1 铣削加工基本内容

机械零件一般都是由毛坯通过各种不同方法的加工而达到所需形状和尺寸的。铣削加工是最常用的切削加工方法之一。

所谓铣削，就是以铣刀旋转作主运动，工件或铣刀作进给运动的切削加工方法。铣削过程中的进给运动可以是直线运动，也可以是曲线运动。因此，铣削的加工范围比较广，生产效率和加工精度也较高。铣床加工的基本内容如图 1-1 所示。

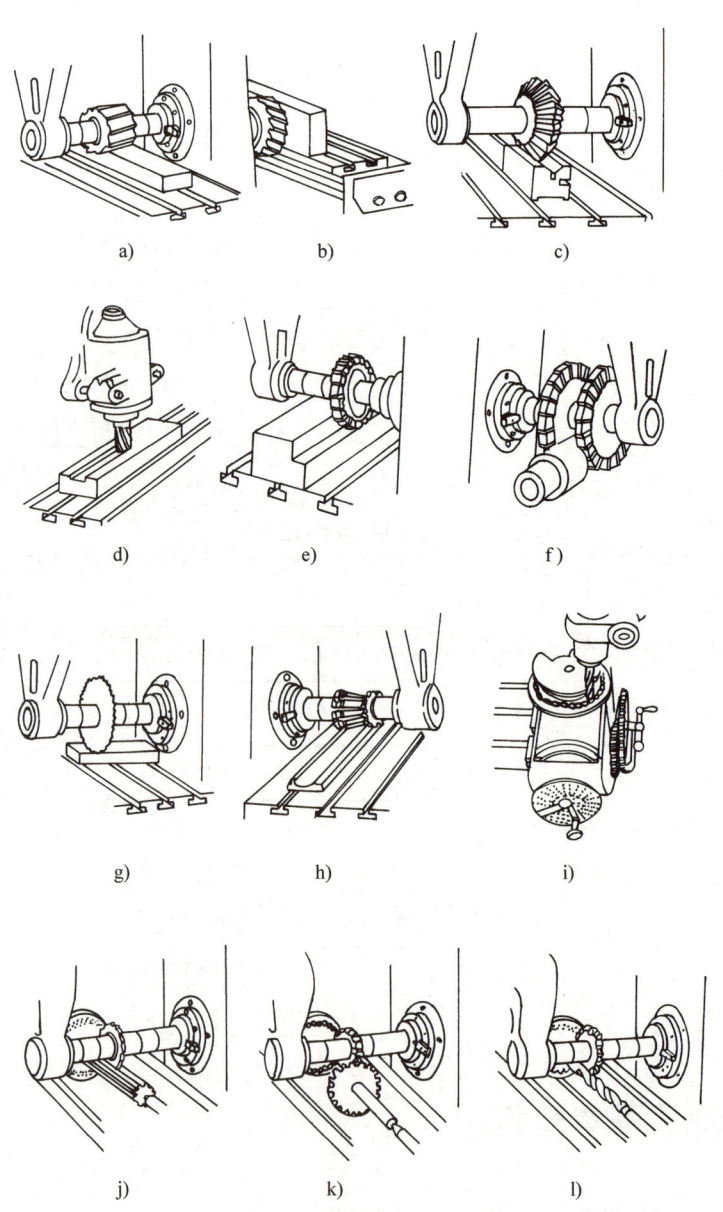

图 1-1　铣床加工的基本内容

a）圆柱形铣刀铣平面　b）面铣刀铣平面　c）铣V形槽　d）铣沟槽　e）铣台阶
f）组合铣刀铣两侧面　g）切断　h）铣成形面　i）铣凸轮　j）铣花键轴　k）铣齿轮　l）铣螺旋槽

1.1.2 常用铣床种类与结构组成

由于铣床的工作范围非常广，铣床的种类也很多，现将常用的铣床作简要介绍。

1. 升降台式铣床

升降台式铣床的主要特征是带有升降台。工作台除沿纵向、横向导轨作左右、前后运动外，还可沿升降导轨随升降台作上下运动。

这类铣床加工范围大，通用性强，用途广泛，是铣削加工中的常用铣床。根据结构形式和使用特点，升降台式铣床又可分为卧式和立式两种。

（1）卧式铣床　图1-2所示为卧式铣床结构及外形。卧式铣床的主要特征是铣床主轴轴线与工作台面平行，因主轴呈横卧位置，所以称作卧式铣床。铣削时，铣刀安装在与主轴相连接的刀杆上，随主轴作旋转运动，被切削工件装夹在工作台面上对铣刀作相对进给运动，从而完成切削工作。

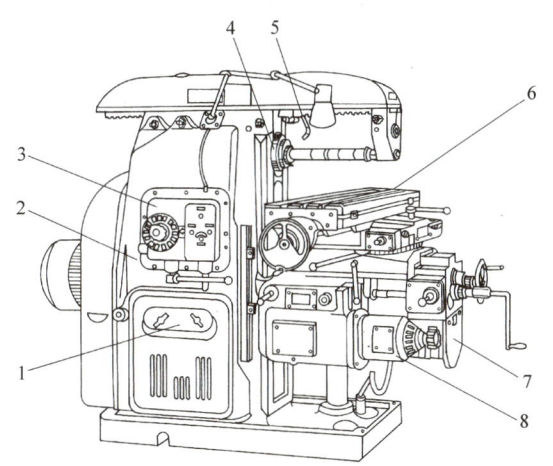

图1-2　卧式铣床结构及外形

1—机床电器部分　2—床身部分　3—变速操纵部分　4—主轴及传动部分
5—冷却部分　6—工作台部分　7—升降台部分　8—进给变速部分

卧式铣床加工范围很广，可以加工沟槽、平面、成形面、螺旋槽等。根据加工范围的大小，卧式铣床又可分为一般卧式铣床（平铣）和卧式万能铣床。卧式万能铣床的结构与一般卧式铣床有所不同，其纵向工作台与横向工作台之间有一回转盘，并具有回转刻度线。使用时，主轴可以按照需要在±45°范围内扳转角度，以适应用圆盘铣刀加工螺旋槽等工件。同时，卧式万能铣床还带有较多附件，因而加工范围比较广，所以得到广泛应用。

（2）立式铣床　图1-3所示为立式铣床结构及外形。立式铣床的主要特征是铣床主轴轴线与工作台台面垂直，因主轴呈竖立位置，所以称作立式铣床。铣削时，铣刀安装在与主轴相连接的刀轴上,绕主轴作旋转运动,被切削工件装夹在工作台上,对铣刀作相对运动,完成切削过程。

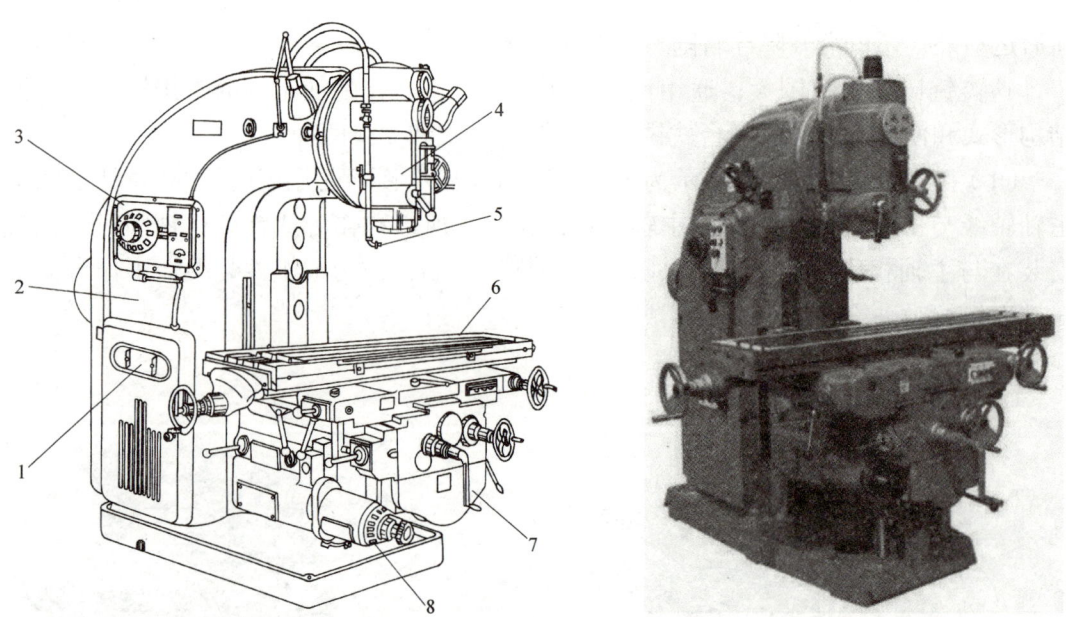

图1-3 立式铣床结构及外形

1—机床电器部分 2—床身部分 3—变速操纵部分 4—主轴及传动部分
5—冷却部分 6—工作台部分 7—升降台部分 8—进给变速部分

立式铣床加工范围很广,通常可以使用面铣刀、立铣刀、成形铣刀等铣削各种沟槽和表面。另外,利用机床附件,如回转工作台、分度头,还可以加工圆弧、曲线外形、齿轮、螺旋槽、离合器等较复杂的零件。当生产批量较大时,在立式铣床上采用硬质合金刀具进行高速铣削,可以大大提高生产效率。

立式铣床与卧式铣床相比,在操作方面还具有观察清楚、检查调整方便等优点。

立式铣床按其立铣头的不同结构,又可分为以下两种:

1)立铣头与机床床身成一整体,这种立式铣床刚度比较好,但加工范围比较小。

2)立铣头与机床床身之间有一回转盘,盘上有刻度线,主轴随立铣头可扳转一定角度,以适应铣削各种角度面、椭圆孔等。由于该种铣床立铣头可回转,所以目前在生产中应用广泛。

2. 多功能铣床

这类铣床的特点是具有广泛的万用性能。

图 1-4 所示为一台摇臂万能铣床。这种铣床能进行以铣削为主的多种切削加工，可以进行立铣、卧铣、镗、钻、磨、插等工序加工，还能加工各种斜面、螺旋面、沟槽、弧形槽等，适用于各种零件维修和产品加工，特别适用于各种工具、夹具、模具制造。该机床结构紧凑，操作灵活，加工范围广，是一种典型的多功能铣床。

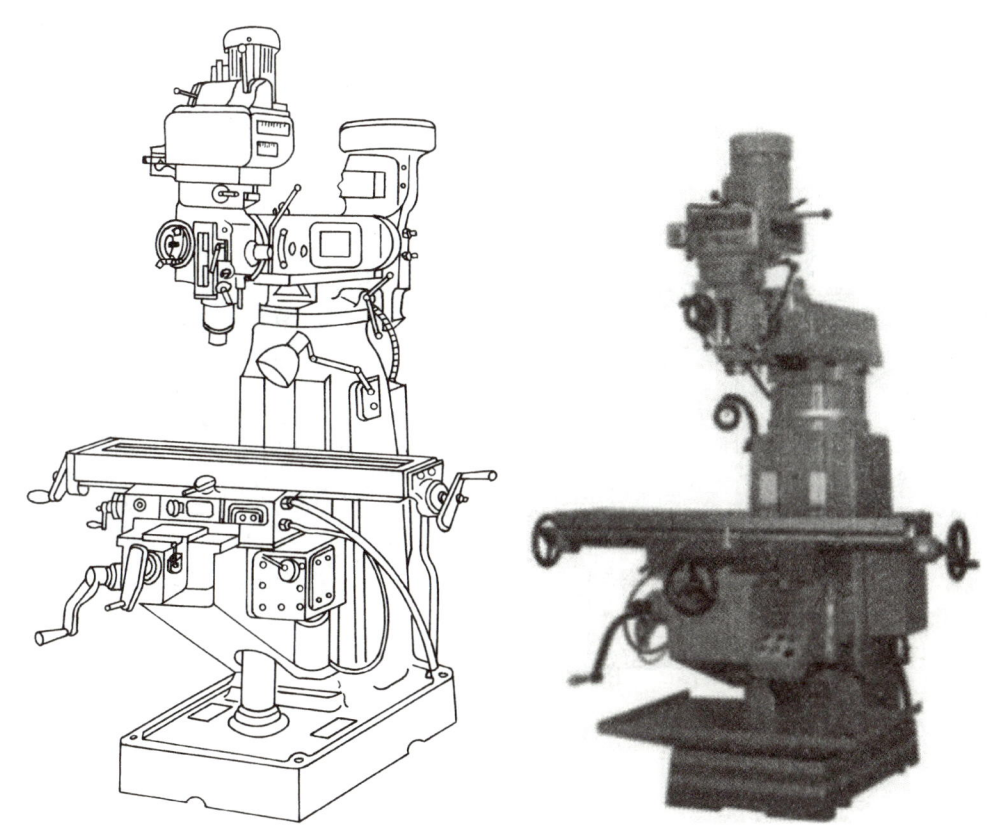

图 1-4　摇臂万能铣床

图 1-5 所示为万能工具铣床。该机床工作台不仅可以作三个方向平移，还可以作多方向回转，特别适用于加工刀具、量具类较复杂的小型零件，具有附件配备齐全、用途广泛等特点。

3. 固定台座式铣床

这类铣床的主要特征是没有升降台，如图 1-6 所示，工作台只能作左右、前后移动，其升降运动是由立铣头沿床身垂直导轨上下移动来实现的。这类铣床因为没有升降台，工作台的支座就是底座，所以结构坚固，刚度好，适用于进行强力铣削和高速铣削；由于其承载能力较大，还适于加工大型、重型工件。

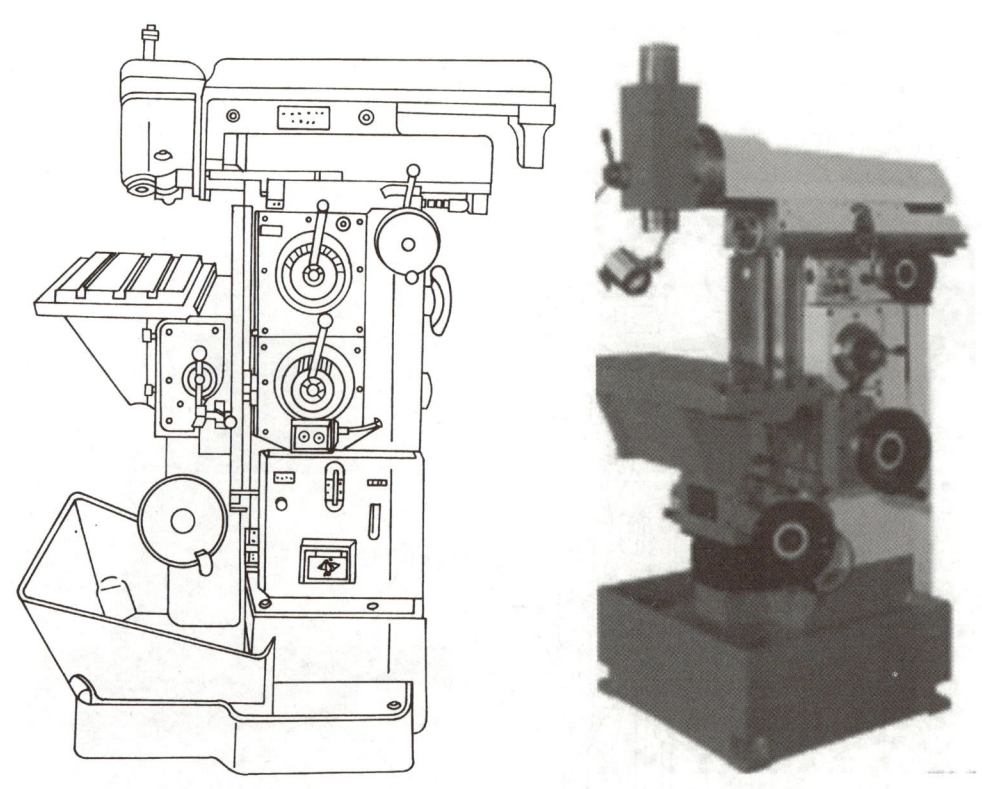

图 1-5　万能工具铣床

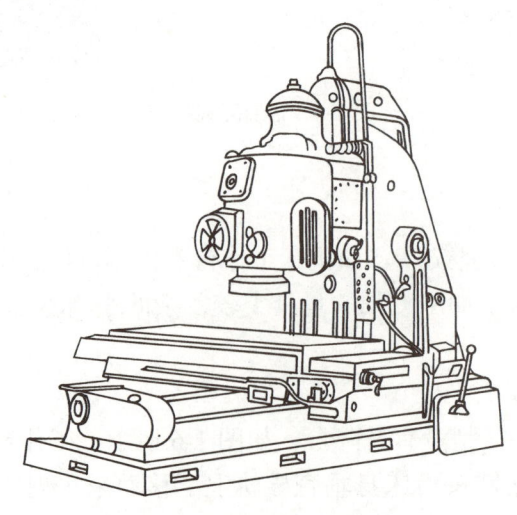

图 1-6　固定台座式铣床

4. 龙门铣床

龙门铣床也是一种无升降台铣床，属于大型铣床。龙门铣床的铣削动力头安装在龙门导轨上，可作横向和升降运动；工作台安装在固定床身上，仅作纵向移动。龙门铣床根据铣削动力头的数量分别有单轴、双轴、四轴等多种型式。图1-7所示为一台四轴龙门铣床。铣削时，若安装四把铣刀，可同时铣削工件的几个表面，工作效率高，适用于加工大型箱体类工件表面，如机床床身表面等。

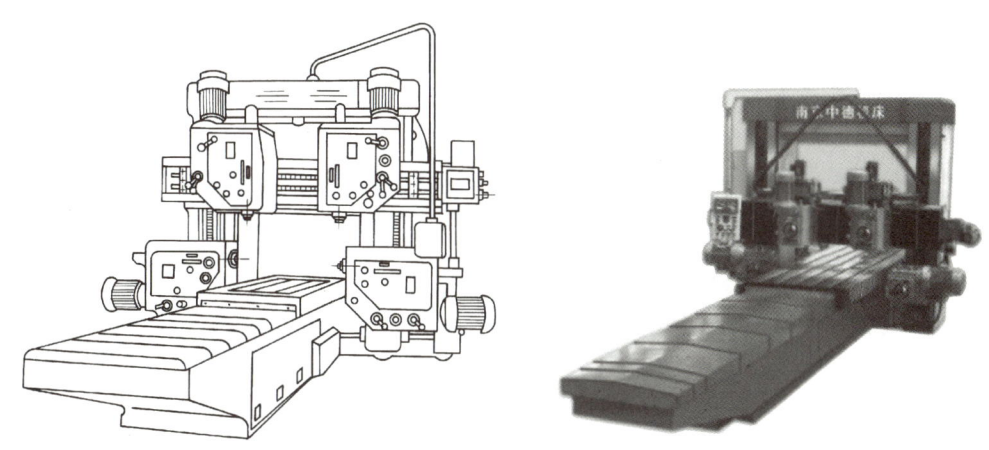

图1-7　四轴龙门铣床

5. 专用铣床

专用铣床的加工范围比较小，是专门加工某一种类工件的。专用铣床是通用机床向专业化发展的结果。这类机床加工单一型产品时，生产效率很高。

专用铣床种类很多，现将几种机床作简要介绍。图1-8所示为一台圆台铣床，这种铣床适用于高速铣削平面，由于其操作简便、生产效率高，因此特别适用于大批量生产。图1-9所示为一台专门加工键槽的键槽铣床，它具有装夹工件方便、调整简单等特点，适用于各种轴类零件的键槽铣削。图1-10a所示为一台平面仿形铣床，这种铣床适用于加工各种较复杂的曲线轮廓零件，调整主轴头的不同高度，可以加工平面阶台轮廓。该机床除了仿形铣削外，还能担负立铣的工作，为了适应成批生产，还可采用自动循环控制。

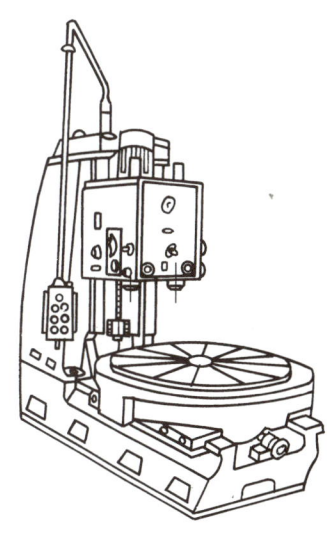

图1-8　圆台铣床

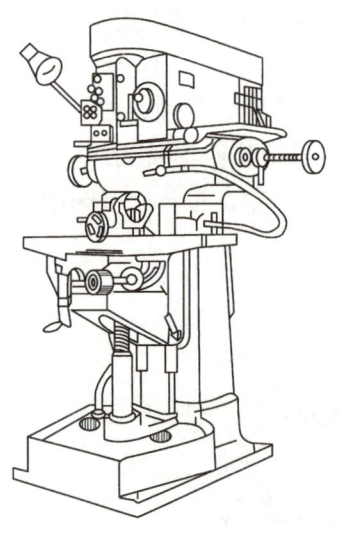

图 1-9 键槽铣床

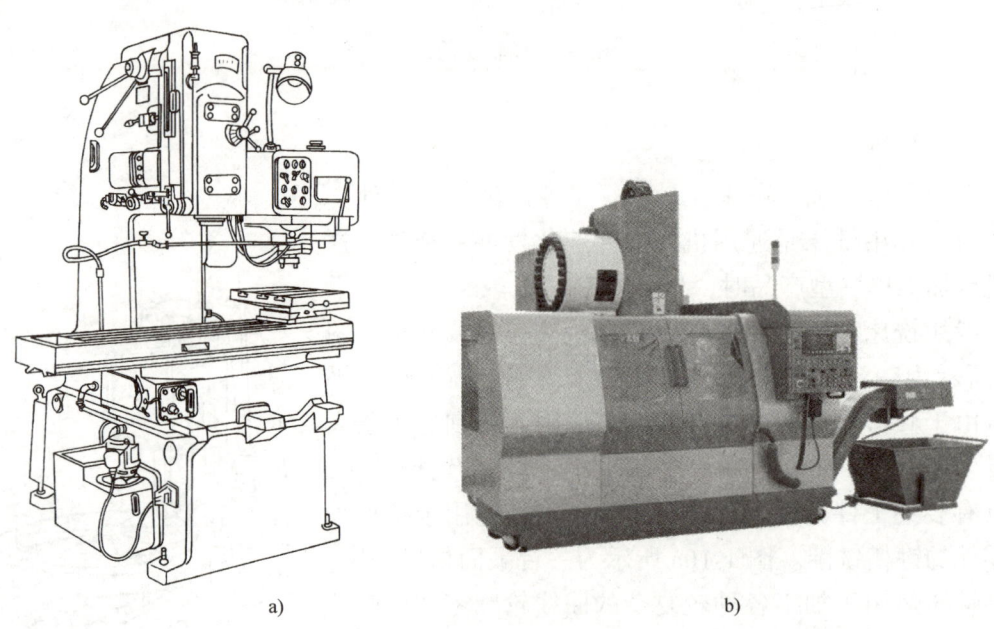

图 1-10 仿形铣床和数控加工中心

a）平面仿形铣床　b）凸轮机械手自动换刀数控加工中心

6. 数控铣床和加工中心

数控铣床和加工中心是近年来发展迅速的新型铣削加工金属切削机床。数控铣床和加工中心是装备了数控系统的机床。数控铣床也有卧式数控铣床、立式数控铣床、固定台座式数控铣床和龙门数控铣床等多种类型。专用数控铣床有数控曲轴铣床、数控螺纹铣床等。数控铣床一般是三轴联动，也有一些是两轴半联动，一些有摆角功能的数控铣床可以进行四轴和五轴联动的多面加工。加工中心是带有刀库的数控机床，可自动换刀进行铣、镗加工。数控铣床和加工中心适用于加工各种精度较高的零件，对于一般铣床不能加工的复杂轮廓和立体曲面，可使用数控铣床或加工中心进行加工。图 1-10b 所示为凸轮机械手自动换刀数控加工中心。

1.1.3 常用铣刀种类与安装方法

铣刀的种类很多，其分类方法也有很多，现介绍几种通常的分类方法和常用的铣刀种类。

1. 按铣刀切削部分的材料分类

（1）高速钢铣刀　这类铣刀有整体的和镶齿的两种，一般形状较复杂的铣刀都是整体高速钢铣刀。

（2）硬质合金铣刀　这类铣刀大都不是整体的，将硬质合金刀片以焊接或机械夹固的方式镶装在铣刀刀体上，如硬质合金立铣刀，三面刃铣刀等。

2. 按铣刀的结构分类

（1）整体铣刀　整体铣刀是指铣刀的切削部分、装夹部分及刀体成一整体。这类铣刀可用高速钢整料制成，也可用高速钢制造切削部分，用结构钢制造刀体部分，然后焊接成一整体。直径不大的立铣刀、三面刃铣刀、锯片铣刀都采用这种结构，如图 1-11a 所示。

（2）镶齿铣刀　镶齿铣刀的刀体材料是结构钢，刀齿材料是高速钢，刀体和刀齿利用尖齿形槽镶嵌在一起。直径较大的三面刃铣刀和套式面铣刀，一般都采用这种结构，如图 1-11b 所示。

（3）可转位铣刀　这类铣刀是用机械夹固的方式把硬质合金刀片或其他刀具材料安装在刀体上，因而保持了刀片的原有性能。切削刃磨损后，可将刀片转过一个位置继续使用。这种刀具节省材料，节省刃磨时间，提高了生产效率，如图 1-11c 所示。

3. 按铣刀刀齿的构造分类

（1）尖齿铣刀　尖齿铣刀的刀齿截面上，齿背由直线或折线组成，如图 1-12a 所示。这类铣刀齿刃锋利，刃磨方便，制造比较容易，生产中常用的三面刃铣刀、圆柱形铣刀等都是尖齿铣刀。

（2）铲齿铣刀　铲齿铣刀的刀齿截面上，齿背是阿基米德螺旋线，如图 1-12b

所示,齿背必须在铲齿机床上铲出。这类铣刀刃磨后,只要前角不变,齿形也不变。成形铣刀为了保证刃磨后齿形不变,一般采用铲齿结构。

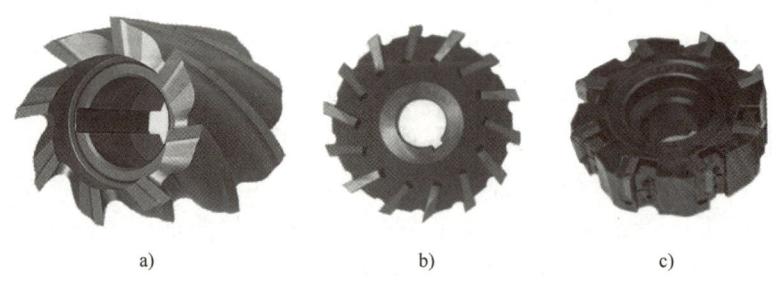

图1-11　不同结构的铣刀

a)整体铣刀　b)镶齿铣刀　c)可转位铣刀

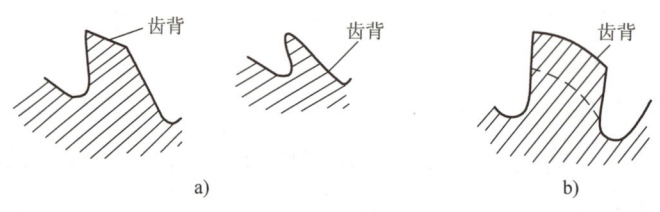

图1-12　铣刀刀齿的构造

a)尖齿铣刀刀齿截面　b)铲齿铣刀刀齿截面

4. 按铣刀的形状和用途分类

为了适应各种不同的铣削内容,设计和制造了各种不同形状的铣刀,它们的形状与用途有着密切的联系,现将一般铣削加工常用的铣刀按形状和用途作一分类介绍,如图1-13所示。

(1)加工平面用的铣刀　加工平面用的铣刀主要有两种:面铣刀和圆柱形铣刀。加工较小的平面时,也可用立铣刀和三面刃铣刀。

(2)加工直角沟槽用的铣刀　直角沟槽是铣削加工的基本内容之一,铣削直角沟槽时,常用的有三面刃铣刀、立铣刀,还有形状如薄片的切口铣刀。键槽是直角沟槽的特殊形式,加工键槽用的铣刀有键槽铣刀和槽铣刀。

(3)加工各种特形沟槽用的铣刀　属于铣削加工的特形沟槽很多,如T形槽、V形槽、燕尾槽等,所用的铣刀有T形槽铣刀、角度铣刀、燕尾槽铣刀等。

(4)加工各种成形面用的铣刀　加工成形面的铣刀一般是专门设计制造而成,常用标准化成形铣刀有凹半圆铣刀、凸半圆铣刀、齿轮盘铣刀和指形齿轮铣刀等。

(5)切断加工用的铣刀　常用的切断加工铣刀是锯片铣刀。前面所述的薄片状切口铣刀也可用作切断。

5. 按铣刀的安装方式分类

(1)带孔铣刀　采用孔安装的铣刀称为带孔铣刀,如三面刃铣刀、圆柱形铣刀等。

（2）带柄铣刀　采用柄部安装的带柄铣刀有锥柄和直柄两种形式。如较小直径的立铣刀和键槽铣刀是直柄铣刀，较大直径的立铣刀和键槽铣刀是锥柄铣刀。

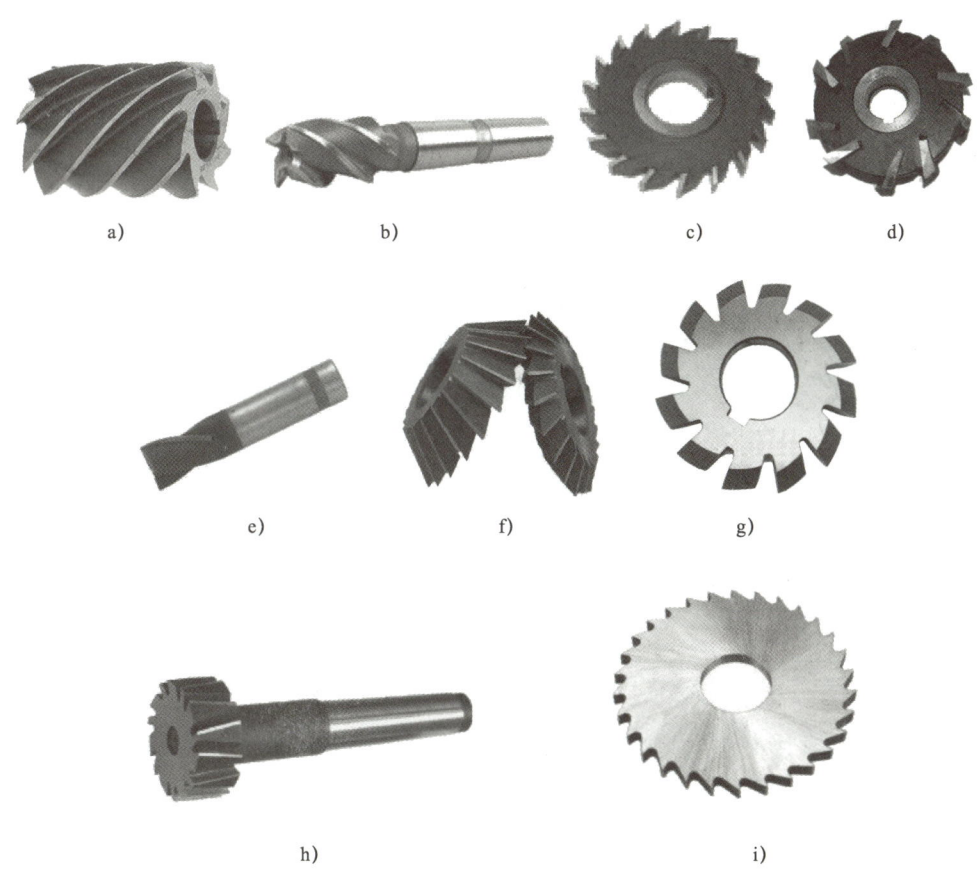

图 1-13　各种不同形状和不同用途的铣刀

a) 圆柱形铣刀　b) 立铣刀　c) 直齿三面刃铣刀　d) 错齿三面刃铣刀
e) 键槽铣刀　f) 单角铣刀和双角铣刀　g) 齿轮铣刀　h) T形槽铣刀　i) 锯片铣刀

6. 可转位铣刀、模块式铣刀和硬质合金整体铣刀

近年来，可转位铣刀使用十分广泛，在批量生产中，为了提高生产效率和保证产品质量，通常使用可转位铣刀进行平面、沟槽等零件加工，可转位铣刀的刀片磨损后，只要进行转位安装或更换刀片，即可继续进行加工。模块式铣刀是柔性生产十分重要的工艺装备，在数控加工中心上使用的大多是模块式刀具系统，以便于适应自动换刀装置和多工序集中的铣削加工。硬质合金整体铣刀适用于高速铣削和难切削材料的铣削加工，具有热硬性好和制造工艺性好等特点。

1.1.4 常用铣床通用夹具与使用方法

根据夹具的应用范围,铣床夹具可分为通用夹具、专用夹具。铣工所用的通用夹具,主要有机用虎钳、回转工作台、分度头等。它们一般无须调整或稍加调整就可以用于装夹不同工件。专用夹具是专为某一工件的某一工序专门设计的,使用时既方便又准确,生产效率高。

(1)机用虎钳 机用虎钳如图1-14所示,其规格见表1-1。

图1-14 机用虎钳

表1-1 机用虎钳的规格 (单位:mm)

参数	规格							
	60	80	100	125	136	160	200	250
钳口宽度B	60	80	100	125	136	160	200	250
钳口最大张开度A	50	60	80	100	110	125	160	200
钳口高度h	30	34	38	44	36	50(44)	60(56)	56(60)
定位键宽度b	10	10	14	14	12	18(14)	18	18
回转角度	360°							

注:规格60、80的机用虎钳为精密机用虎钳,适用于工具磨床、平面磨床和坐标镗床。

在用机用虎钳装夹不同形状的工件时,可设计几种特殊钳口,只要更换不同形式的钳口,即可适应各种形状的工件,以扩大机用虎钳的使用范围。图1-15所示为几种特殊钳口。

(2)回转工作台 回转工作台简称转台,又称圆转台,其主要功用是铣圆弧曲线外形和沟槽、平面螺旋槽(面)和分度。回转工作台有几种,常用的是立轴式手动回转工作台(见图1-16)和机动回转工作台(见图1-17),又称机动手动两用回转工作台。

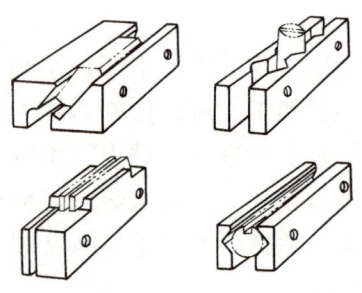

图1-15 特殊钳口

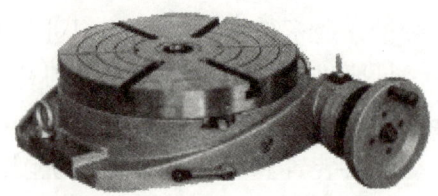

图1-16 手动回转工作台

手动回转工作台在对工件直线部分加工时，可使用锁紧手柄锁紧后进行切削。转台具有蜗轮蜗杆脱开机构，松开机构锁紧的内六角螺钉，转动脱开机构手柄，将偏心销插入脱开位置定位槽，此时可直接用手推动转台旋转至所需位置。

图1-17a所示为机动回转工作台的外形。机动回转工作台与手动回转工作台的区别主要是能利用万向联轴器，由机床传动装置带动传动轴1使转台旋转。不需机动时，将离合器手柄2置于中间位置，直接摇动手轮作手动用，其结构如图1-17b所示。

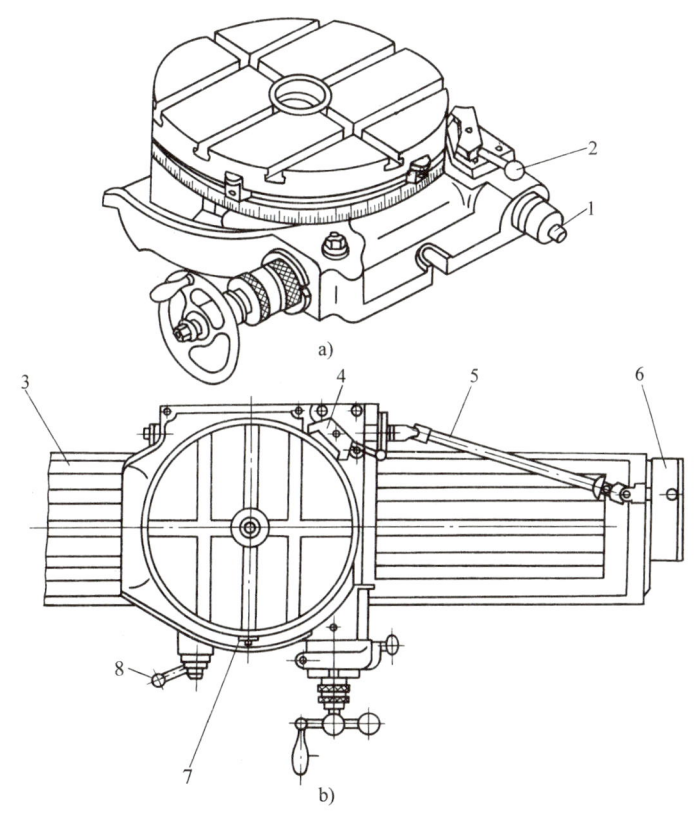

图1-17 机动回转工作台

a）外形 b）机动传动装置

1—传动轴 2—离合器手柄 3—机床工作台 4—拨块
5—万向联轴器 6—传动齿轮箱 7—挡铁 8—紧固手柄

（3）万能分度头 在铣床上铣削六角、八角等正多边形柱体，以及均等分布或互成一定夹角的沟槽和齿槽时，一般都利用分度头进行分度，其中万能分度头（见图1-18）使用最普遍。万能分度头除能将工件作任意的圆周分度外，还可作直线移距分度；可把工件轴线装置成水平、垂直或倾斜的位置；通过交换齿轮，可使分度头主轴随工作台的进给运动作连续旋转，以加工螺旋面。

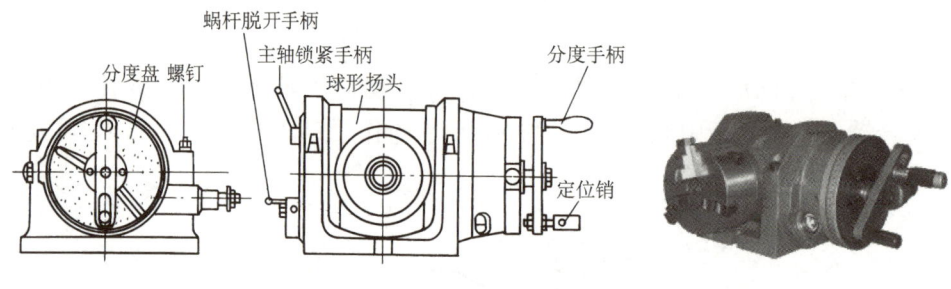

图 1-18　万能分度头

1.1.5　常用工量具种类与使用方法

（1）活扳手　如图 1-19 所示，活扳手由扳口 1、扳体 2、蜗杆 3 和扳手体 4 组成，是用于扳紧六角、四方形螺钉和螺母的工具。其规格是根据扳手长度（mm）和扳口张开尺寸（mm）表示的，如 300×36 等。使用时，应根据六角对边尺寸，选用合适的活扳手。

（2）双头扳手　如图 1-20 所示，这类扳手的扳口尺寸是固定的，不能调节。使用时根据螺母、螺钉六角对边尺寸来选用对应的扳手。

（3）内六角扳手　如图 1-21 所示，它用于紧固内六角螺钉，其规格以内六角对边尺寸表示，常用的有 3mm、4mm、5mm、6mm、8mm、10mm、12mm、14mm 等。使用时选用相应的内六角扳手，手握扳手长的一端，将扳手短的一端插入内六角孔中，用力将螺钉旋紧或松开。

（4）可逆式棘轮扳手　如图 1-22 所示，它由四方传动六角套筒 1、扳体 2 和方榫 3 组成。当六角螺钉埋在孔中，无法用活扳手时，则采用这种扳手。可逆式棘轮扳手有顺、逆两个方向，只要将扳体 2 反转 180°后插入六角套筒，即可改变扳紧或扳松的方向。其规格是以六角对边尺寸表示，有 10mm、12mm、14mm、17mm、19mm、22mm、24mm 等。使用时，选用与六角对边相适应的六角套筒与扳体配合使用。

（5）柱销钩形扳手　如图 1-23 所示，柱销钩形扳手用来紧固带槽或带孔圆螺母，其规格以所紧固螺母直径表示。使用时，根据螺母直径选用，如螺母直径为 $\phi100mm$，选用 100～110mm 的柱销钩形扳手，然后手握扳手柄部，将扳手的柱销钩入螺母的槽中或孔中，扳手的内圆卡在螺母外圆上，用力将螺母扳紧或旋松。

（6）一字槽螺钉旋具和十字槽螺钉旋具　如图 1-24 所示，用于旋紧带槽螺钉，使用时，根据螺钉头部槽形，选用一字槽螺钉旋具或十字槽螺钉旋具旋紧螺钉。

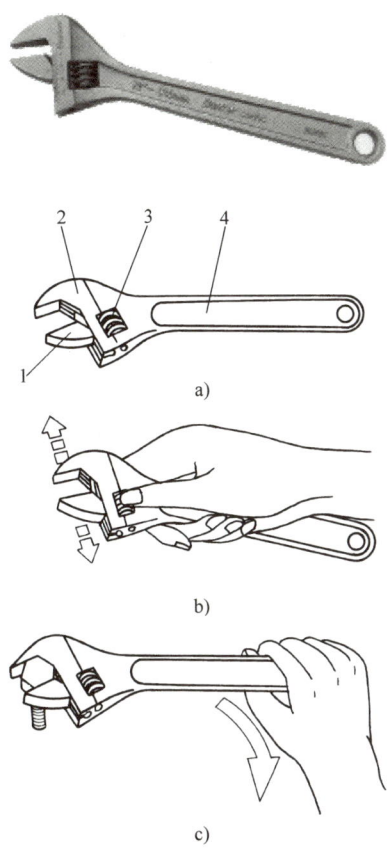

图 1-19 活扳手

a）组成 b）调整 c）使用
1—扳口 2—扳体 3—蜗杆 4—扳手体

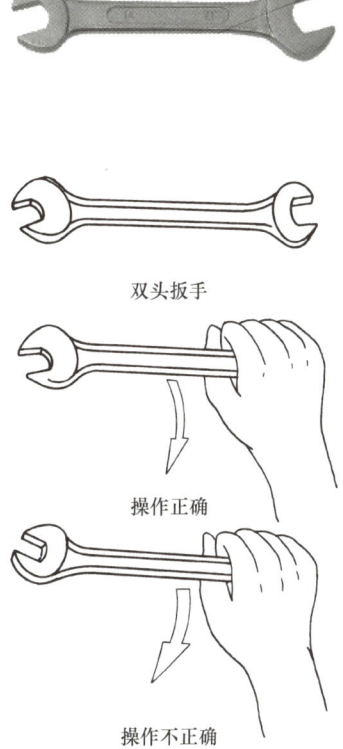

图 1-20 双头扳手及其使用方法

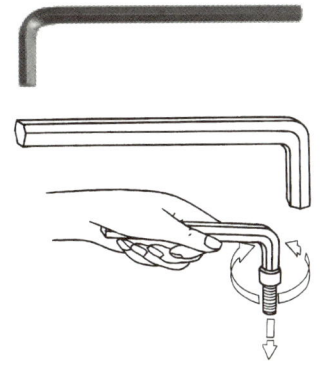

图 1-21 内六角扳手

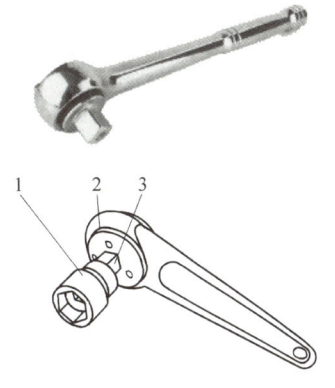

图 1-22 可逆式棘轮扳手

1—四方传动六角套筒 2—扳体 3—方榫

图 1-23 柱销钩形扳手

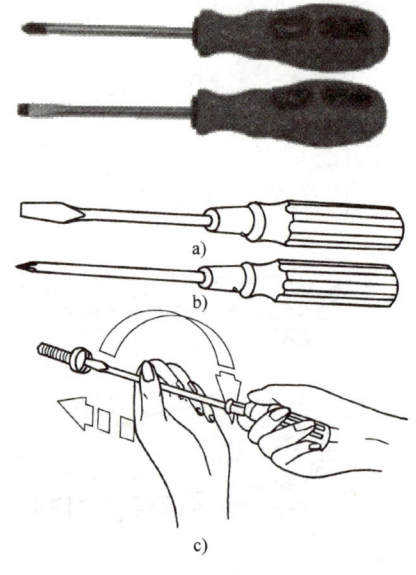

图 1-24 螺钉旋具

a）一字槽螺钉旋具　b）十字槽螺钉旋具
c）螺钉旋具的使用

（7）锤子　如图 1-25 所示，锤子在装夹工件和拆卸刀具时用于敲击，有钢锤和铜锤（或铜棒），铜锤用于敲击已加工面。

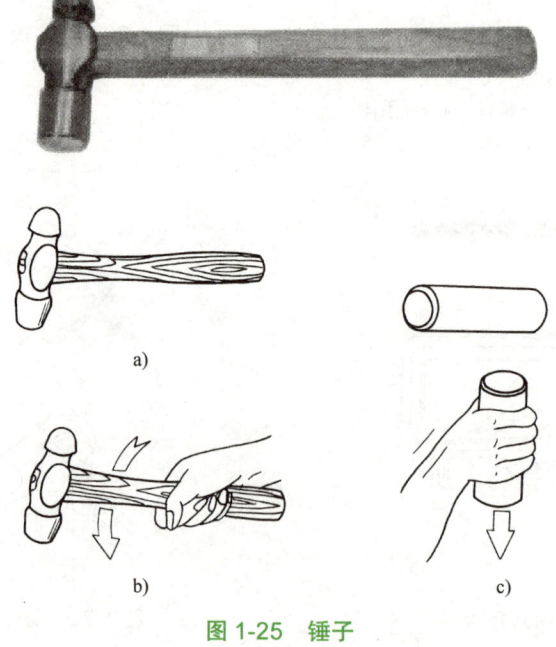

图 1-25 锤子

a）钢锤　b）使用方法　c）铜棒

（8）划线盘　有普通划线盘和调节式划线盘，普通划线盘一般用于在工件上划线，如图 1-26a 所示；调节式划线盘用于找正工件，如图 1-26b 所示。

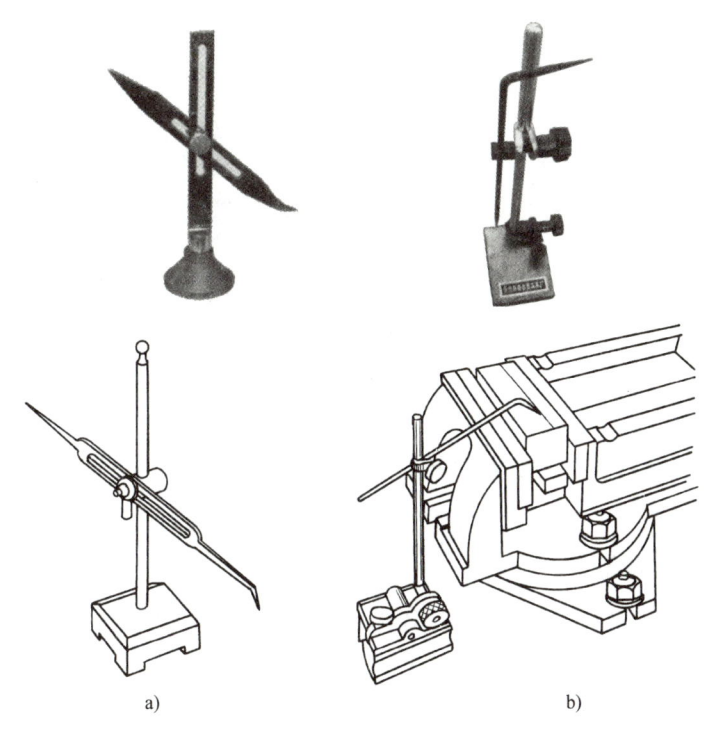

图 1-26　划线盘
a）普通划线盘　b）用调节式划线盘找正工件

（9）锉刀　常用的是扁锉（平锉），其规格是根据锉刀的长度而定，有 150mm、200mm 和 250mm 等，又分粗齿、中齿和细齿三种。铣工一般使用 200mm 中齿扁锉修去工件毛刺，如图 1-27 所示。

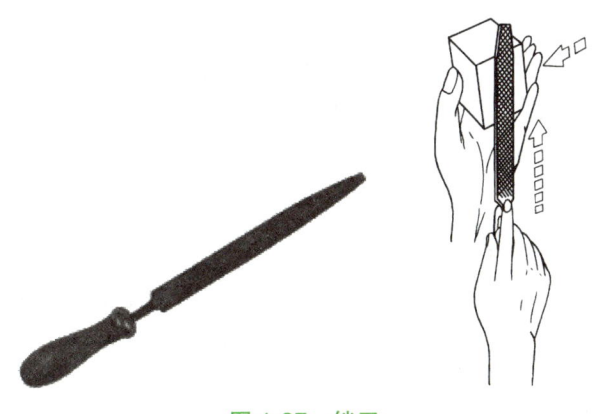

图 1-27　锉刀

（10）平行垫块　装夹工件时用来支持工件，如图 1-28 所示。

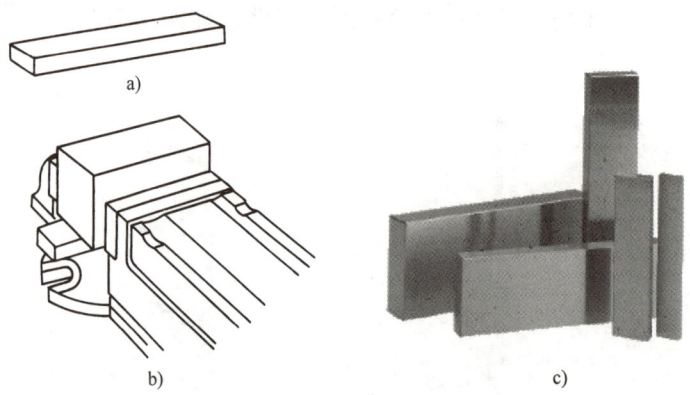

图 1-28　平行垫块

a）平行垫块　b）用平行垫块垫高装夹工件　c）实物

1.1.6　铣工安全操作规程与文明生产

1. 安全操作规程

1）防护用品的穿戴

① 上班前穿好工作服、工作鞋，女工要戴好工作帽。

② 不准穿背心、拖鞋、凉鞋和裙子进入车间。

③ 严禁戴手套操作。

④ 高速铣削或刃磨刀具时应佩戴防护镜。

2）操作前的检查

① 对机床各滑动部分注润滑油。

② 检查机床各手柄是否放在规定位置上。

③ 检查各进给方向自动停止挡铁是否紧固在最大行程以内。

④ 起动机床前检查主轴和进给系统工作是否正常、油路是否畅通。

⑤ 检查夹具、工件是否装夹牢固。

3）装卸工件、更换铣刀、擦拭机床时必须停机，并防止被铣刀切削刃割伤。

4）不得在机床运转时变换主轴转速和进给量。

5）在进给中不准触摸工件加工表面，机动进给完毕，应先停止进给，再停止铣刀旋转。

6）主轴未停稳不准测量工件。

7）铣削时，背吃刀量不能过大，毛坯工件应从最高部分逐步切削。

8）要用专用工具清除切屑，不准用嘴吹或用手抓。

9）工作时要集中思想，专心操作，不得擅自离开机床，离开机床时一定要关闭电源。

10）操作中若发生事故，应立即停机并切断电源，保持现场。

11）工作台面和各导轨面上不能直接放工具或量具。

12）工作结束，应擦净机床并加润滑油。

13）电器部分不准随意拆开和摆弄，发现电器故障应请电工修理。

2. 文明生产

1）机床应做到每天一小擦，每周一大擦，按时一级保养，保持机床整齐清洁。

2）操作者对周围场地应保持整洁，地上无油污、积水、积油。

3）操作时，工具与量具应分类整齐地安放在工具架上，不要随便乱放在工作台上或与切屑等混在一起。

4）高速铣削或冲注切削液时，应加放挡板，以防切屑飞出及切削液外溢。

5）工件加工完毕，应码放整齐，不乱丢乱放，以免碰伤工件表面。

6）保持图样或工艺文件的清洁完整。

1.2 铣削用量及其选择方法

1.2.1 铣削用量基本知识

铣削是利用铣刀旋转、工件相对铣刀作进给运动来进行切削的。铣削过程中的运动分为主运动和进给运动。

主运动是指由机床或人力提供的主要运动，它促使刀具和工件之间产生相对运动，从而使刀具前刀面接近工件。

进给运动是指由机床或人力提供的运动，它使刀具与工件之间产生附加的相对运动，加上主运动，即可不断地或连续地切除切屑，并得到所需几何特性的已加工表面。

在铣削过程中，所选用的切削用量称为铣削用量。铣削用量包括吃刀量 a、铣削速度 v_c 和进给量 f。

（1）吃刀量　吃刀量是通过作用切削刃上垂直于测量方向的两平面间的距离为最大的点所测的距离。

吃刀量 a 又包含背吃刀量 a_p 和侧吃刀量 a_e。

1）背吃刀量 a_p 是指在通过切削刃基点并垂直于工作平面的方向上测量的吃刀量。

2）侧吃刀量 a_e 是指在平行于工作平面并垂直于切削刃基点的进给运动方向上测量的吃刀量。

在实际生产中吃刀量往往是对工件而言的。

（2）铣削速度　选定的切削刃相对于工件的主运动的瞬时速度。铣削速度用符号 v_c 表示，单位为 m/min。在实际工作中，应先选好合适的铣削速度，然后再根据铣刀直径计算出铣刀转速，它们的相互关系如下

$$v_c = \frac{\pi d_0 n}{1000} \quad (1\text{-}1)$$

或

$$n = \frac{1000 v_c}{\pi d_0} \quad (1\text{-}2)$$

式中　v_c——铣削速度（m/min）；
　　　d_0——铣刀直径（mm）；
　　　n——铣刀转速（r/min）。

（3）进给量　刀具在进给运动方向上相对工件的位移量，可用刀具或工件每转或每行程的位移量来表述和度量。进给量的表示方法有三种：

1）每齿进给量。多齿刀具每转或每行程中每齿相对工件在进给运动方向上的位移量，用符号 f_z 表示，单位为 mm/z。每齿进给量是选择铣削进给速度的依据。

2）每转进给量。铣刀每转一周，工件相对铣刀所移动的距离称为每转进给量，用符号 f 表示，单位为 mm/r。

3）进给速度（又称每分钟进给量）。在 1min 内，工件相对铣刀所移动的距离称为进给速度，用符号 v_f 表示，单位为 mm/min。进给速度是调整机床进给速度的依据。

这三种进给量之间的关系如下

$$v_f = fn = f_z z n \quad (1\text{-}3)$$

式中　z——铣刀齿数；
　　　n——铣刀转速（r/min）。

例1　在 X6132 型卧式万能铣床上，铣刀直径 $d_0 = 100$mm，铣削速度 $v_c = 28$m/min。问铣床主轴转速 n 应调整到多少？

解　$d_0 = 100$mm；$v_c = 28$m/min。按式（1-2）得：

$$n = \frac{1000 v_c}{\pi d_0} = \frac{1000 \times 28}{3.14 \times 100} \text{r/min} \approx 89 \text{r/min}$$

根据主轴转速表上数值，89r/mim 与 95r/mim 比较接近，所以应把主轴转速调整到 95r/mim。

例2　在 X6132 型卧式万能铣床上，铣刀直径 $d_0 = 100$mm，齿数 $z = 16$，转速选用 $n = 75$r/min，每齿进给量 $f_z = 0.08$mm/z。问机床每分钟进给速度应调整到

多少？

解 按式（1-3）得：

$$v_f = f_z z n = 0.08 \times 16 \times 75 \text{mm/min} = 96 \text{mm/min}$$

根据机床进给量表上的数值，96mm/min 与 95mm/min 接近，所以应把机床的进给速度调整到 95mm/min。

1.2.2 铣削用量的选择方法

1. 选择铣削用量的原则

1）保证刀具有合理的使用寿命，有高的生产率和低的成本。

2）保证加工质量，主要是保证加工表面的精度和表面粗糙度达到图样要求。

3）不超过铣床允许的动力和转矩，不超过工艺系统（刀具、工件、机床）的刚度和强度，同时又充分发挥它们的潜力。

上述三条原则，根据具体情况应有所侧重。一般在粗加工时，应尽可能发挥刀具、机床的潜力和保证合理的刀具寿命；精加工时，则首先要保证加工精度和表面粗糙度，同时兼顾合理的刀具寿命。

2. 选择铣削用量的顺序

在铣削过程中，如果能在一定的时间内切除较多的金属，就有较高的生产率。显然，增大吃刀量、铣削速度和进给量，都能增加金属切除量。但是，影响刀具寿命最显著的因素是铣削速度，其次是进给量，而吃刀量对刀具寿命的影响最小。所以，为了保证必要的刀具寿命，应当优先采用较大的吃刀量，其次是选择较大的进给量，最后才是根据刀具寿命要求选择适宜的铣削速度。

3. 选择铣削用量

（1）选择吃刀量 a　在铣削加工中，一般是根据工件切削层的尺寸来选择铣刀的。例如，用面铣刀铣削平面时，铣刀直径一般应选择大于切削层宽度。若用圆柱形铣刀铣削平面，铣刀长度一般应大于工件切削层宽度。当加工余量不大时，应尽量一次进给铣去全部加工余量。只有当工件的加工精度要求较高时，才分粗铣、精铣进行。铣削吃刀量值的选取可参考表 1-2。

表 1-2　铣削吃刀量值的选取　　　　　　　　　　　（单位：mm）

工件材料	高速钢铣刀		硬质合金铣刀	
	粗铣	精铣	粗铣	精铣
铸铁	5～7	0.5～1	10～18	1～2
软钢	＜5	0.5～1	＜12	1～2
中硬钢	＜4	0.5～1	＜7	1～2
硬钢	＜3	0.5～1	＜4	1～2

（2）选择每齿进给量 f_z　粗加工时，限制进给量提高的主要因素是切削力，进给量主要根据铣床进给机构的强度、刀杆刚度、刀齿强度，以及机床、夹具、工件系统的刚度来确定。在强度、刚度许可的条件下，进给量应尽量选取得大些。

精加工时，限制进给量提高的主要因素是表面粗糙度。为了减少工艺系统的振动，减小已加工表面的残留面积高度，一般选取较小的进给量。f_z 值的选取可参考表 1-3。

表 1-3　每齿进给量 f_z 值的选取　　　　　　　　　（单位：mm/z）

刀具名称	高速钢刀具		硬质合金刀具	
	铸铁	钢件	铸铁	钢件
圆柱形铣刀	0.12～0.2	0.1～0.15	0.2～0.5	0.08～0.20
立铣刀	0.08～0.15	0.03～0.06	0.2～0.5	0.08～0.20
套式面铣刀	0.15～0.2	0.06～0.10	0.2～0.5	0.08～0.20
三面刃铣刀	0.15～0.25	0.06～0.08	0.2～0.5	0.08～0.20

（3）铣削速度 v_c 的选择　在吃刀量 a 和每齿进给量 f_z 确定后，可在保证合理的刀具寿命的前提下确定铣削速度 v_c。

粗铣时，确定铣削速度必须考虑铣床许用功率。如果超过铣床许用功率，则应适当降低铣削速度。

精铣时，一方面应考虑合理的铣削速度，以抑制积屑瘤的产生，提高表面质量；另一方面，由于刀尖磨损往往会影响加工精度，因此应选用耐磨性较好的刀具材料，并应尽可能使之在最佳铣削速度范围内工作。

铣削速度 v_c 可在表 1-4 推荐的范围内选取，并根据实际情况进行试切后加以调整。

表 1-4　铣削速度 v_c 值的选取

工件材料	铣削速度 v_c/（m/min）		说明
	高速钢铣刀	硬质合金铣刀	
20 钢	20～45	150～190	
45 钢	20～35	120～150	1. 粗铣时取小值，精铣时取大值 2. 工件材料强度和硬度较高时取小值，反之取大值 3. 刀具材料耐热性好时取大值，反之取小值
40Cr 钢	15～25	60～90	
HT150	14～22	70～100	
黄铜	30～60	120～200	
铝合金	112～300	400～600	
不锈钢	16～25	50～100	

1.3 铣刀的几何角度、铣刀选用与铣刀材料

1.3.1 铣刀基本几何角度

1. 铣刀切削部分的组成要素

（1）前刀面　如图1-29所示，刀具上切屑流过的表面称为前刀面。

（2）主后刀面　与工件上切削中产生的表面相对的表面称为主后刀面。

（3）副后刀面　刀具上同前刀面相交形成副切削刃的后刀面。

（4）主切削刃　起始于切削刃上主偏角为零的点，并至少有一段切削刃被用来在工件上切出过渡表面的那个整段切削刃。

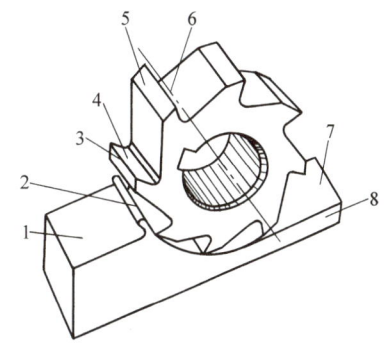

图1-29　铣刀的组成部分

1—待加工表面　2—切屑　3—主切削刃　4—前刀面
5—主后刀面　6—铣刀棱　7—已加工表面　8—工件

（5）副切削刃　切削刃上除主切削刃以外的刃，也起始于主偏角为零的点，但它向背离主削刃的方向延伸。

（6）刀尖　指主切削刃与副切削刃的连接处相当少的一部分切削刃。

2. 铣刀的几何角度

要正确地确定和测量铣刀几何角度，需要两个作为角度测量基准的坐标平面，即基面和切削平面。铣刀的主要几何角度是各个刀面或切削刃与坐标平面之间的夹角。基面是过切削刃上选定点的平面，它平行或垂直于刀具在制造、刃磨及测量时适合于安装或定位的一个平面或轴线，其方位垂直于假定的主运动方向。铣刀上的基面一般是包含铣刀轴线的平面。切削平面是通过切削刃上的选定点与切削刃相切并垂直于基面的平面。铣刀上的切削平面一般是与铣刀的外圆柱（圆锥）面相切的平面。主切削刃上的为主切削平面，副切削刃上的为副切削平面。铣刀的主要几何角度如下

（1）前角 γ_o。前角是前刀面与基面之间的夹角，在垂直于基面和切削平面的正交平面内测量。

（2）后角 α_o。后角是后刀面与切削平面之间的夹角，在正交平面中测量。

（3）刃倾角 λ_s 和螺旋角 β　面铣刀的刃倾角和圆柱形铣刀的螺旋角是主切削刃与基面间的夹角，在主切削平面中测量。

（4）主偏角 κ_r　主偏角是主切削平面与平行于进给方向的假定工作平面间的夹角，在基面中测量。

（5）副偏角 κ_r'　副偏角是副切削平面与假定工作平面之间的夹角，在基面中测量。

铣刀的主要几何角度如图 1-30 所示,铣刀主要几何角度的作用见表 1-5。

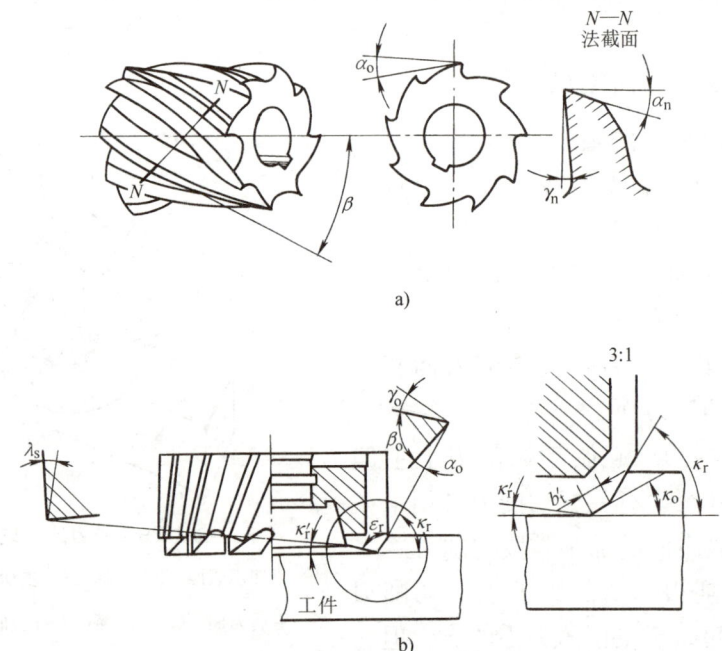

图 1-30 铣刀的主要几何角度

a)螺旋齿圆柱形铣刀的主要几何角度 b)面铣刀的主要几何角度

表 1-5 铣刀主要几何角度的作用

名称	作用
前角 γ_o	影响切屑变形和切屑与前刀面的摩擦及刀具强度。增大前角,则切削刃锋利,从而使切削省力,但会使刀齿强度减弱;前角太小,会使切削费力
后角 α_o	增大后角,可减少刀具后刀面与切削平面之间的摩擦,可得到光洁的加工表面,但会使刀尖强度减弱
楔角 β_o	楔角的大小决定了切削刃的强度。楔角越小,切入金属越容易,但切削刃强度较差;反之切削刃强度好,但较难切入金属
主偏角 κ_r	影响切削刃参加铣削的长度,并影响刀具散热、铣削分力之间的比值
副偏角 κ_r'	影响副切削刃对已加工表面的修光作用。减小副偏角,可以使已加工表面的波纹高度减小,降低表面粗糙度值
刃倾角 λ_s	刃倾角可以控制切屑流出方向,影响切削刃强度并能使切削力均匀

1.3.2 铣刀的选用

选用铣刀有以下基本要求:

(1)符合铣削加工内容的要求 在选择铣刀时需要根据加工内容来选择铣刀的类型,如面铣削时选择面铣刀、圆柱形铣刀等,T 形槽铣削时选用 T 形槽铣刀等。

（2）满足铣削加工部位的尺寸要求　铣刀的规格应满足铣削加工各部位的尺寸要求，如槽的宽度为10mm，应选择直径或宽度≤10mm的铣刀进行加工。又如宽度为100mm的平面，应选择直径或长度≥100mm的铣刀进行加工。

（3）适应加工性质的要求　粗加工需要选择容屑槽比较大、齿数比较少的铣刀，精加工选择齿数比较多、螺旋角比较大的铣刀。

（4）适用于零件材料的加工要求　根据零件的材料，选用铣刀的材料，例如铸铁选用K（YG）类硬质合金刀具，加工45钢的直角槽时可以选用高速钢刀具等。

（5）根据切削用量选定刀具　高速铣削选用硬质合金铣刀；中速和低速加工选用高速钢铣刀；数控加工高速铣削选用整体硬质合金立铣刀；采用大进给量的强力铣削，选用强力面铣刀等。

（6）根据机床设备等工艺要求选择　例如，在卧式铣床上铣削平面可选用圆柱形铣刀，在立式铣床上铣削平面可选用套式面铣刀，在卧式铣床上铣削直角沟槽选用三面刃铣刀，在立式铣床上铣削直角沟槽选用立铣刀等。

铣刀形状复杂、种类较多，为了便于辨别铣刀的规格和性能，铣刀上都刻有标记。铣刀标记一般包括制造厂的商标、制造铣刀的材料、铣刀的基本尺寸。

如圆柱形铣刀、三面刃铣刀和锯片铣刀，一般标记为：外圆直径×宽度（长度）×内孔直径。如三面刃铣刀上标记为"100×16×32"，则表示该三面刃铣刀的外圆直径为100mm，宽度为16mm，内孔直径为32mm。

立铣刀、带柄面铣刀和键槽铣刀等，一般只标注刀具直径。如锥柄立铣刀上标记的是 $\phi 18$ mm，则表示该立铣刀的外圆直径是18mm。

半圆铣刀和角度铣刀，一般标记为：外圆直径×宽度×内孔直径×角度（或半径）。如角度铣刀上标记的是"60×16×22×55°"，则表示该角度铣刀的外圆直径是60mm，厚度是16mm，内孔直径是22mm，角度是55°。

铣刀标记主要是为了说明铣刀的尺寸和规格，使用方便，不易弄错。现将常用的几种标准铣刀规格的基本尺寸列于表1-6中，以便选用铣刀时查阅。

表1-6　常用标准铣刀规格基本尺寸

铣刀名称	基本尺寸					
	外径/mm	长度或宽度/mm	孔径或直径/mm	齿数	莫氏号数	角度/(°)
粗齿圆柱形铣刀	63	50 63 80 100	27	6	—	—
	80	63 80 100 125	32	8	—	—

（续）

铣刀名称	基本尺寸					
	外径/mm	长度或宽度/mm	孔径或直径/mm	齿数	莫氏号数	角度/(°)
粗齿圆柱形铣刀	100	80 100 125 160	40	10	—	—
细齿圆柱形铣刀	50	50 63 80	22	8	—	—
	63	50 63 80 100	27	10	—	—
	80	63 80 100 125	32	12	—	—
	100	80 100 125 160	40	14	—	—
套式面铣刀 （面铣刀）	63 80 100	40 45 50	27 32 32	10 10 12	—	—
镶齿套式面铣刀 （镶齿面铣刀）	80 100 125 160 200 250	36 40 40 45 45 45	27 36 40 50 50 50	10 10 14 16 20 26	—	—
直齿三面刃铣刀	63	6 8 10 12 14	22	16	—	—
	80	8 10 12 14 16	27	18	—	—

（续）

铣刀名称	基本尺寸					
	外径/mm	长度或宽度/mm	孔径或直径/mm	齿数	莫氏号数	角度/(°)
直齿三面刃铣刀	100	10 12 14 16 18 20	32	20	—	—
错齿三面刃铣刀	63	6 8 10	22	14	—	—
		12 14		12		
	80	8 10 12	27	16	—	—
		14 16		14		
	100	10 12 14	32	18	—	—
		16 18 20		16		
镶齿三面刃铣刀	80	12 14 16 18 20	22	10	—	—
	100	12 14 16 18	27	12	—	—
		20 22 24		10		
	125	12 14 16 18	32	14	—	—
		20 22 24		12		

（续）

铣刀名称	基本尺寸					
	外径/mm	长度或宽度/mm	孔径或直径/mm	齿数	莫氏号数	角度/(°)
镶齿三面刃铣刀	160	12 16 20	40	18	—	—
		24 28		16		
	200	14	50	22	—	—
		18 22		20		
		26 30		18		
	250	16 20	50	24	—	—
		24 28 32		22		
	315	20	50	26	—	—
		25 30 35 40		24		
锯片铣刀	63	1.0 1.5 2.0 2.5	16	20	—	—
	80	1.5 2.0 2.5 3.0	22	20	—	—
	100	1.5 2.0 2.5 3.0	27	24	—	—
	125	2.0 2.5 3.0 3.5	27	26	—	—
	160	2.0 2.5 3.0 3.5 4.0	32	28	—	—

（续）

铣刀名称	基本尺寸					
	外径/mm	长度或宽度/mm	孔径或直径/mm	齿数	莫氏号数	角度/(°)
锯片铣刀	200	3.0 3.5 4.0 5.0	32	30	—	—
直柄立铣刀	3 4 5 6 8 10 12 14 16 18 20	36 40 45 50 55 60 65 70 80 90 100	3 4 5 6 8 10 12 14 16 18 20	3	—	—
锥柄立铣刀	14 16 18 20	115 120 120 125	—	3	2	—
	22 25 28	150 155 155	—	3	3	—
	30 32 36 40 45	185 185 190 195 200	—	4	4	—
	50	230			5	
直柄键槽铣刀	2 3	30 32	3	2	—	—
	4 5 6 8 10 12 14 16 18 20	36 40 45 50 60 65 70 75 80 85	4 5 6 8 10 12 14 16 18 20		—	—

（续）

铣刀名称	基本尺寸					
	外径/mm	长度或宽度/mm	孔径或直径/mm	齿数	莫氏号数	角度/(°)
锥柄键槽铣刀	14 16 18 20	110 115 120 125	—	2	2	—
	24 28 32	145 150 155	—		3	—
	36 40	185 190	—		4	—
槽铣刀	63	4 5 6 8	22	16	—	—
	80	6 8 10 12 14	27	18	—	—
	100	8 10 12 14 16	32	20	—	—
单角铣刀	60	16	22	22	—	55 65 70
		20			—	75 80 85 90
	75	20	27	24	—	45 55 60 65 70
		25			—	75 80 85 90

（续）

铣刀名称	基本尺寸					
	外径/mm	长度或宽度/mm	孔径或直径/mm	齿数	莫氏号数	角度/(°)
单角铣刀	90	25	27	24	—	30 45 55 60
		30			—	65 70 75 80 85
不对称双角铣刀	60	10	22	22	—	55 60 65 / 15
		13	22	22	—	70 75 / 15
		16	22	22	—	80 85 / 15 90 100 / 20 25
	75	13	27	24	—	50 55 / 15

1.3.3 铣刀切削部分的常用材料

1. 铣刀切削部分材料的基本要求（表1-7）

表1-7 铣刀刀具材料的基本要求

序号	性能要求	说　明
1	高的硬度和耐磨性	刀具材料应具有足够的硬度，至少应高于被切削工件的硬度。刀具材料耐磨性好，不但能增加刀具寿命，而且能提高加工精度和表面质量
2	好的热硬性	热硬性又称耐热性和红硬性。刀具在切削时会产生大量的热，使刃口处的温度很高。因此，刀具材料应具有良好的热硬性，即在高温下仍能保持其较高的硬度，以便继续进行切削
3	高的强度和好的韧性	刀具在切削过程中会受到很大的阻力，所以刀具材料要具有足够的强度，否则会断裂和损坏。在铣削和插齿时，刀具会受到冲击和振动，因此刀具材料还应具有一定的韧性，才不致发生崩刃和碎裂
4	工艺性好	为了能顺利地制造出具有一定形状和尺寸的刀具，尤其是对形状比较复杂的铣刀和齿轮刀具等，更希望刀具材料具有好的工艺性

2. 铣刀切削部分的常用材料

（1）高速钢　高速钢是高速工具钢的简称，俗称锋钢。它是以钨（W）、铬（Cr）、钒（V）、钼（Mo）、钴（Co）为主要元素的高合金工具钢。其淬火硬度为62～70HRC，在600℃高温下，其硬度仍能保持在47～55HRC，具有较好的切削性能。故高速钢允许的最高工作温度为600℃，切削钢材时的切削速度一般在35m/min以下。

高速钢具有较高的强度和韧性，能磨出锋利的刃口，并具有良好的工艺性，是制造铣刀的良好材料。

W18Cr4V是钨系高速钢，是制造铣刀最常用的典型材料，常用的通用高速钢材料还有W6Mo5Cr4V2等。特殊用途的高速钢，如含钴高速钢W6Mo5Cr4V3Co8，还有超硬型的高速钢W10Mo4Cr4V3Co10等，适用于加工特殊材料。

（2）硬质合金　硬质合金是由高硬度、难熔的金属碳化物（如WC和TiC等）和金属黏结剂（以Co为主）用粉末冶金方法制成的。其硬度可达72～82HRC，允许的最高工作温度可达1000℃。硬质合金的抗弯强度和冲击韧度均比高速钢差，刃口不易磨得锐利，因此其工艺性比高速钢差。

硬质合金可分成三大类，其代号是：P（钨钛钴类）、K（钨钴类）和M（通用硬质合金类）。

（3）涂层刀具材料及超硬材料　涂层刀具材料主要有TiC、TiN、TiC-TiN(复合)和陶瓷等，这些材料都具有高硬度、高耐磨性和很好的高温硬度等特性。把涂层材料涂在高速钢和韧性较好的硬质合金上，厚度虽仅几微米，但能使高速钢刀具的寿命延长2～10倍，使硬质合金刀具的寿命延长1～3倍。目前较先进的涂层刀具，为了综合各种涂层材料的优点，常采用复合涂层，如TiC-TiN和Al_2O_3-TiC等。目前涂层高速钢刀具材料在成形铣刀和齿轮铣刀上的应用已较广泛。

超硬刀具材料有天然金刚石、聚晶人造金刚石和聚晶立方氮化硼等。超硬刀具材料可切削极硬材料，而且能保持长时间的尺寸稳定性，同时刀具刃口极锋利，摩擦因数也很小，适合超精加工。超硬刀具材料可烧结在硬质合金表面，做成复合刀片。

1.4　铣床的操作方法及其保养

1.4.1　常用铣床的操作与调整方法

铣床的型号很多，现重点介绍X6132型卧式万能铣床，它的各个操纵位置如图1-31所示，操作方法介绍如下。

1. 机床电器部分操作

（1）电源转换开关　电源转换开关17在床身左侧下部，操作机床时，先将转换开关顺时针方向转换至接通位置，操作结束时，逆时针方向转换至断开位置。

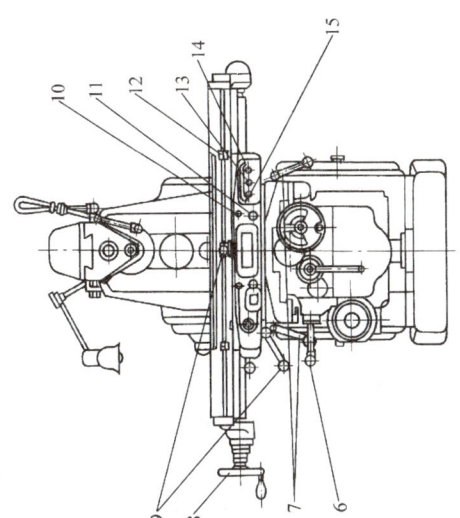
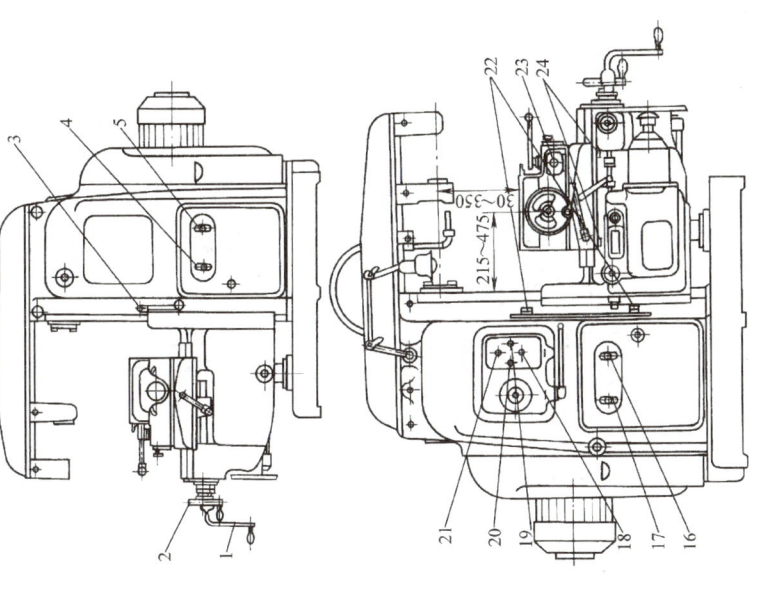

图 1-31 X6132型卧式万能铣床操作位置图

1—工作台垂向手动进给手柄 2—工作台横向手动进给手柄 3—垂向工作台紧固手柄 4—冷却泵转换开关 5—圆工作台转换开关 6—工作台横向反垂向紧固螺钉 7—横向工作台紧固手柄 8—工作台纵向手动进给手柄 9—工作台纵向机动进给手柄 10—纵向工作台紧固螺钉 11—回转盘紧固螺钉 12—纵向机动进给停止挡铁 13、20—主轴换工作起动按钮 14、19—主轴及工作台停止按钮 15、21—工作台快速移动按钮 22—垂向机动进给停止挡铁 23—手动油泵手柄 24—横向机动进给停止挡铁 16—主轴换向转换开关 17—电源转换开关 18—主轴上刀制动开关

(2) 主轴换向转换开关　主轴换向转换开关 16 在电源转换开关右边,处于中间位置时主轴停止,将换向开关顺时针方向转换至右转位置时,主轴右向旋转,逆时针方向转换至左转位置时,则主轴左向旋转。

(3) 冷却泵转换开关　冷却泵转换开关 4 在床身右侧下部,操作中使用切削液时,将冷却泵转换开关转换至接通位置。

(4) 圆工作台转换开关　圆工作台转换开关 5 在冷却泵转换开关右边,在铣床上安装和使用机动回转工作台时,将转换开关转换至接通位置。一般情况放在停止位置,否则机动进给全部停止。

(5) 主轴及工作台起动按钮　主轴及工作台起动按钮 13、20 在床身左侧中部及横向工作台右上方,两边为联动按钮。起动时,用手指按动按钮,主轴或工作台丝杠即起动。

(6) 主轴及工作台停止按钮　主轴及工作台停止按钮 14、19 在起动按钮右面,要使主轴停止转动时,按动按钮,主轴或工作台丝杠即停止转动。

(7) 工作台快速移动按钮　工作台快速移动按钮 15、21 在起动、停止按钮上方及横向工作台右上方左边一个按钮,要使工作台快速移动时,先开动进给手柄,再按着按钮,工作台即按原运动方向作快速移动,放开快速按钮,快速进给立即停止,仍以原进给速度继续进给。

(8) 主轴上刀制动开关　主轴上刀制动开关 18 在床身左侧中部,起动、停止按钮下方,当上刀或换刀时,先将转换开关转换到接通位置,然后再上刀或换刀,此时主轴不旋转,上刀完毕,再将转换开关转换到断开位置。

2. 主轴、进给变速操作

(1) 主轴变速操作　主轴箱装在床身左侧窗口上,变换主轴转速由变速手柄 3 和转速盘 2 来实现,如图 1-32 所示。主轴转速范围是 30～1500r/min,共 18 种转速。变速时,操作步骤如下:

1) 手握变速手柄 3,把手柄向下压,使手柄的榫块从固定环 4 的槽Ⅰ中脱出,再将手柄外拉,使手柄的榫块落入固定环的槽Ⅱ内。

2) 转动转速盘 2,把所需的转速数字对准指示箭头 1。

3) 把变速手柄 3 向下压后推回原来位置,使榫块落进固定环槽Ⅰ,并使之嵌入槽中。

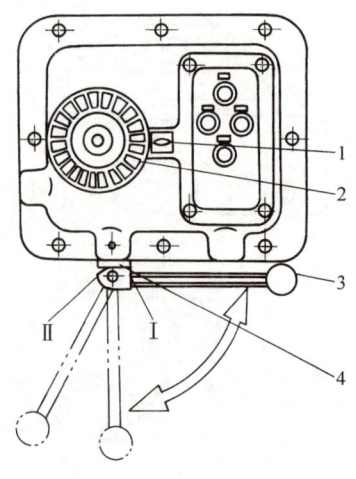

图 1-32　主轴变速操作

1—指示箭头　2—转速盘
3—变速手柄　4—固定环

变速时，扳动手柄时要求推动速度快一些，在接近最终位置时，推动速度减慢，以利于齿轮啮合。变速时若发现齿轮相碰声，应待主轴停稳后再变速，避免损坏齿轮，主轴转动时严禁变速。

（2）进给变速操作　进给箱是一个独立部件，装在垂向工作台的左边，有18种进给速度，范围是23.5～1180mm/min。速度的变换由进给操作箱来控制，操作箱装在进给箱的前面，如图1-33所示。变换进给速度的操作步骤如下：

1）双手把蘑菇形手柄1向外拉出。

2）转动手柄，把变速盘2上所需的进给速度对准指示箭头3。

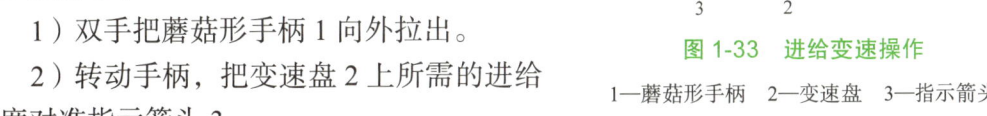

图1-33　进给变速操作

1—蘑菇形手柄　2—变速盘　3—指示箭头

3）将蘑菇形手柄1再推回原始位置。

变换进给速度时，当发现手柄无法推回原始位置时，可再转动变速盘或将机动进给手柄开动一下。允许在机床开动情况下进行进给变速，但机动进给时，不允许变换进给速度。

3. 工作台进给操作

（1）工作台手动进给操作

1）纵向手动进给。工作台纵向手动进给手柄8在工作台左端，如图1-31所示。当手动进给时，将手柄与纵向丝杠接通，右手握手柄并略加力向里推，左手扶轮子作旋转摇动，如图1-34所示。摇动时速度要均匀适当，顺时针摇动时，工作台向右移动作进给运动，反之则向左移动。纵向刻度盘圆周刻线120格，每摇一转，工作台移动6mm，每摇动一格，工作台移动0.05mm。

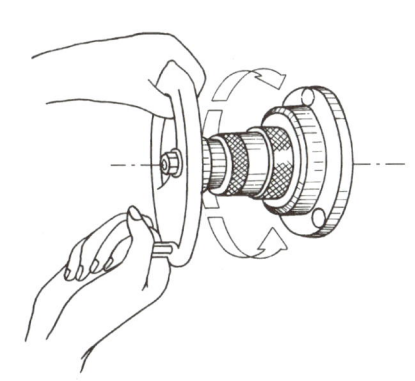

图1-34　纵向手动进给姿势

2）横向手动进给。工作台横向手动进给手柄2在垂向工作台前面，如图1-31所示。手动进给时，将手柄与横向丝杆接通，右手握手柄，左手扶轮子作旋转摇动，顺时针方向摇动时，工作台向前移动，反之向后移动。每摇一转，工作台移动6mm，每摇动一格，工作台移动0.05mm。

3）垂向手动进给。工作台垂向手动进给手柄1在垂向工作台前面左侧，如图1-31所示。手动进给时，使手柄离合器接通，双手握手柄，顺时针方向摇动时，工作台向上移动，反之向下移动，垂向刻度盘上刻有40格，每摇一转时，工作台移动2mm，每摇动一格，工作台移动0.05mm。

(2)工作台机动进给操作

1)纵向机动进给 工作台纵向机动进给手柄9为复式(见图1-31),手柄有三个位置,向右、向左及停止。当手柄向右扳动时,工作台向右进给,中间为停止位置,手柄向左扳动时,工作台向左进给,如图1-35所示。

2)横向、垂向机动进给 工作台横向及垂向机动进给手柄6(见图1-31)为复式,手柄有五个位置,向上、向下、向前、向后及停止。当手柄向上扳时,工作台向上进给,反之向下;当手柄向前扳时,工作台向里进给,反之向外;当手柄处于中间位置,进给停止,如图1-36所示。

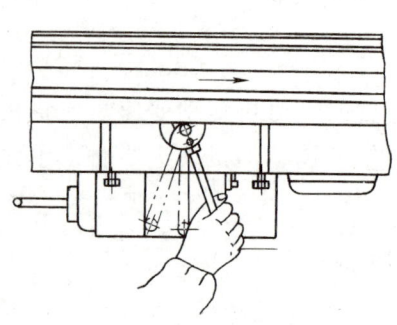

图1-35 工作台纵向机动进给操作

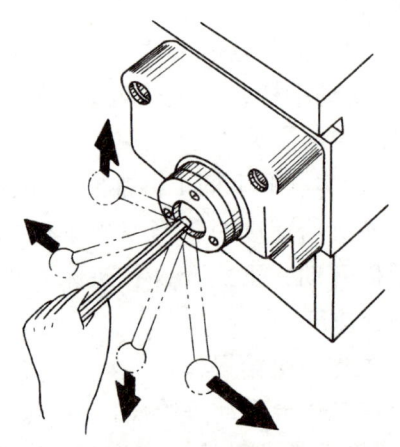

图1-36 工作台横向、垂向机动进给操作

4. 铣床的调整方法

1)可回转立铣头和卧式万能铣床工作台调整。加工斜面采用扳转立铣头方式进行加工的,需要调整立铣头倾斜角,此时可参见图2-27及相关内容,进行倾斜角度调整与零位复位操作。万能卧式铣床的纵向工作台调整方法与立铣头的调整方法类似。

2)工作台导轨与镶条间隙的调整。在机床使用过程中,若发现机床工作台导轨与镶条间隙过大,应及时与机床维修人员联系,在机床维修人员的指导下,进行工作台导轨与镶条间隙的调整和精度检测。调整的一般步骤是:松开镶条锁紧螺母,用螺钉旋具旋拧调整螺杆,并用塞尺检测镶条与导轨面的间隙,符合规定间隙要求后,锁紧镶条紧固螺母。若发现导轨面和镶条拉毛变形,应及时请专业人员进行检修。

1.4.2 常用铣床的维护与保养

1)注意铣床的润滑。操作工人应根据机床说明书的要求,定期加油和调换润滑油。对手拉油泵、手揿油泵和注油孔等部位,每天应按要求加注润滑油。润滑油可选择抗氧化、抗腐蚀、抗磨、防锈蚀的润滑油，注意按所使用机床的说明书要求具体确定。

2）开机之前，应先检查各部件，如操纵手柄、按钮等是否在正常位置和其灵敏度如何。

3）操作工人必须合理使用机床。操作铣床的工人应掌握一定的基本知识，如合理选用铣削用量、铣削方法，不能让机床超负荷工作。安装夹具及工件时，应轻放。工作台面不应乱放工具、工件等。

4）在工作中应时刻观察铣削情况，若发现异常现象，应立即停机检查。

5）工作完毕应清除铣床上及周围的切屑等杂物，关闭电源，擦净机床，在滑动部位加注润滑油，整理工具、夹具、计量器具，做好交接班工作。

6）注意分度头、回转工作台等附件的维护保养。平时工作中要按操作要求合理使用分度头和回转工作台，安装、调整和搬运中应注意避免磕伤碰坏。使用后要做好清洁、防锈、润滑等保养工作，注意保护附件设备安装、定位面的精度，并选择环境干燥、摆放平稳的场所予以存放。

7）铣床在运转 500h 后，应进行一级保养。保养作业由操作工人为主、维修工人配合进行，一级保养的具体内容和要求见表 1-8。

表 1-8 铣床一级保养的具体内容和要求

序号	保养部位	保养内容和要求
1	外保养	1. 机床外表清洁，各罩盖保持内外清洁，无锈蚀，无"黄袍" 2. 清洗机床附件，并涂油防蚀 3. 清洗各部位丝杠
2	传动	1. 修光导轨面毛刺，调整镶条 2. 调整丝杠螺母间隙，丝杠轴向不得窜动，调整离合器摩擦片间隙 3. 适当调整 V 带
3	冷却	1. 清洗过滤网、切削液槽，应无沉淀物、无切屑 2. 根据情况调换切削液
4	润滑	1. 油路畅通无阻，油毛毡清洁，无切屑，油窗明亮 2. 检查手揿油泵，内外清洁无油污 3. 检查油质，应保持良好
5	附件	清洗附件，做到清洁、整齐、无锈迹
6	电器	1. 清扫电器箱、电动机 2. 检查限位装置，应安全可靠

1.5 切削液及其选用

切削时，会产生切削热，使刀具和工件被切处温度很高，刀具磨损加快。使用切削液能显著地延长刀具寿命和提高加工质量，并能降低切削力及提高生产率。

1.5.1 切削液的种类

切削液一般要无损于人体健康，对机床无腐蚀作用，不易燃，吸热量大，润滑性能好，不易变质，并且价格低廉，适于大量采用。切削液的种类很多，按其性质，可分为三大类：

（1）水溶液　水溶液的主要成分是水，故冷却性能很好，使用时，一般加入一定量的水溶性防锈添加剂。由于水溶液流动性大，价格低廉，所以应用较广泛。

（2）乳化液　乳化液是将乳化油用水稀释而成的。这种切削液具有良好的冷却性能，但润滑、防锈性能较差。使用时常加入一定量的防锈添加剂和极压添加剂。

（3）切削油　切削油的主要成分是矿物油（柴油和全损耗系统用油等），也可选用植物油（菜油和豆油等），硫化油和其他混合油等油类。这类切削液的比热容低，流动性差，是一种以润滑为主的切削液。使用时，也可加入油性防锈添加剂，以提高其防锈和润滑性能。

1.5.2 切削液的作用

（1）冷却作用　采用切削液，可以从两个方面降低切削温度：一方面减少刀具与工件、切屑间的摩擦；另一方面能将已产生的切削热从切削区域迅速带走。冷却作用主要是指后一方面。

（2）润滑作用　采用切削液，可以减少切削过程中的摩擦。如果其润滑性能良好，就能减小切削力，显著提高表面质量和刀具寿命。

（3）防锈作用　切削液能起到防锈作用，使机床、工件、刀具不受周围介质（如空气、水分、手汗等）的腐蚀。

（4）清洗作用　切削液能起到清洗作用，防止细碎的切屑及砂粒粉末等污物附着在工件、刀具和机床工作台上，以免影响工件表面质量，机床精度和刀具寿命。

1.5.3 切削液的合理选用

切削液的选用，主要应根据工件材料、刀具材料和加工性质来确定。选用时，应根据不同情况有所侧重。

粗加工时，由于切削量大，所产生的热量较多，切削区域温度容易升高，而且对表面质量的要求不高，因此应选用以冷却为主，并具有一定润滑、清洗和防锈作用的切削液，如水溶液和乳化液等。

精加工时，由于切削量少，所产生的热量也较少，而对工件表面的质量则要求较高，因此应选用以润滑为主，并具有一定冷却作用的切削液，如切削油。

在铣削铸铁等脆性金属时，因它们的切屑呈细小颗粒状和切削液混在一起，容易黏结和堵塞铣刀、工件、工作台、导轨及管道，从而影响铣刀的切削性和工件表面的加工质量，所以一般不加切削液。在用硬质合金铣刀进行高速切削时，由于刀具耐热性能好，故也可不用切削液。

在使用切削液时，为了能得到良好的效果，应注意以下几点。

1）要冲注足够的切削液，使铣刀充分冷却，尤其是在铣削速度较高和粗加工时，此点更为重要。

2）铣削一开始就应立即加切削液，不要等到铣刀发热后再冲注，否则会使铣刀过早磨损，并可能会使铣刀产生裂纹。

3）切削液应浇注在切屑从工件上分离下来的部位，即冲注在热量最大、温度最高的地方。

4）应注意检查切削液的质量，尤其是乳化液，使用变质的切削液往往不能达到预期的效果。

Chapter 2

项目 2
平面与连接面加工

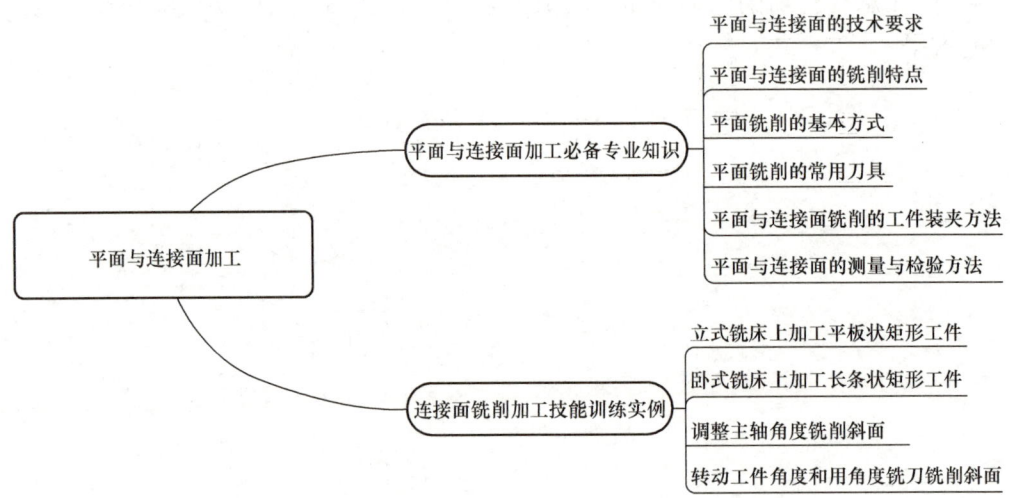

2.1 平面与连接面加工必备专业知识

2.1.1 平面与连接面的技术要求

1. 平面铣削的技术要求

在各个方向上都成直线的面称为平面,平面是机械零件的基本表面之一。平面铣削的技术要求包括平面度和表面粗糙度,还常包括相关毛坯面加工余量的尺寸要求。

2. 平行面铣削的技术要求

与基准平面或直线平行的平面称为平行面。平行面铣削的技术要求包括平面度、平行度和表面粗糙度,还包括平行面与基准面的尺寸精度要求。

3. 垂直面铣削的技术要求

与基准平面或直线垂直的平面称为垂直面。垂直面铣削的技术要求包括平面度、垂直度和表面粗糙度，还常包括垂直面与其他基准（如对应表面的加工余量等）的尺寸精度要求。

4. 斜面铣削的技术要求

与基准平面或直线成倾斜夹角（>90°或<90°）的平面称为斜面。斜面铣削的技术要求包括平面度、夹角要求和表面粗糙度。

5. 连接面铣削的技术要求

连接面是指相互交接的平面，这些平面可以相互平行、垂直或形成任意的倾斜角。铣床上铣削加工的连接面工件有六角柱、立方体等。连接面铣削的技术要求包括平面、平行面、垂直面和斜面的所有技术要求，此外，还有连接质量要求，如正棱柱棱线的直线度要求和等分要求等。

2.1.2 平面与连接面的铣削特点

在铣床上用铣刀铣削平面与连接面具有以下特点：

1）运用工件装夹方法，铣刀、铣床和铣削方式的不同组合，可以加工各种形状零件上的平面和连接面。例如，在立式铣床上用面铣刀加工垂直面和平行面，在龙门铣床上用两个立铣头安装面铣刀同时铣削斜面与垂直面等。又如，铣削斜面可采用工件转动角度加工，也可以用倾斜立铣头的方法加工。立方体铣削的步骤和方法见表2-1，调整主轴角度铣削斜面的方法见表2-2。

表2-1 立方体铣削的步骤和方法

简图	说明
	先加工基准面 A，因为基准面 A 是其他各面的定位基准，通常要求具有较小的表面粗糙度值和较好的平面度
	以 A 面为基准，铣削 B 面，使其与 A 面垂直
	以 A 面和 B 面为基准，铣削 C 面，使其与 A 面垂直，与 B 面平行，并保证尺寸精度要求

（续）

简图	说明
	以 A、B 面为基准，铣削 D 面，使其与 A 面平行，并达到尺寸精度要求
	找正 A、D 面与工作台面垂直，A 面与定钳口贴合，D 面用直角尺找正，铣削端面 E，使其与 A、D 面垂直
	以 A、E 面为基准，铣削端面 F，使其与 E 面平行，并达到尺寸精度要求

表 2-2　调整主轴角度铣削斜面的方法

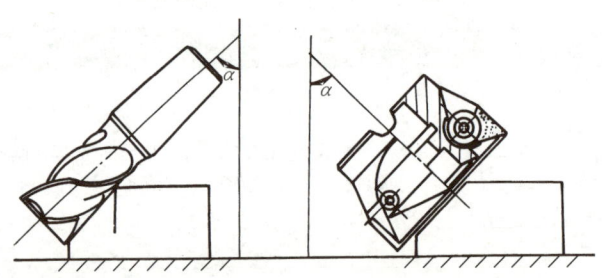

工件角度标注形式	立铣头转动角度 α	
	用立铣刀周边铣削	端面铣削
	$\alpha = 90° - \theta$	$\alpha = \theta$
	$\alpha = 90° - \theta$	$\alpha = \theta$

（续）

工件角度标注形式	立铣头转动角度 α	
	用立铣刀周边铣削	端面铣削
	$\alpha = \theta$	$\alpha = 90° - \theta$
	$\alpha = \theta$	$\alpha = 90° - \theta$
	$\alpha = \theta - 90°$	$\alpha = 180° - \theta$
	$\alpha = 180° - \theta$	$\alpha = \theta - 90°$

2）利用铣刀的形状精度，可直接控制平面和连接面的加工质量。如在卧式铣床上用三面刃铣刀可以直接铣削加工两侧平行面，并与底面垂直的矩形连接面。又如，用45°单角铣刀可以直接加工与水平基准面成45°夹角的斜面。

3）合理选择铣刀的几何角度和铣削用量，可以加工出较高精度的平面和连接面，并具有较高的切削加工效率。

2.1.3　平面铣削的基本方式

1. 周边铣削与端面铣削

（1）周边铣削（见图2-1）　周边铣削又称圆周铣削，简称周铣，是指用铣刀的圆周切削刃进行的铣削。铣削平面是利用分布在圆柱面上的切削刃铣出平面的，用周铣法加工而成的平面，其平面度和表面粗糙度主要取决于铣刀的圆柱度和铣刀刃口的修磨质量。

（2）端面铣削（见图2-2）　端面铣削简称端铣，是指用铣刀端面上的切削刃进行的铣削。铣削平面是利用铣刀端面上的刀尖（或端面修光切削刃）来形成平面的。用端铣法加工而成的平面，其平面度和表面粗糙度主要取决于铣床主轴的轴线与进给方向的垂直度和铣刀刀尖部分的刃磨质量。

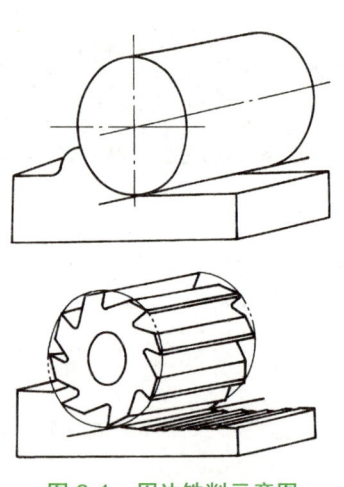

图 2-1　周边铣削示意图

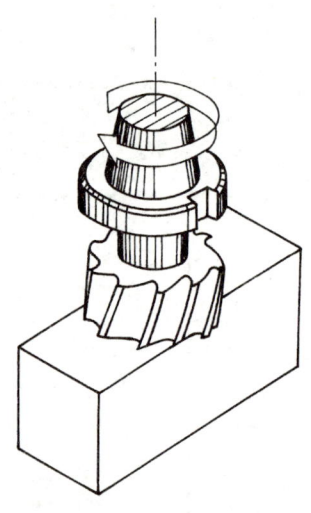

图 2-2　端面铣削示意图

（3）周边铣削与端面铣削的比较　端面铣削与周边铣削各具特点，表 2-3 从铣削层深度等方面对两者进行了比较分析。

表 2-3　端面铣削与周边铣削的比较

比较内容	端面铣削	周边铣削
铣削层深度	端面铣削时，由于受切削刃长度的限制，铣削层不能很深，一般在 20mm 以内	铣削层深度可很大，必要时可超过 20mm
铣削层宽度	面铣刀的直径可做得很大，故铣削层宽度可以很宽，目前有直径大于 600mm 的面铣刀	由于圆柱形铣刀的长度不能太长（最长为 160mm），故铣削层宽度一般小于 160mm
进给量	端面铣削时同时参与切削的齿数多，故进给量较大	周边铣削时同时参与切削的齿数少，刀轴刚性差，故进给量较小
铣削速度	端面铣削时刀轴短，刚度好，铣削平稳，故铣削速度较高，尤其适用于高速铣削	由于刚度差，故铣削速度较低
平面度	主要决定于铣床主轴与进给方向的垂直度，铣出的平面只可能凹，不可能凸（在整个铣刀通过时），适宜于加工大平面	主要取决于铣刀的圆柱度，可能产生凹，也可能产生凸，对大平面还会产生接刀痕
表面粗糙度	在每齿进给量相同的条件下，铣出的表面粗糙度值要比周边铣削时大。但在适当减小副偏角和主偏角，以及采用修光刃刀时，则表面粗糙度值会显著减小 端面铣削时，表面粗糙度值一般大于 $Ra1.6\mu m$；但当采用修光切削刃或高速切削等措施后，则可使表面粗糙度值显著减小，甚至可小于 $Ra0.8\mu m$	要减小表面粗糙度值，只能减少每齿进给量和每转进给量，但这样会降低生产率。增大铣刀直径虽也能减小表面粗糙度值，但增大铣刀直径会受到一定的限制。表面粗糙度值一般在 $Ra1.6\mu m$ 左右

2. 顺铣和逆铣

（1）周边铣削时的顺铣和逆铣

1）顺铣。在铣刀与工件已加工面的切点处，铣刀旋转切削刃的运动方向与工件进给方向相同的铣削为顺铣，如图2-3a所示。

2）逆铣。在铣刀与工件已加工面的切点处，铣刀旋转切削刃的运动方向与工件进给方向相反的铣削为逆铣，如图2-3b所示。

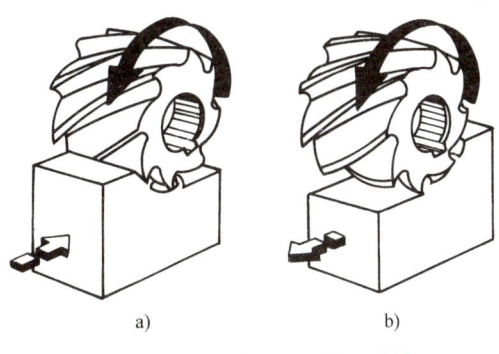

图2-3 周边铣削的顺铣和逆铣

a）顺铣 b）逆铣

3）顺铣和逆铣的比较

① 逆铣时，作用在工件上的力在进给方向上的分力F_f是与进给方向相反的，故不会把工作台向进给方向拉动一个距离，因此丝杠轴向间隙的大小对逆铣无明显的影响。而顺铣时，由于作用在工件上的力在进给方向的分力F_f与进给方向相同，所以有可能会把工作台拉动一个距离，从而造成每齿进给量的突然增加，严重时将会损坏铣刀，造成工件报废甚至更严重的事故。因此，在周边铣削中通常都采用逆铣。

② 逆铣时，作用在工件上的垂直铣削力，在铣削开始时是向上的，有把工件从夹具中拉起来的趋势，所以对加工薄而长的和不易夹紧的工件极为不利。另外，在铣削的过程中，刀齿切到工件时要滑动一小段距离才能切入，此时的垂直铣削力是向下的，而在将切离工件的一段时间内，垂直铣削力是向上的，因此工件和铣刀会产生周期性的振动，影响加工面的表面粗糙度。顺铣时，作用在工件上的垂直铣削力始终是向下的，有压住工件的作用，对铣削工作有利，而且垂直铣削力的变化较小，故产生的振动也较小，能使加工表面粗糙度值较小。

③ 逆铣时，由于切削刃在加工表面上要滑动一小段距离，切削刃容易磨损；顺铣时，切削刃一开始就切入工件，故切削刃比逆铣时磨损小，铣刀使用寿命比较长。

④ 逆铣时，消耗在工件进给运动上的动力较大，而顺铣时则较小。此外，顺铣时切削厚度比逆铣大，切屑短而厚而且变形小，所以可节省铣床功率的消耗。

⑤ 逆铣时，加工表面上有前一刀齿加工时造成的硬化层，因而不易切削；顺铣时，加工表面上没有硬化层，所以容易切削。

⑥ 对表面有硬皮的毛坯件，顺铣时刀齿一开始就切到硬皮，切削刃容易损坏，而逆铣则无此问题。

综上所述，尽管顺铣比逆铣有较多的优点，但由于逆铣时不会拉动工作台，所以一般情况下都采用逆铣进行加工。但当工件不易夹紧或工件薄而长时，宜采用顺铣。此外，当铣削余量较小，铣削力在进给方向的分力小于工作台和导轨面之间的摩擦力时，也可采用顺铣。有时为了改善铣削质量而采用顺铣时，必须调整工作台与丝杠之间的轴向间隙（使之在 0.01～0.04mm 之间）。若设备陈旧且磨损严重，实现上述调整会有一定的困难。

（2）端面铣削时的顺铣与逆铣　端面铣削时，根据铣刀和工件不同的相对位置，可分为对称铣削和不对称铣削。

1）对称端面铣削，如图 2-4a 所示。用面铣刀铣削平面时，铣刀处于工件铣削层宽度中间位置的铣削方式，称为对称端铣。

若用纵向工作台进给作对称铣削，工件铣削层宽度在铣刀轴线的两边各占一半。左半部为进刀部分，是逆铣，右半部分为出刀部分，是顺铣，从而使作用在工件上的纵向分力在中分线两边大小相等，方向相反，所以工作台在进给方向不会产生突然拉动现象。但是，这时作用在工作台横向进给方向上的分力较大，会使工作台沿横向产生突然拉动。因此，铣削前必须紧固工作台的横向。由于上述原因，用面铣刀进行对称铣削时，只适用于加工短而宽或较厚的工件，不宜铣削狭长或较薄的工件。

2）不对称端铣，如图 2-4b、c 所示。用面铣刀铣削平面时，工件铣削层宽度在铣刀中心两边不相等的铣削方式，称为不对称端面铣削。

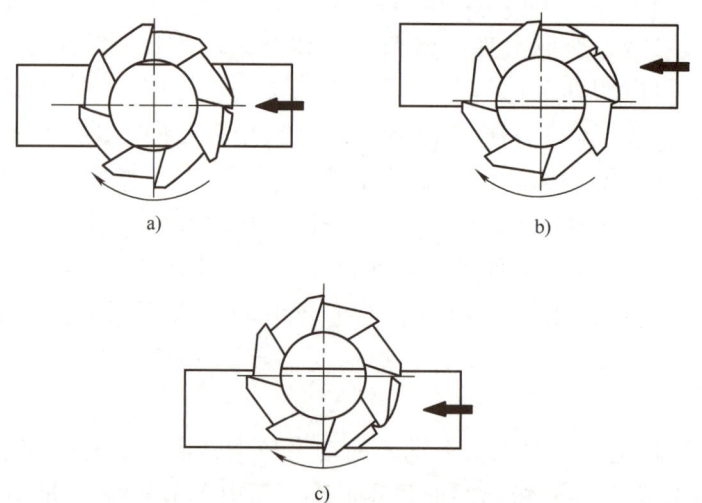

图 2-4　对称端铣与不对称端铣
a）对称端铣　b）不对称端铣（逆铣）　c）不对称端铣（顺铣）

不对称端面铣削时，当进刀部分大于出刀部分时为逆铣，如图 2-4b 所示。反之为顺铣，如图 2-4c 所示。不对称端面铣削时，顺铣同样有可能拉动工作台，造成严重后果，故一般不采用。端面铣削时，垂直铣削力的大小和方向与铣削方式无关。

另外，用端面铣削法作逆铣时，刀齿开始切入时的切屑厚度较薄，切削刃受到的冲击较小，并且切削刃开始切入时无滑动阶段，故可提高铣刀的寿命。用端面铣削法作顺铣时的优点是：切屑在切离工件时较薄，所以切屑容易去掉，切削刃切入时切屑较厚，不致在冷硬层中挤刮，尤其对容易产生冷硬现象的材料，如不锈钢，则更为明显。

2.1.4 平面铣削的常用刀具

1. 圆柱形铣刀

标准圆柱形铣刀是用周边铣削法加工平面的主要刀具。圆柱形铣刀有粗齿和细齿两种，粗齿圆柱形铣刀螺旋角和容屑槽比较大，铣削比较平稳，一次可铣去较多的余量，可用于平面粗、精加工，但刃磨比较困难；细齿圆柱形铣刀螺旋角和容屑槽比较小，铣刀的圆柱度比较好，适用于平面的精加工。

圆柱形铣刀安装和拆卸的步骤如下：

① 安装铣刀长刀杆（见图 2-5）。

a. 擦干净铣床主轴锥孔和铣刀杆锥柄。

b. 将铣刀杆锥柄装入锥孔，凸缘上的缺口对准主轴端面键块。

c. 用右手托住铣刀杆，左手将拉紧螺杆旋入铣刀杆锥柄端部的内螺纹。

d. 用扳手紧固拉紧螺杆上的螺母。

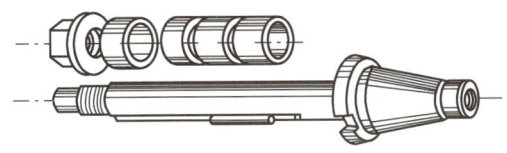

图 2-5　铣刀长刀杆

② 调整悬梁。

a. 松开悬梁左侧的两个紧固螺母。

b. 转动中间带齿轮的六角轴，调整悬梁外伸到适当的位置，比刀杆长一些，以便安装支架。

c. 紧固横梁左侧的两个螺母。

③ 安装圆柱形铣刀。

a. 擦干净铣刀和轴套（垫圈）的两端面。

b. 铣刀安装位置尽可能靠近主轴，铣刀和刀杆之间最好用平键联接。

c. 装入轴套，旋入紧固螺母，轴套的组合长度应使刀杆紧固螺母能夹紧铣刀。

④ 安装支架及紧固刀杆螺母。

a. 松开支架紧固螺母和轴承间隙调节螺母，将支架装入悬梁，并使轴承套入刀杆支承轴颈，与刀杆螺纹有一定的间距。

b. 紧固支架，调节支承轴承间隙。

c. 紧固刀杆螺母。

⑤ 拆卸铣刀和刀杆的过程大致是上述过程的反向操作，在拆卸刀杆时，松开刀杆拉紧螺杆螺母后，须用锤子敲击螺杆的端部，使刀杆的锥柄与主轴内锥孔贴合面脱开，然后旋出拉紧螺杆，取下铣刀杆。

2. 面铣刀

面铣刀是用端面铣削法加工平面的主要刀具。标准的面铣刀有套式面铣刀和镶齿套式面铣刀及可转位铣刀三种。镶齿面铣刀的刀体为结构钢，可制作较大直径的刀具；可转位铣刀便于使用。因此，在生产中通常都使用这两种面铣刀。在加工平面宽度较小的，精度要求较高的修配零件时，可选用整体的面铣刀。

如图 2-6 所示，套式面铣刀安装和拆卸的步骤如下：

① 擦干净铣床主轴锥孔和铣刀杆 1 锥柄部分。

② 将铣刀杆锥柄装入锥孔，凸缘连接圈上的缺口对准主轴端面键块后用拉紧螺杆紧固刀杆。

③ 装上凸缘连接圈 2，并使连接圈上的键对准刀杆 1 上的槽。

④ 安装铣刀 3，将铣刀端面及孔径擦净，使铣刀端面上的槽对准凸缘连接圈上的键，然后旋入螺钉 4，用十字柄套筒扳手扳紧。

⑤ 套式面铣刀拆卸时，先松开螺钉 4，然后依次拆下铣刀、连接圈、刀杆。拆卸和安装时都必须注意安全操作，以免被锋利的刀尖刀刃划伤。特别是在用十字柄套筒扳手扳紧螺钉 4 时，应注意自我保护。

⑥ 安装铣刀后，注意检查立铣头与工作台面的垂直度。

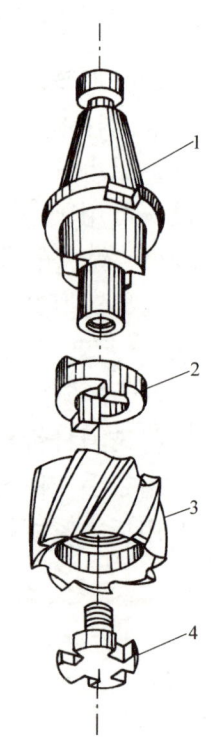

图 2-6 套式面铣刀的安装和拆卸

1—铣刀杆　2—凸缘连接圈

3—铣刀　4—螺钉

3. 平面高速铣削刀具

高速铣削是指使用硬质合金刀具进行铣削，以达到充分发挥刀具的切削性能和利用比高速钢刀具高得多的切削速度来提高生产效率的一种切削方法。目前，端面铣削平面已大量采用高速铣削，常用的高速铣削平面的刀具有以下几种：

（1）正前角铣刀　正前角铣刀具有齿刃锋利、切削力小的优点，但由图 2-7a 可以看出，因切削抗力汇集在刀尖上，使性脆的硬质合金非常容易崩碎，所以正前角铣刀适用于铣削强度较低的材料和振动较小的场合。

（2）负前角铣刀　图 2-7b 所示为负前角铣刀，切削时不是刀尖先切入，而是前刀面先接触工件推挤金属层，并且切削抗力 F'_r 不是作用在刀尖上，而是作用在离开刀尖的前刀面上,从而提高了刀具的抗振能力和强度。同时,负前角会加剧切屑的变形,使切削热增加而提高切削层温度,使加工处材料软化,有利于切削加工和提高表面质量。

(3)正前角带负倒棱铣刀　图2-7c所示为正前角带负倒棱铣刀切削时的受力情况。带负倒棱的目的在于改善正前角刀具的受力情况,使正前角铣刀既能保持切削轻快的优点,又有足够的强度。因此,当加工余量较大及机床、夹具和工件的刚度不足时,采用这种形式的刀具比较有利。

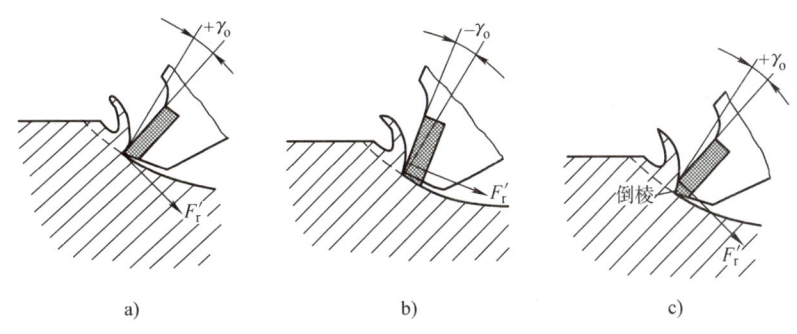

图2-7　平面高速铣削刀具的前角与受力情况

a)正前角　b)负前角　c)正前角带负倒棱

4. 平面强力铣削刀具

强力铣削是用硬质合金刀具采用中速偏高的铣削速度,以加大进给量来提高铣削效率的一种铣削方法。端面铣削平面常采用强力铣削。图2-8所示是强力铣削的面铣刀刀齿形状,该刀具具有副偏角为0°的修光切削刃,修光切削刃的长度一般为每齿进给量的1.2~1.8倍,可保证在较大进给量的情况下,使平面铣削获得较小的表面粗糙度值。图2-9所示为可转位平面强力铣削面铣刀,这种刀具的刀片立装在刀体槽中,刀片沿刀体圆周不等距分布,具有刀片利用率高、刀齿与主切削刃强度高、切削振动小和加工表面质量高等特点。

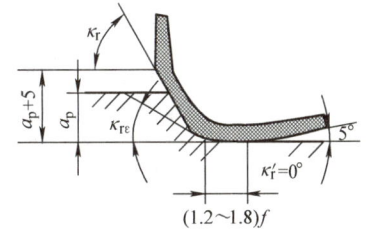

图2-8　强力铣削的面铣刀刀齿形状

5. 平面阶梯铣削刀具

图2-10所示为平面阶梯铣削刀具,这种方式的刀具一般都是体外刃磨,各刀齿相当于端面车刀。其中,刀Ⅰ进行粗铣;刀Ⅱ和Ⅲ半精铣,切去工件的大部分余量;刀Ⅳ是精铣刀,切削的余量一般是0.5mm左右,以保证加工面得到较小的表面粗糙度值。装刀时,应使刀Ⅰ~Ⅳ的径向距离由大到小,ΔR为5~8mm,而Δa_p的尺寸则应根据铣削余量按粗铣、半精铣和精铣进行合理分配。

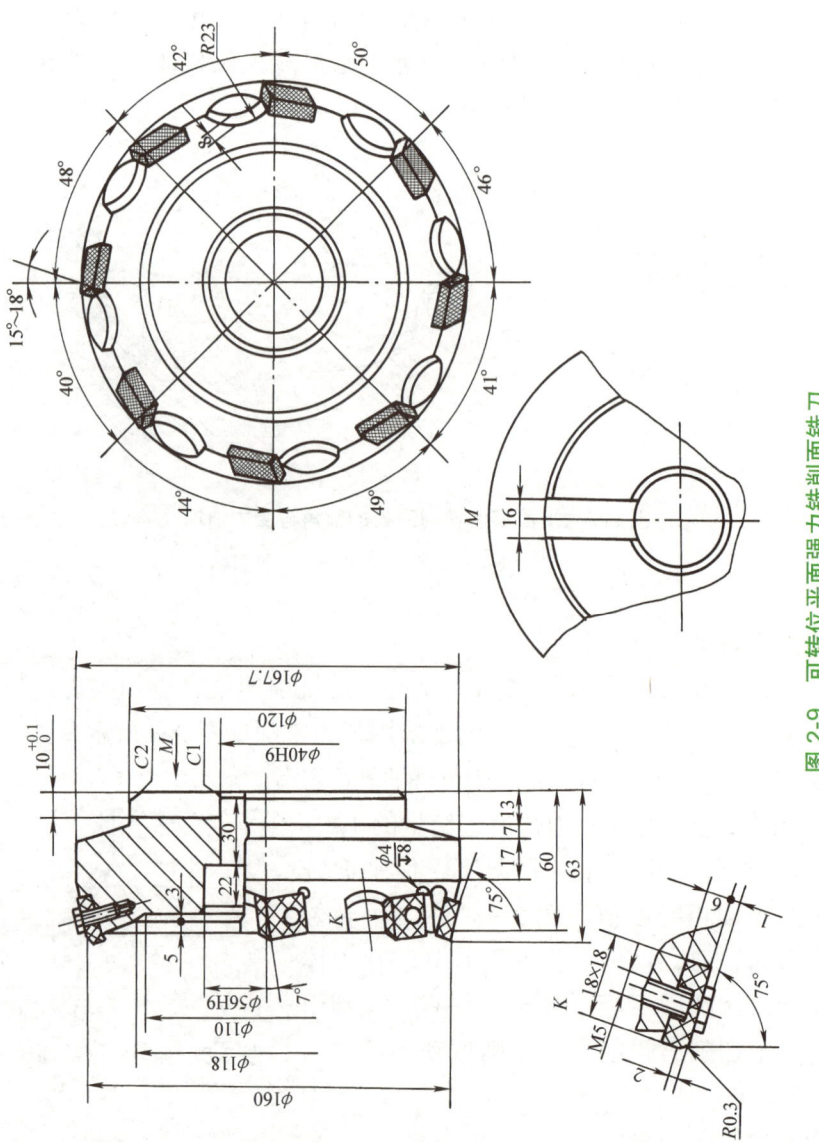

图 2-9 可转位平面强力铣削面铣刀

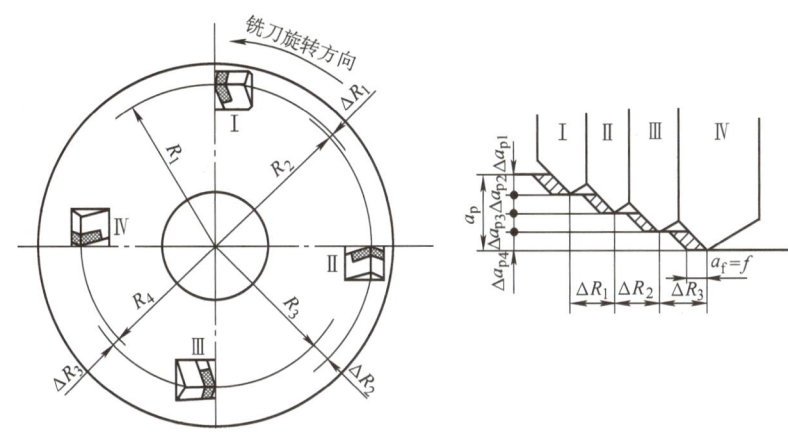

图 2-10 平面阶梯铣削刀具

2.1.5 平面与连接面铣削的工件装夹方法

（1）用机用虎钳装夹　用机用虎钳装夹工件可铣削平面、平行面、垂直面和斜面，其装夹示意如图 2-11 所示。由于受到钳口定位、夹紧面尺寸和活动钳口可移动距离的限制，这种装夹方法适用于外形尺寸不大的工件。加工斜面时，还可以使用可倾虎钳装夹工件，如图 2-11c 所示。

安装机用虎钳的步骤：

1）安装前，将机用虎钳的底面与工作台面擦干净，若有毛刺、凸起，应用磨石修磨平整。

2）检查机用虎钳底部的定位键是否紧固，定位键定位面是否同一方向安装。

3）将机用虎钳安装在工作台中间的 T 形槽内，如图 2-12 所示，钳口位置居中，并用手拉动机用虎钳底盘，使定位键向 T 形槽直槽一侧贴合。

4）用 T 形螺栓将机用虎钳压紧在工作台面上。

（2）用螺栓、压板装夹　较大的工件通常采用这种方法装夹。图 2-13 所示为用螺栓、压板装夹工件，铣削平行面、垂直面和斜面的示意图。图 2-14 所示为用压板装夹工件的方法。

用螺栓、压板装夹工件应注意下列要点：

1）螺栓要尽量靠近工件，以增大夹紧力。

2）压板垫块的高度应保证压板不发生倾斜，以免压板与工件接触不良，致使铣削时工件移动。

3）压板在工件上的夹压点应尽量靠近加工部位，所用压板的数目不少于两块。使用多块压板时，应注意合理布置工件上的受压点，即工件受压处要坚固，下面不能悬空，以免受力后工件变形。

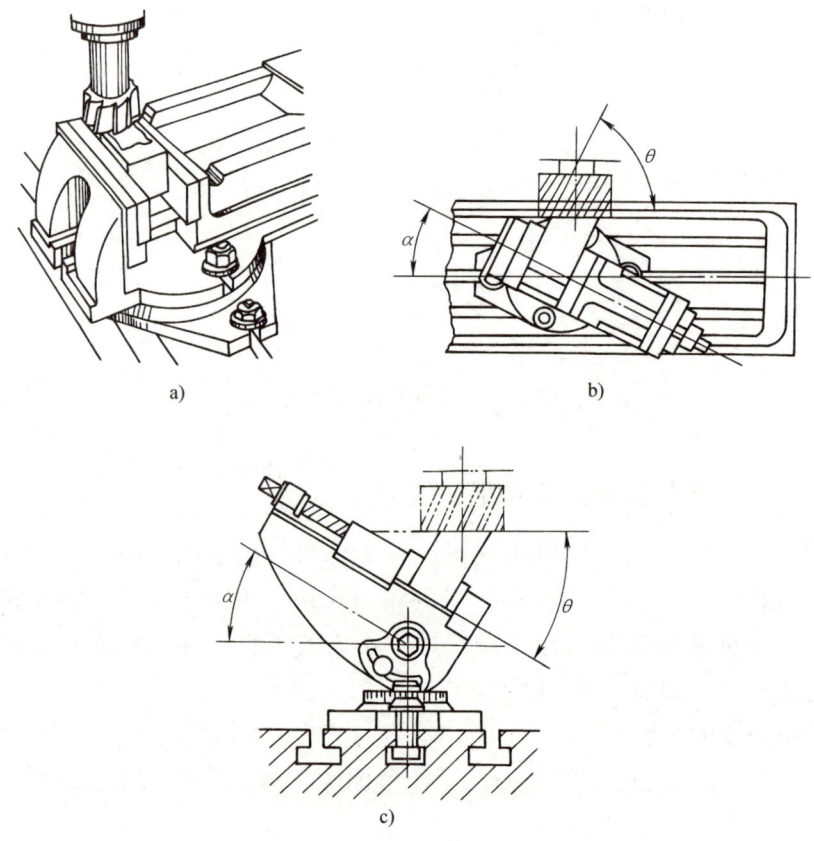

图 2-11 用机用虎钳装夹工件

a）用机用虎钳装夹铣削平面、平行面与垂直面
b）用机用虎钳装夹铣削斜面　c）用可倾虎钳装夹铣削斜面

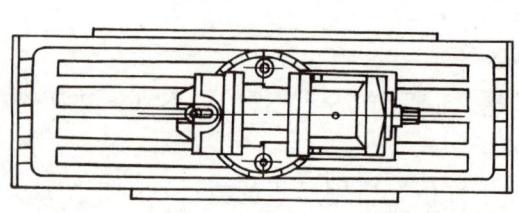

图 2-12 在工作台上安装机用虎钳

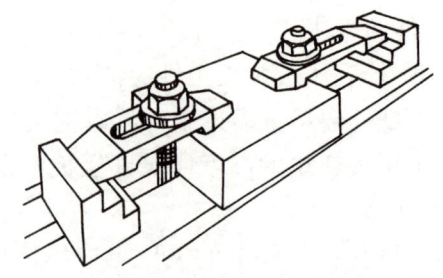

图 2-13 用螺栓、压板装夹工件铣削示意图

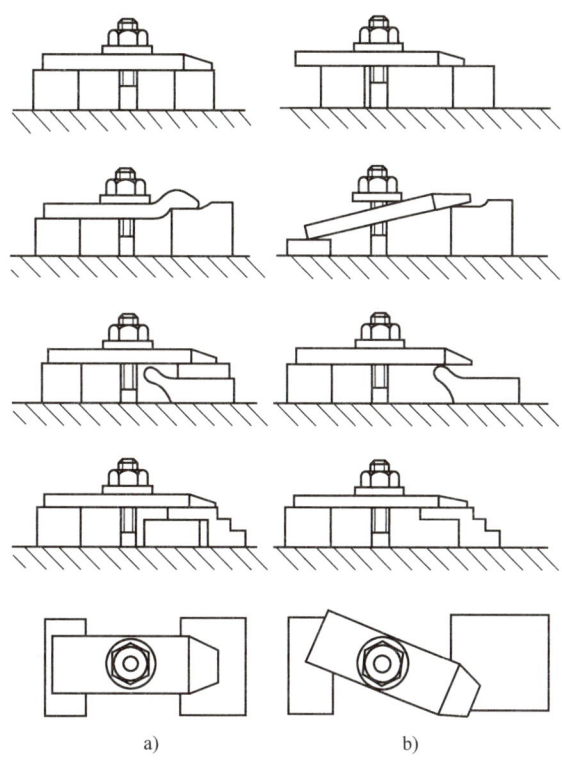

图 2-14　用压板装夹工件的方法

a）正确　b）错误

4）夹紧力的大小要合适，以减小工件变形，一般粗加工时应大些，精加工时可小些。

5）工件夹压部位是已加工的表面时，应在工件与压板之间加垫纸片或铜片。在工作台面上直接装夹毛坯工件时，应在工件和台面之间加垫纸片或铜片，以保护工作台面，并可增加工件与台面之间的摩擦力，使工件夹紧牢靠。

（3）用专用夹具或辅助定位装置装夹　在连接面工件数量较多和批量生产中，常采用辅助定位装置或专用夹具装夹工件。如铣削平行面时可利用工作台的梯形槽直槽安装定位块（见图 2-15a）；铣削垂直面时常利用直角铁装夹工件（见图 2-15b）；铣削斜面时可利用倾斜垫块定位（见图 2-15c）；批量生产中，铣削斜面用专用夹具装夹工件（见图 2-15d）等。

2.1.6　平面与连接面的测量与检验方法

1. 平面度的检验

当所测平面较小时，用刀口形直尺测量平面各个方向的直线度误差，如图 2-16a 所示，若各个方向都成直线（即直线度在公差范围内），则工件的平面度符合图样要求。当所测平面较大时，可利用三点确定一个平面的原理，在标准平板上，用三个千斤顶将工件顶起，用指示表找正千斤顶上方三点等高，然后测量平面上的其他点，如图 2-16b 所示，若指示表示值变动量在平面度公差内，则平面度符合图样要求。

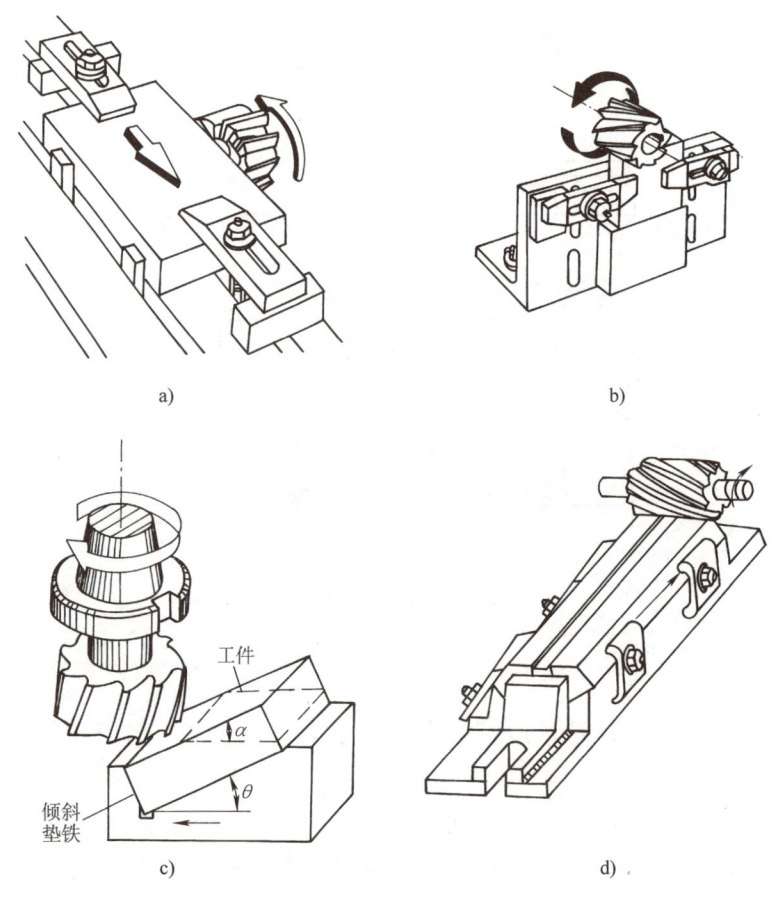

图 2-15 用专用夹具或辅助定位装置装夹工件
a）利用定位块定位铣削平行面　b）用直角铁装夹铣削垂直面
c）利用倾斜垫块定位铣削斜面　d）用专用夹具装夹铣削斜面

2. 平行度与垂直度的检验

平行度及尺寸精度通常用游标卡尺或外径千分尺检验，根据平面的大小、形状，测量时应合理确定测量点的数目和分布位置。

较小平面的垂直度检验可使用直角尺和塞尺配合进行，如图 2-17a 所示，塞尺的厚度规格可按垂直度的公差确定。检验较大平面的垂直度时，可将工件基准面与标准平板贴合，然后使用较大规格的直角尺和塞尺配合进行测量。对于精度要求较高的垂直面，可采用图 2-17b 所示的方法测量，工件下面起垫块作用的圆柱可防止直角铁倾倒，消除下平面与基准侧面不垂直对测量的影响。

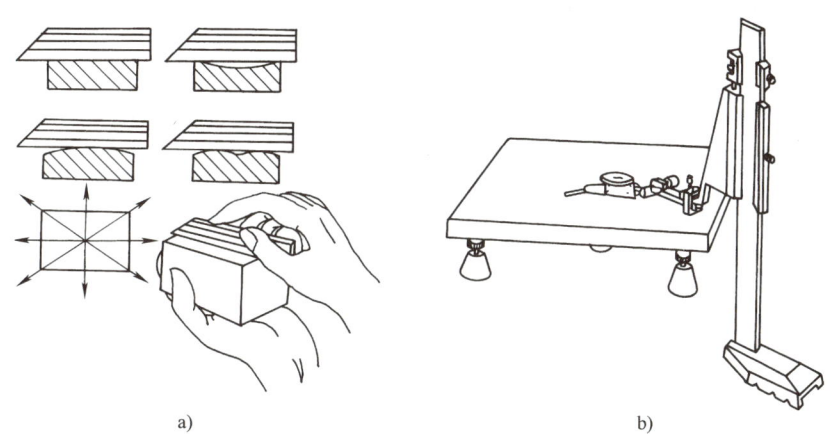

图 2-16　平面度检验

a）用刀口形直尺测量　b）用三点定平面原理测量

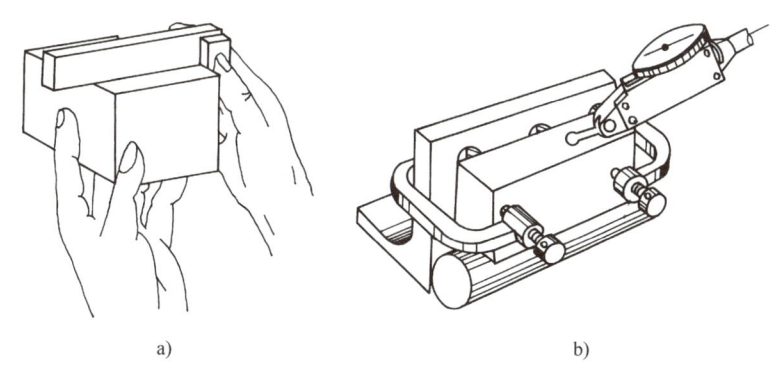

图 2-17　垂直度检验

a）用直角尺和塞尺测量　b）用直角尺和指示表测量

3. 斜面的检验

检验斜面与基准面的夹角精度时，通常使用游标万能角度尺进行测量。测量时，先将游标万能角度尺的底边紧贴工件的基准面，然后把直尺调整到紧贴工件斜面，若角度尺的游标读数值在图样要求的公差范围内，则斜面的倾斜角度正确。对精度要求较高的斜面和角度较小的斜面，一般都用正弦规、量块和指示表配合进行测量。

4. 表面粗糙度的检验

表面粗糙度通常与样板目测比照进行检验。由于端面铣削和周边铣削的切削纹路是不同的，因此，比照时应选择与加工表面切削纹路一致的，且表面粗糙度值符合图样要求的表面粗糙度样板。

2.2 连接面铣削加工技能训练实例

技能训练1 立式铣床上加工平板状矩形工件

重点与难点： 重点掌握矩形工件铣削步骤；难点为平板状工件装夹与加工精度的控制。

1. 平板状矩形工件铣削加工工艺准备（见图2-18）

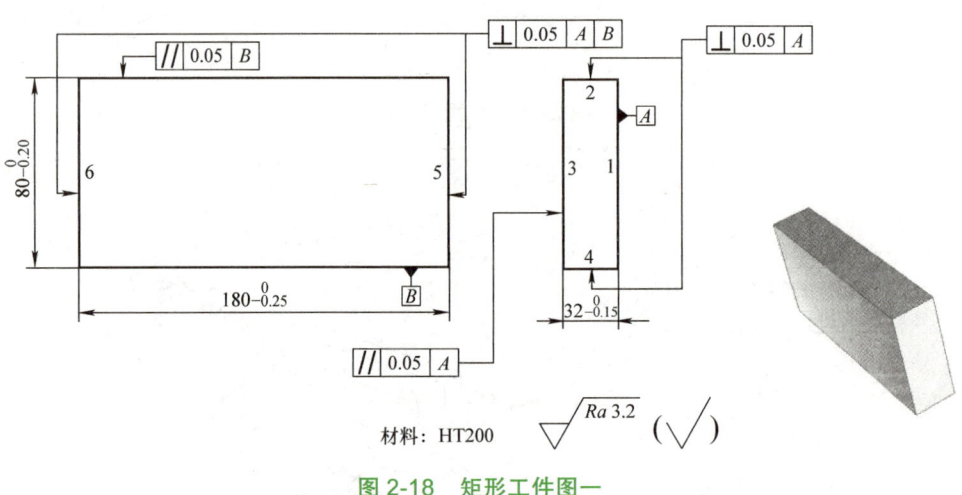

图2-18 矩形工件图一

（1）分析图样

1）加工基准和精度分析。

① 矩形工件的尺寸精度为 $180_{-0.25}^{0}$ mm、$80_{-0.20}^{0}$ mm、$32_{-0.15}^{0}$ mm。

② 相对面的平行度公差为0.05mm，相邻面的垂直度公差为0.05mm。

③ 预制件为190mm×90mm×42mm的矩形工件。

④ 加工时，基准面尽可能用作定位面，本例要求平面2、4垂直于平面1，平面3平行于平面1，平面5、6垂直于平面1、4，因此平面1为工件主要基准面A，平面4为工件侧面基准面B。

2）表面粗糙度分析。工件各表面粗糙度值均为 $Ra3.2\mu m$，精度较高，铣削能达到要求。

3）材料分析。工件材料为HT200，切削性能较好，可选用高速钢铣刀，也可选用硬质合金铣刀加工。

4)形体分析。平板状矩形工件的外形尺寸和基准平面较大,工件装夹与铣削方式受到一定限制,宜在立式铣床上用端面铣削法加工,可采用机用虎钳和直角铁装夹工件。

(2)拟定加工工艺与工艺准备

1)拟定在立式铣床上铣削加工平板状矩形工件的工序过程。根据图样的精度要求,在立式铣床上用可转位面铣刀加工,平板状矩形工件的加工工序过程为:检验预制件→安装机用虎钳和直角铁→装夹工件→安装可转位面铣刀→粗铣六面→精铣 80mm×180mm 基准面 A →预检基准面 A →精铣 $80_{-0.20}^{0}$ mm 两垂直面→精铣 $32_{-0.15}^{0}$ mm 平行面→精铣 $180_{-0.25}^{0}$ mm 两端面→矩形工件铣削工序检验。

2)选择铣床。选用 X5032 型立式铣床或类似的立式铣床。

3)选择工件装夹方式。选择铣床用机用虎钳,现选用 Q12160 型机用虎钳,钳口宽度为 160mm,钳口最大张开度为 125mm,钳口高度为 50mm。选择直角铁定位面的尺寸为 200mm×150mm。

4)选择刀具。根据图样给定的平面宽度尺寸选择可转位面铣刀规格,现选用外径为 125mm 和 63mm 的可转位面铣刀,分别铣削大平面和侧面、端面。根据工件材料,选用 K 类硬质合金 K20,SPAN 型(方形)刀片。

5)选择检验方法。

① 平面度采用三点定平面的原理测量,即在标准平板上,用三个千斤顶支承平面,用指示表检验平面度,如图 2-16b 所示。

② 平行面之间的尺寸和平行度误差用外径千分尺测量。

③ 垂直度用直角尺检验。

④ 表面粗糙度采用目测样板类比检验。

2. 矩形工件铣削加工

(1)加工准备

1)检验预制件。

① 用钢直尺检验预制件的尺寸,并结合各表面的垂直度、平行度情况,检验坯件是否有加工余量,本例测得预制件基本尺寸为 191mm×89mm×41mm。

② 综合考虑平面的粗糙度、平面度以及相邻面的垂直度,在尺寸为 191mm×89mm 的两个平面中选择一个作为粗铣基准面。

2)安装机用虎钳和直角铁。将机用虎钳安装在工作台中间 T 形槽内,用 T 形螺栓将直角铁安装在工作台面上,安装时注意底面与工作台面之间的清洁度。紧固直角铁的螺栓,应尽量拉开安装的位置,使直角铁的底面与工作台面之间紧密贴合。直角铁与机用虎钳之间具有合适的间距,以方便工件装拆操作和不影响进给铣削。

3）装夹工件。铣削平面 1、3 时，采用机用虎钳装夹工件，工件下面垫长度大于 180mm，宽度小于 40mm 的两等高平行垫块，其高度使工件上平面高于钳口 5mm。铣削平面 2、4、5、6 时，用直角铁装夹工件。铣削 2、4 平面时，在工件下方衬垫高度大于 75mm，长度大于 180mm 的平行垫块，以使工件加工面高于直角铁的上平面，并用 C 字夹头夹紧工件，如图 2-19 所示。铣削 5、6 侧面时，用螺栓压板夹紧工件，如图 2-15a 所示。

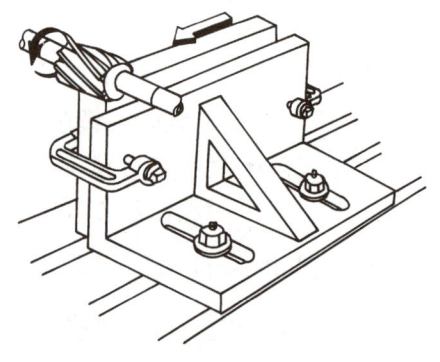

图 2-19　用直角铁装夹工件

4）安装可转位面铣刀。可转位面铣刀结构如图 2-20 所示，安装刀体的方法与安装刀杆的方法相同。铣刀刀片的定位夹紧方式很多，本例是楔块在刀片前面的螺栓楔块夹紧结构，刀片安装的步骤（见图 2-21）如下：

① 在刀体上装刀垫 4，使刀垫紧贴刀体槽侧面。

② 装楔块 2，将螺钉 3 旋入螺孔内，用内六角扳手扳紧，使刀垫与刀体槽侧面压紧。

③ 装楔块 1，将螺钉 3 旋入螺孔内。

④ 将刀片 5 装入刀垫，使其与两定位面接触，然后用内六角扳手扳紧。

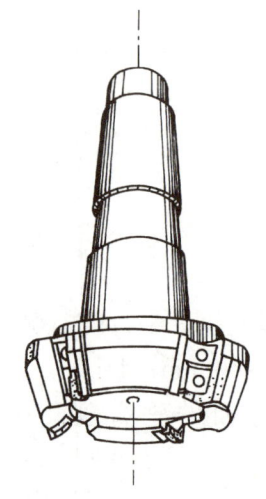

图 2-20　可转位面铣刀结构

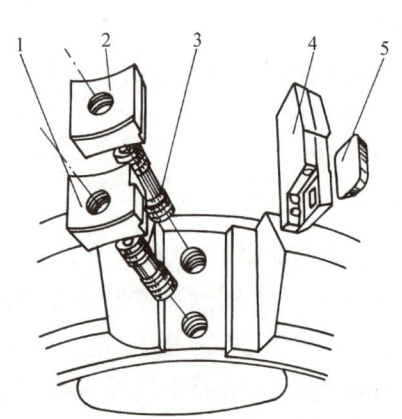

图 2-21　可转位面铣刀刀片的安装

1、2—楔块　3—螺钉　4—刀垫　5—刀片

⑤ 安装铣刀和刀片后，应检查刀片的安装精度，检查时可用指示表测量各刀片最低点示值等同性，也可以试铣一个平面，然后观测刀片最低点与试切平面的间隙

来判断刀片的安装精度。此外，为达到平面度要求，要注意检查立铣头与工作台面的垂直度。

5）选择铣削用量。按工件材料（HT200）和铣刀的规格选择、计算和调整铣削用量。

① 粗铣时，取铣削速度 $v = 80\text{m/min}$，每齿进给量 $f_z = 0.15\text{mm/z}$，则铣床主轴转速为

$$n_1 = \frac{1000v}{\pi D} = \frac{1000 \times 80}{3.14 \times 125}\text{r/min} \approx 203.82\text{r/min}$$

$$n_2 = \frac{1000v}{\pi D} = \frac{1000 \times 80}{3.14 \times 63}\text{r/min} \approx 404.40\text{r/min}$$

每分钟进给量为

$$v_{f1} = f_z zn = 0.15 \times 6 \times 190\text{mm/min} = 171\text{mm/min}$$

$$v_{f2} = f_z zn = 0.15 \times 4 \times 375\text{mm/min} = 225\text{mm/min}$$

实际调整铣床主轴转速为：$n_1 = 190\text{r/min}$，$n_2 = 375\text{r/min}$，每分钟进给量为 $v_{f1} = 150\text{mm/min}$，$v_{f2} = 190\text{mm/min}$。

② 精铣时，取铣削速度 $v = 90\text{m/min}$，每齿进给量 $f_z = 0.05\text{mm/z}$，则铣床主轴转速为

$$n_1 = \frac{1000v}{\pi D} = \frac{1000 \times 90}{3.14 \times 125}\text{r/min} \approx 229.30\text{r/min}$$

$$n_2 = \frac{1000v}{\pi D} = \frac{1000 \times 90}{3.14 \times 63}\text{r/min} \approx 454.96\text{r/min}$$

每分钟进给量为

$$v_{f1} = f_z zn = 0.05 \times 6 \times 235\text{mm/min} = 70.5\text{mm/min}$$

$$v_{f2} = f_z zn = 0.05 \times 4 \times 475\text{mm/min} = 95\text{mm/min}$$

实际调整铣床主轴转速为 $n_1 = 235\text{r/min}$，$n_2 = 475\text{r/min}$。每分钟进给量为 $v_{f1} = 75\text{mm/min}$，$v_{f2} = 95\text{mm/min}$。

③ 粗铣时的铣削层深度为2.5mm，精铣时的铣削层深度为0.5mm。铣削层宽度分别为80～90mm、32～42mm。

（2）矩形工件铣削加工

1）粗铣矩形工件。

① 用机用虎钳装夹工件粗铣平面1，调整工作台，使铣刀处于工件上方，横向调整使工件和铣刀处于对称铣削或不对称逆铣的位置。铣削余量为0.4mm，保证平

面度误差在 0.1mm 之内。

② 换装直径为 63mm 的铣刀，用直角铁、C 字夹头装夹工件，粗铣平面 2、4，调整工作台，采用对称端面铣削，铣削时的横向分力应指向直角铁定位面。单面铣削余量为 3.5mm，保证与平面 1 的垂直度误差在 0.05mm 之内。若铣出的垂直度误差较大，应用指示表复核直角铁定位面与工作台面的垂直度，并用垫纸片的方法保证直角铁定位面与工作台面垂直。

③ 用直角铁、螺栓压板装夹工件，粗铣平面 5、6。铣削平面 5 时，应用直角尺使平面 4 与工作台面垂直。铣削平面 6 时，将平面 5 紧贴工作台面，便可铣出与平面 1、4 垂直，并且与平面 5 平行的端面。

④ 换装直径为 125mm 的铣刀，以面 1、4 为基准，用机用虎钳装夹工件，粗铣平面 3。

2）预检、精铣各面。

① 预检的内容主要是粗铣后各对应面的平行度，各相邻面的垂直度，以及尺寸余量。

② 用游标卡尺或千分尺测量尺寸 180mm、80mm 和 32mm 的实际余量，本例测得粗铣后实际尺寸为 180.92 ~ 181.05mm、80.85 ~ 80.90mm、32.75 ~ 32.85mm。

③ 在标准平板上用三个千斤顶将工件顶起，测量尺寸为 180mm × 80mm 平面的平面度误差。三个千斤顶的分布位置应尽量拉开，并且不应放置在同一直线上。测量时，用游标高度卡尺装夹指示表，调整千斤顶的高度，使指示表在千斤顶上方与被测平面接触，使三点的指示表示值相等，然后用指示表测量平面上其余的点，若测得的示值误差在 0.05mm 以内，则表明被测平面的平面度误差在 0.05mm 之内。

④ 测量侧面、端面与大平面的垂直度，可将工件基准面与标准平板测量面贴合，然后将直角尺的尺座与平板测量面贴合，用尺身测量侧面与基准面的垂直度误差。侧面与端面的垂直度误差也可直接用直角尺测量，测量中可借助塞尺判断垂直度误差值。

⑤ 检查可转位铣刀的刀尖质量、磨损情况，按精铣数据调整主轴转速和进给量。

⑥ 按粗铣步骤依次精铣平面 1、2、4、5、6、3。对应面第一面铣削层深度约为 0.3mm，第二面铣削时以尺寸公差为依据，确定铣削余量。为避免换装刀具的麻烦，精铣时也可以先加工两个大平面，但应在预检中注意选择与大平面垂直度较好的侧面为基准，才能保证 1、3 平面的尺寸精度和平行度要求，然后按 2、4、5、6 的顺序精铣。

3）本例是平板状的矩形工件，铣削中应注意以下要点：

① 基准大平面的铣削精度十分重要，因此，在加工中首先要使基准大平面达到平面度、平行度和尺寸精度要求，然后才能依次完成侧面和端面加工。

② 本例采用硬质合金可转位铣刀，其铣削速度和进给量都比较大，并且转速高、自动进给快，铣削时操作要细心，避免工件窜动引起梗刀等操作事故。

③ 本例中铣刀的换装、工件的装夹比较烦琐复杂，操作中应按照要求合理使用压板、C 字夹头等，使工件达到定位夹紧的精度要求。

3. 平板状矩形工件铣削检验与质量要点分析

（1）平板状矩形工件的检验

1）用千分尺测量平行面之间的尺寸，应分别为 179.75～180.00mm、79.80～80.00mm、31.85～32.00mm，但因平行度公差为 0.05mm，因此用千分尺测得的尺寸误差应在 0.05mm 之内。

2）用刀口形直尺测量侧面与端面平面度误差时，各个方向的直线度误差均应在 0.05mm 之内。用千斤顶指示表测量平面度，除三点测量基准外，指示表示值的误差应在 0.05mm 之内。

3）用直角尺测量相邻面垂直度误差时，应以厚度为 0.05mm 的塞尺不能塞入缝隙为合格。

4）通过目测类比法进行表面粗糙度检验。本例中平面由可转位面铣刀高速铣削完成，表面粗糙度值应小于 $Ra3.2\mu m$。

（2）平板状矩形工件铣削质量要点分析

1）平面度超差的主要原因是立铣头与工作台面不垂直。

2）平行度较差的原因可能是：工件装夹时定位面未与平行垫块紧贴、圆柱形铣刀有锥度、平行垫块精度差、机用虎钳安装时底面与工作台面之间有脏物或毛刺等。

3）平行面之间尺寸超差的原因可能是：铣削过程中预检尺寸误差大、工作台垂向上升的吃刀量数据计算或操作错误、量具的精度差、测量值读错等。

4）垂直度较差的原因可能是：立铣头轴线与工作台面不垂直、机用虎钳安装精度差、钳口铁安装精度差或形状精度差、工件装夹时没有使用圆棒、工件基准面与定钳口之间有毛刺或脏物、衬垫铜片或纸片的厚度与位置不正确，机用虎钳夹紧时固定钳口外倾等。

本例采用直角铁装夹工件，可能因直角铁精度差、高速铣削中弹性偏让等因素造成垂直度误差。

5）造成表面粗糙度超差的原因可能是：铣削位置调整不当，采用了不对称顺铣、铣刀刀片型号选择不对、铣刀刀片安装精度差、铣床进给有爬行、铣床主轴轴向间隙在高速运转中影响表面粗糙度、工件装夹不够稳固引起铣削振动等。

技能训练 2　卧式铣床上加工长条状矩形工件

重点与难点：重点掌握长条状矩形工件的铣削方法；难点为端面垂直度控制。

1. 长条状矩形工件铣削加工工艺准备（见图2-22）

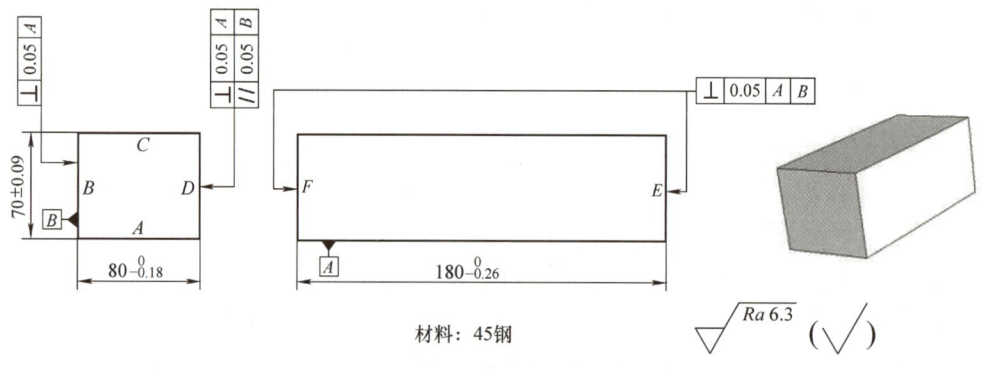

图2-22 矩形工件图二

（1）分析图样

1）分析加工基准和精度。

① 矩形工件的尺寸为 $180_{-0.26}^{0}$ mm、$80_{-0.18}^{0}$ mm、(70 ± 0.09) mm。

② 相对面的平行度公差为0.05mm，相邻面的垂直度公差为0.05mm。

③ 预制件为190mm×90mm×80mm的矩形工件。

④ 在加工中，基准面尽可能用作定位面，本例要求D面垂直于A面、平行于B面，C面平行于A面，E、F面垂直于A、B面，因此平面A、B为工件定位基准。

2）分析表面粗糙度。工件各表面粗糙度值均为$Ra6.3\mu m$，铣削加工容易达到要求。

3）分析材料。工件材料为45钢，其切削性能较好，可选用高速钢铣刀，也可选用硬质合金铣刀对其进行加工。

4）分析形体。工件的形状为长条状矩形，其外形尺寸和基准平面不大，但由于工件较长，使装夹与铣削方式受到一定限制。可在卧式铣床上用周边铣削法加工侧面，用端面铣削法加工端面，工件可采用机用虎钳装夹。

（2）拟定加工工艺与工艺准备

1）拟定在卧式铣床上铣削加工矩形工件的工序过程。根据图样的精度要求，在卧式铣床上进行加工，矩形工件加工工序过程为：预制件检验→安装机用虎钳→装夹工件→安装圆柱形铣刀→粗铣四侧面→预检、精铣四侧面→机用虎钳回转90°安装并进行找正→粗铣$180_{-0.26}^{0}$ mm两端面→精铣两端面→矩形工件铣削工序检验。

2）选择铣床。选用X6132型卧式铣床或类似的卧式铣床。

3）选择工件装夹方式。选择铣床用机用虎钳，其型号规格为Q12160型机用虎钳，钳口宽度为160mm，钳口最大张开度为125mm，钳口高度为50mm。

4）选择刀具。根据图样给定的平面最大宽度尺寸选择圆柱形铣刀和套式面铣刀的规格，现选用外径为 63mm、长度为 100mm 的粗齿（6 齿）圆柱形铣刀粗铣侧面，选择尺寸相同的细齿（10 齿）圆柱形铣刀精铣侧面。选用外径为 80mm，长度为 45mm 的 10 齿套式面铣刀粗、精铣两端面。

5）选择检验方法。

① 平面度误差采用刀口形直尺测量。

② 平行面之间的尺寸和平行度误差用外径千分尺测量。

③ 垂直度用直角尺检验。

④ 表面粗糙度采用目测样板类比检验。

2. 矩形工件铣削加工

（1）加工准备

1）检验预制件。

① 用钢直尺检验预制件的尺寸，并结合各表面的垂直度、平行度情况，检验坯件是否有加工余量，本例测得预制件基本尺寸为 188mm×89mm×80mm。

② 综合考虑平面的表面粗糙度、平面度以及相邻面的垂直度，在两个 188mm×89mm 的平面中选择一个作为粗铣的基准平面。

2）安装机用虎钳。将机用虎钳安装在工作台中间 T 形槽内略偏左侧，用 T 形螺栓紧固，安装时注意底面与工作台面之间的清洁。

3）装夹工件。铣削 A、B、C、D 面时，采用机用虎钳装夹工件，定钳口与工作台纵向平行。铣削端面 E、F 时，机用虎钳定钳口与横向平行。因工件尺寸均大于钳口高度 20mm 以上，故不需采用平行垫块。

4）安装铣刀。使用长刀杆安装圆柱形铣刀，粗铣 A、B、C、D 面时安装粗齿圆柱形铣刀，精铣时换装细齿圆柱形铣刀。铣削端面 E、F 时，换装套式面铣刀。

5）选择铣削用量。按工件材料（45 钢）和铣刀的规格选择、计算和调整铣削用量。

① 粗铣时取铣削速度 $v = 18\text{m/min}$，每齿进给量 $f_z = 0.10\text{mm/z}$，则铣床主轴转速为

$$n_1 = \frac{1000v}{\pi D} = \frac{1000 \times 18}{3.14 \times 63} \text{r/min} \approx 90.99 \text{r/min}$$

$$n_2 = \frac{1000v}{\pi D} = \frac{1000 \times 18}{3.14 \times 80} \text{r/min} \approx 71.66 \text{r/min}$$

每分钟进给量为

$$v_{f1} = f_z z n = 0.10 \times 6 \times 95 \text{mm/min} = 57 \text{mm/min}$$

$$v_{f2} = f_z z n = 0.10 \times 10 \times 75 \text{mm/min} = 75 \text{mm/min}$$

实际调整铣床主轴转速为 $n_1 = 95$r/min，$n_2 = 75$r/min，每分钟进给量为 $v_{f1} = 47.5$mm/min，$v_{f2} = 75$mm/min。

② 精铣时取铣削速度 $v = 20$m/min，每齿进给量 $f_z = 0.05$mm/z，则铣床主轴转速为

$$n_1 = \frac{1000v}{\pi D} = \frac{1000 \times 20}{3.14 \times 63}\text{r/min} \approx 101.10\text{r/min}$$

$$n_2 = \frac{1000v}{\pi D} = \frac{1000 \times 20}{3.14 \times 80}\text{r/min} \approx 79.62\text{r/min}$$

每分钟进给量为

$$v_{f1} = f_z z n = 0.05 \times 10 \times 95 \text{mm/min} = 47.5\text{mm/min}$$

$$v_{f2} = f_z z n = 0.05 \times 10 \times 75 \text{mm/min} = 37.5\text{mm/min}$$

实际调整铣床主轴转速为 $n_1 = 95$r/min，$n_2 = 75$r/min。每分钟进给量为 $v_{f1} = 47.5$mm/min，$v_{f2} = 37.5$mm/min。

③ 粗铣时的铣削深度为 2.5mm，精铣时为 0.5mm。铣削层宽度为 70~90mm。

（2）矩形工件铣削加工

1）粗铣矩形工件 A、B、C、D 面。

① 用机用虎钳装夹工件粗铣平面 A，调整工作台，使铣刀处于工件上方，横向调整位置使铣刀处于工件宽度中间。铣除余量 4mm，平面度误差在 0.05mm 之内。

② 以 A 面为基准，铣削垂直面 B、D，平面度、垂直度和平行度误差均在 0.05mm 之内，单面铣除余量为 4mm。工件装夹时将 A 面紧贴定钳口，动钳口与 C 面之间通过圆棒夹紧。

③ 以 B 面为侧面基准，A 面为底面基准，铣削 C 面与 A 面的平行度误差在 0.05mm 之内。

2）预检、精铣 A、B、C、D 面。

① 预检的内容主要是粗铣后各对应面的平行度、各相邻面的垂直度及尺寸余量。

② 用游标卡尺或千分尺测量尺寸 70mm、80mm 的实际余量，本例测得粗铣后实际尺寸为 71.05~71.07mm、81.08~81.12mm。

③ 用刀口形直尺测量各面的平行度误差，用直角尺测量相邻面的垂直度误差。实际误差值范围可用厚度为 0.05mm 的塞尺判断，若厚度为 0.05mm 的塞尺均不能通过缝隙，则误差值均在 0.05mm 之内。

④ 换装细齿圆柱形铣刀，按精铣数据 n_1、v_{f1} 调整主轴转速和进给量。

⑤ 按粗铣步骤依次精铣平面 A、B、C、D。对应面第一面铣削层深度约为 0.3mm，

第二面铣削时以尺寸公差为依据,确定铣削余量。

3)粗铣端面 E、F。

① 换装套式面铣刀,安装后注意铣刀的轴向圆跳动误差。

② 松开机用虎钳上体与转盘底座的紧固螺母,将机用虎钳水平回转90°,紧固螺母后,用指示表找正机用虎钳钳口与工作台横向进给方向平行。找正的方法如图 2-23a 所示,找正时,注意避免指示表座和连接杆松动,影响找正精度,若不慎将指示表跌落,会造成指示表损坏。进行找正操作时,先使指示表测头与定钳口长度方向的中部接触,然后横向移动,根据示值误差微量调整回转角度,直至定钳口与横向平行。同时,垂向移动,可以校核定钳口与工作台面的垂直度误差。当工件垂直度要求不高时,也可采用划针和直角尺找正,如图 2-23b、c 所示。

③ 以 A 面和 B 面为基准装夹工件,靠近铣刀一端伸出的部分尽可能少,只要能铣除余量即可。粗铣 E、F 面时,单面铣除余量为 3.5mm,垂直度误差在 0.05mm 之内。

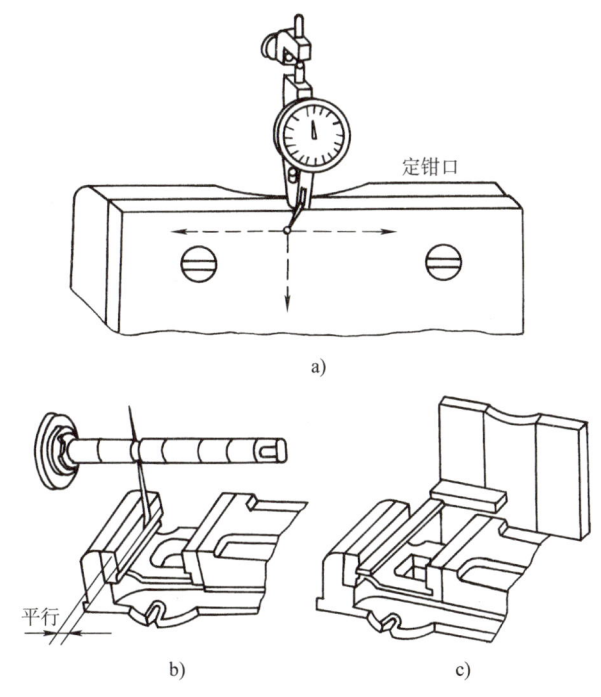

图 2-23 找正机用虎钳方法

a)用指示表找正 b)用划针找正 c)用直角尺找正

4)预检、精铣端面。

① 预检端面的垂直度及尺寸余量。

② 检查套式面铣刀的刀尖质量。

③ 对刀，精铣一侧端面，铣除余量为 0.3mm。

④ 掉头装夹工件，重新对刀，根据尺寸余量精铣另一端面，达到尺寸精度要求。

5）端面铣削时应注意的要点：

① 用机用虎钳装夹工件铣削端面，与侧面基准的垂直度主要取决于机用虎钳定钳口的找正精度。因此，定钳口与工作台横向的平行度误差应在 ±0.02mm 之内。端面与底面基准的垂直度则取决于工件安装的精度，因端面铣削时工件下方是悬空的，若安装时底面基准与工作台面不平行或在铣削中微量向下转动，都会使垂直度误差绝对值增大。

② 在万能卧式铣床上铣削端面，若工作台回转盘的零位未对准，使铣床的主轴与纵向进给方向不垂直，会使铣出的平面出现中间凹陷，引起平面度误差。

③ 铣削端面时，铣刀旋转方向、进给方向和机用虎钳的安装位置，会影响切削力的指向。铣削时，应使纵向切削分力指向定钳口，垂向分力向下，即都应使工件靠向定位面。如图 2-24a 所示，用机用虎钳装夹工件铣削端面，垂直分力向下是正确的，而纵向分力指向动钳口不够合理。图 2-24b 所示是用压板和辅助侧面定位装夹工件来进行装夹，铣削分力均使工件靠向定位面，因此装夹是合理的。

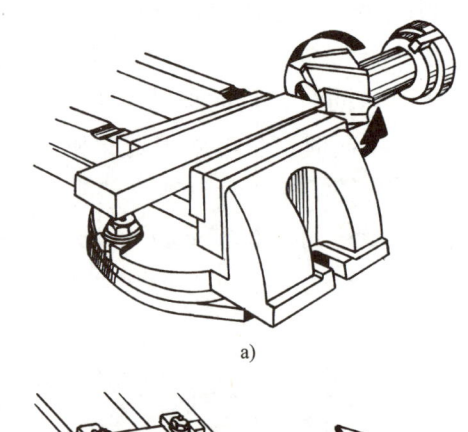

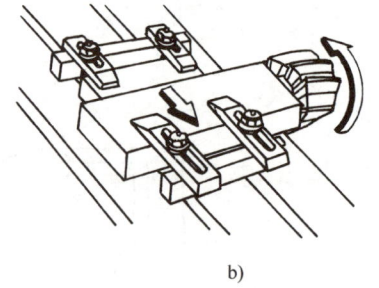

图 2-24 较长工件端面铣削位置和方向
a）用机用虎钳装夹工件
b）用压板和辅助侧面定位装夹工件

3. 长条状矩形工件铣削检验与质量要点分析

（1）长条状矩形工件的检验

1）用千分尺和游标卡尺测量平行面之间的尺寸应在 179.74～180.00mm、79.82～80.00mm、69.91～70.09mm 的范围内。

2）用刀口形直尺测量侧面与端面的平面度误差时，各个方向的直线度误差均应在 0.05mm 以内。

3）用直角尺测量相邻面垂直度误差时，应以 0.05mm 厚度的塞尺不能塞入缝隙为合格。用直角尺测量端面垂直度误差时，应将工件侧面和底面基准与标准平板贴合，然后将尺座与平板贴合，用尺身测量端面，用塞尺判断垂直度误差值。

4）通过目测类比法进行表面粗糙度的检验。本例四侧平面由圆柱形铣刀铣削，端面由套式面铣刀铣削，表面粗糙度值应小于 $Ra3.2\mu m$。

（2）对长条状矩形工件铣削质量要点的分析

1）平面度误差超差的主要原因是圆柱形铣刀圆柱度不好和铣床主轴与工作台纵向进给方向不垂直。

2）平行度误差超差与尺寸误差超差的原因与训练 1 分析类似。

3）垂直度误差超差的原因与训练 1 分析类似，本例在卧式铣床上铣削矩形工件，圆柱形铣刀有锥度、机用虎钳精度和找正精度差、工件装夹精度差、预测误差大等因素造成垂直度误差。

技能训练 3　调整主轴角度铣削斜面

重点与难点：重点掌握立铣时用主轴倾斜铣削斜面的方法；难点为立铣头转角的调整操作与精度控制。

1. 调整主轴角度铣削加工斜面工艺准备

铣削加工如图 2-25 所示的斜面工件，须按以下步骤进行工艺准备。

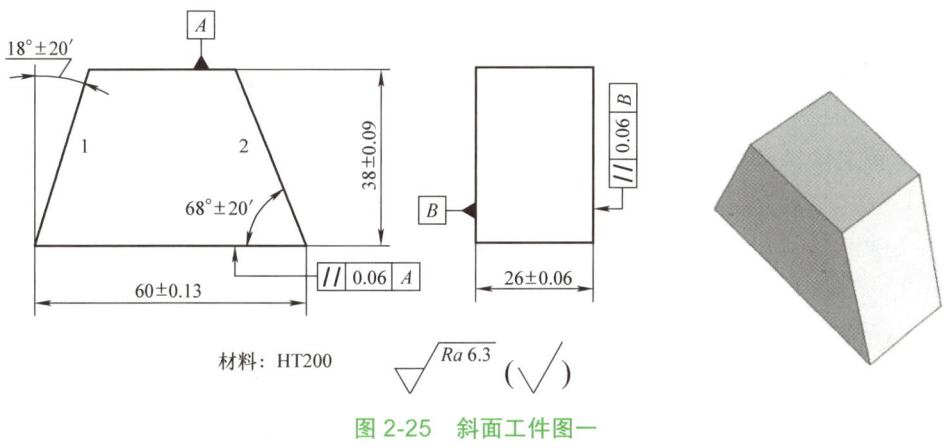

图 2-25　斜面工件图一

（1）分析图样

1）分析加工基准和精度。

① 斜面工件外形的尺寸为（60±0.13）mm、（38±0.09）mm、（26±0.06）mm。斜面 1 与端面的夹角为 18°±20′，斜面 2 与底面的夹角为 68°±20′。

② 相对面的平行度公差为 0.06mm。

③ 预制件尺寸为 60mm×38mm×26mm，矩形工件。

④ 在加工中，基准面尽可能用作定位面。本例加工斜面 1 时，以同侧端面为基准；铣削斜面 2 时，以底面为基准。

2）表面粗糙度分析。工件表面各粗糙度值均为 $Ra6.3\mu m$，铣削加工能达到要求。

3）分析材料。工件材料为HT200，切削性能较好，可选用高速钢铣刀。

4）分析形体。对于矩形工件，宜采用机用虎钳装夹工件。

（2）拟定加工工艺与工艺准备

1）拟定在立式铣床上铣削加工斜面工件的工序过程。根据图样的精度要求，本例在立式铣床上调整主轴角度铣削加工斜面，工件加工的工序过程为预制件检验→安装、找正机用虎钳→装夹工件→安装面铣刀→调整立铣头角度→粗、精铣斜面1→重新装夹工件→换装立铣刀→调整立铣头角度→粗、精铣斜面2→斜面工件铣削工序检验。

2）选择铣床。选用X5032型立式铣床。

3）选择工件装夹方式。现选用Q12160型机用虎钳，钳口宽度为160mm，钳口最大张开度为125mm，钳口高度为50mm。

4）选择刀具。根据图样给定的斜面宽度尺寸选择铣刀规格，现选用外径为63mm的套式面铣刀和外径为32mm的锥柄立铣刀，分别铣削斜面1和斜面2。

5）选择检验测量方法。

① 平面度误差采用刀口形直尺测量。

② 平行面之间的尺寸和平行度误差用外径千分尺测量。

③ 斜面角度用游标万能角度尺测量，垂直度用直角尺检验。

④ 表面粗糙度采用目测样板类比检验。

2. 斜面工件铣削加工

（1）加工准备

1）检验预制件。

① 用游标卡尺检验预制件的尺寸，本例测得预制件基本尺寸为60mm×38mm×26mm。

② 综合考虑平面的粗糙度、平面度以及相邻面的垂直度，在尺寸为60mm×26mm与38mm×26mm的两个平面中各选择一个作为基准面。

2）安装、找正机用虎钳。将机用虎钳安装在工作台中间T形槽内，安装时注意底面与工作台面之间的清洁度。用指示表找正机用虎钳定钳口与工作台纵向平行。

3）装夹工件。铣削斜面1时，采用主轴倾斜端面铣削法，工件以侧面和端面为基准装夹；在工件下面衬垫平行垫块，其高度使工件上平面高于钳口15mm（38×tan18°≈12.35mm），并找正工件端面与工作台面平行，如图2-26a所示。铣削斜面2时，采用主轴倾斜周边铣削法，工件以侧面和底面为基准来进行装夹，工件相对钳口的高度和端面外伸的长度要保证斜面铣削位置线在钳口之外，并找正工件底面基准与工作台面平行，如图2-26b所示。

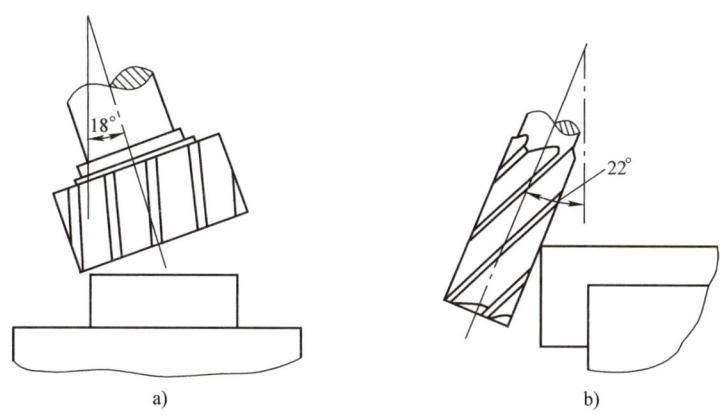

图 2-26 斜面工件铣削时工件和铣刀位置

a）端面铣削法加工斜面　b）周边铣削法加工斜面

4）调整立铣头倾斜角和安装铣刀。

① 铣削斜面 1 时，见表 2-2，立铣头转过的角度等于斜面夹角，即 $\alpha = \theta$，立铣头倾斜角调整的操作步骤如下（见图 2-27）：

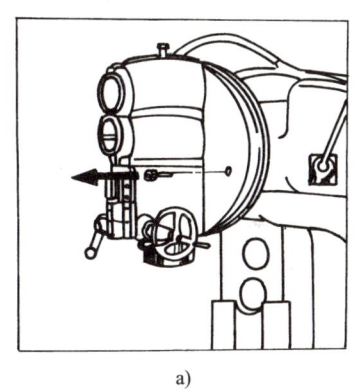

a)

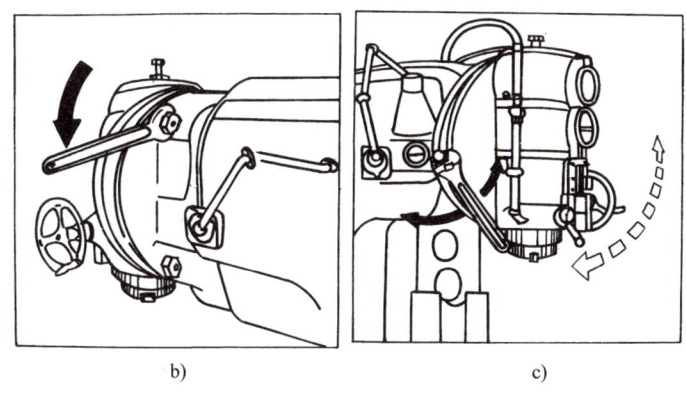

b)　　　　　　　　　　c)

图 2-27 立铣头倾斜角调整操作步骤

a）取出定位锥销　b）松开紧固螺母　c）转动倾斜角

a. 用扳手顺时针旋拧立铣头右面的定位销顶端的六角螺母,拔出定位销,如图 2-27a 所示。

b. 松开立铣头回转盘的四个紧固螺母,如图 2-27b 所示。

c. 根据转角要求,转动立铣头回转盘左侧的齿轮轴(见图 2-27c),按回转盘刻度逆时针转过 18°。

d. 紧固四个回转盘螺母,具体操作方法是按对角顺序逐步紧固。紧固后应观察零线与刻度的位置,复核立铣头的倾斜角度。

调整立铣头倾斜角后,安装套式面铣刀,具体方法与铣平面时相同。

② 铣削斜面 2 时,见表 2-2,立铣头逆时针方向转过的角度 $α = 90° - θ = 90° - 68° = 22°$。安装锥柄立铣刀的具体操作步骤如下(见图 2-28):

a. 选择外锥面与铣床主轴锥孔配合,内锥面与立铣刀配合的变径套,并擦净主轴锥孔、铣刀锥柄和变径套的内外锥面。选择与铣刀柄部内螺纹相同的拉紧螺杆。

b. 将立铣刀 3 锥柄装入变径套锥孔 2。

c. 将变径套连同铣刀装入主轴锥孔,并使变径套上的缺口对准主轴端部的键块。

d. 用拉紧螺杆 1 将铣刀连同变径套紧固在主轴上。

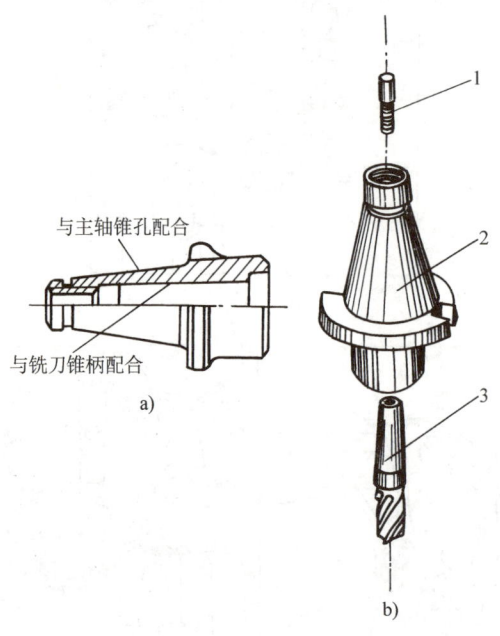

图 2-28 安装锥柄立铣刀

a)变径套 b)安装铣刀

1—拉紧螺杆 2—变径套锥孔 3—立铣刀

5)选择铣削用量。按工件材料(HT200)和铣刀的规格选择、计算和调整铣削用量：

① 套式面铣刀取主轴转速 $n = 75\text{r/min}$（$v \approx 15\text{m/min}$），进给量 $v_f = 47.5\text{mm/min}$。

② 立铣刀取主轴转速 $n = 190\text{r/min}$（$v \approx 19\text{m/min}$），进给量 $v_f = 37.5\text{mm/min}$。

③ 斜面铣削的背吃刀量。粗铣、半精铣一般为 2.5mm，精铣时约为 0.5mm。斜面 1 的宽度为 $38/\cos 18° \approx 39.95\text{mm}$，斜面 2 的宽度为 $38/\cos 22° \approx 40.98\text{mm}$。

（2）铣削加工

1）铣削斜面 1。

① 对刀时，调整工作台，目测使铣刀轴线处于斜面的中间，紧固工作台纵向，垂向对刀使铣刀端面刃恰好擦到工件尖角最高点，如图 2-29a 所示。

② 按斜面 1 的铣除余量（$38 \times \tan 18° \approx 12.35\text{mm}$）分三次调整铣削层深度，第一次为 4mm，第二次为 3.5mm，第三次为 3.5mm，横向机动进给粗铣斜面 1，如图 2-29b 所示。

③ 垂向上升 1mm 左右，精铣斜面 1，使斜面与侧面的交线位置与原交线重合，如图 2-29c 所示。

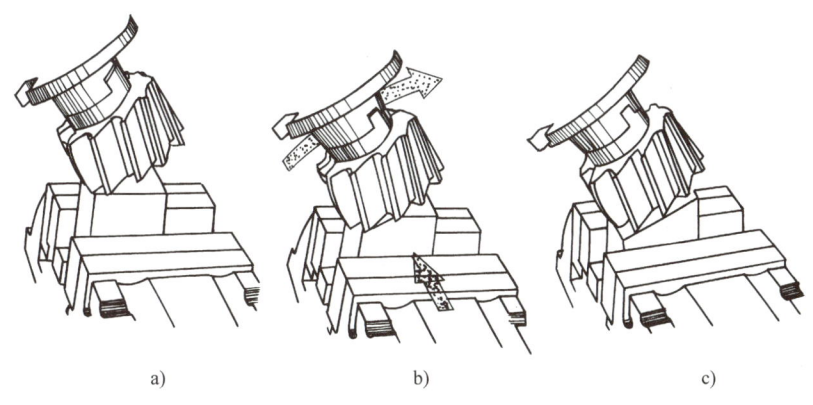

图 2-29　立铣头倾斜角度端铣斜面

a）对刀　b）粗铣　c）精铣

2）铣削斜面 2。

① 调整工作台，使立铣刀的圆周切削刃能一次铣出整个斜面。

② 纵向对刀，使立铣刀圆周刃恰好擦到工件交线，如图 2-30a 所示。

③ 按斜面的铣削余量（$38 \times \tan 22° = 15.35\text{mm}$）分三次纵向调整铣削层深度，第一次为 5mm，第二次为 5mm，第三次为 4mm，横向进给粗铣斜面 2，铣削时注意紧固工作台纵向，如图 2-30b 所示。

④ 根据交线的位置和余量，纵向移动 1mm 左右，精铣斜面 2，使交线恰好与原交线重合，如图 2-30c 所示。

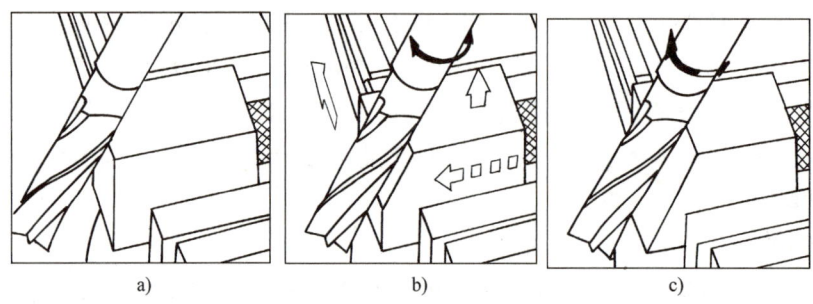

图 2-30 立铣头倾斜角度周铣斜面
a）对刀　b）粗铣　c）精铣

3）调整主轴角度铣削斜面时应注意以下要点：

① 铣削方式（端铣法或周铣法）、工件斜面的角度标注与工件装夹位置、立铣头倾斜角度及其方向有密切的关系。在加工时，应注意按图样对照，以免组合上的错误。

② 调整立铣头角度后，斜面必须采用工作台横向进给铣削。进给的方向最好能使切削分力指向定钳口，并采用逆铣方法。

③ 铣削余量应通过计算或划线测量获得，铣削余量调整值的累计应注意将尖角对刀时的切除量估算在内，精铣时应将目测的量与计算的余量相结合，以保证斜面位置的准确性。

3. 斜面工件铣削检验与质量要点分析

（1）斜面检验

1）用游标万能角度尺测量斜面 1 的角度误差时要通过基准转换测量，斜面 1 与底面基准的角度为 72°±20′，斜面 2 与底面基准的角度 68°±20′。用游标万能角度尺测量的方法如图 2-31 所示，测量时，将测量面之间的角度调整到与工件相同角度，即角度尺测量面与工件斜面、基准面贴合，然后将游标尺的读数与图样要求比较，确定斜面加工的角度误差。

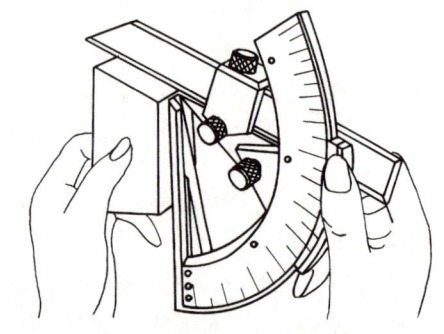

图 2-31 用游标万能角度尺测量斜面

2）斜面位置测量时，本例只须用游标卡尺测量尺寸（60±0.13）mm 是否合格。

3）用直角尺测量斜面与侧面垂直度时，应以 0.05mm 厚度的塞尺不能塞入缝隙为合格。

4）通过目测类比法进行表面粗糙度的检验。本例斜面 1 用端面铣削法铣成，斜面 2 由周边铣削法铣成，表面粗糙度值应在 $Ra6.3\mu m$ 以内。

（2）调整立铣头角度铣削斜面质量要点的分析

1）平面度误差超差的主要原因是由于立铣刀圆柱度误差大或立铣头与工作台横向进给方向不垂直。

2）垂直度误差超差的原因可能是：机用虎钳定钳口与工作台纵向不平行、工件装夹时定位面之间有脏物等。

3）斜面角度误差大的原因可能是：立铣头调整角度有误差、立铣刀圆周刃有锥度、工件基准面装夹位置不准确或铣削过程中微量位移等。

4）表面粗糙度超差的原因可能是：铣削位置调整不当、采用了不对称顺铣、铣床进给有爬行、工件装夹不够稳固引起铣削振动、铣削余量分配不合理、铣削用量选择不当等。

技能训练 4　转动工件角度和用角度铣刀铣削斜面

重点和难点：重点掌握工件倾斜周铣法和角度铣刀铣削斜面的方法；难点为斜面划线及工件转动找正操作方法。

1. 转动工件和用角度铣刀铣削斜面的工艺准备

铣削加工图 2-32 所示的斜面工件，须按以下步骤进行工艺准备。

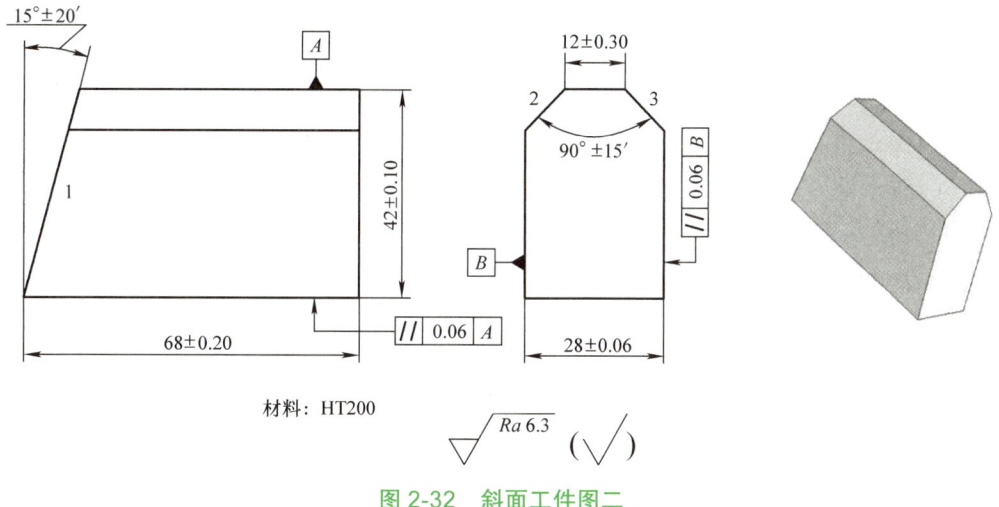

图 2-32　斜面工件图二

（1）分析图样

1）分析加工基准和精度。

① 斜面工件外形的尺寸为（68±0.20）mm、（42±0.10）mm、（28±0.06）mm。斜面 1 与端面的夹角为 15°±20′，斜面 2、3 之间的夹角为 90°±15′，斜面与顶面的交线之间的尺寸为（12±0.30）mm。

② 相对面的平行度公差为 0.06mm。

③ 预制件尺寸为 68mm×42mm×28mm，矩形工件。

④ 加工斜面 1 时，以端面侧面为基准；铣削斜面 2、3 时，以底面侧面为基准。

2）分析表面粗糙度。工件各表面粗糙度值均为 $Ra6.3\mu m$，铣削加工能达到要求。

3）分析材料。工件材料为 HT200，切削性能较好，可选用高速钢铣刀。

4）分析形体。对于矩形工件，宜采用机用虎钳装夹工件。

（2）拟定加工工艺与工艺准备

1）拟定在卧式铣床上铣削加工斜面工件的工序过程。根据图样的精度要求，本例在卧式铣床上工件转动角度和用角度铣刀铣削加工斜面工序过程：预制件检验→安装、找正机用虎钳→装夹、找正工件→安装圆柱形铣刀→粗、精铣斜面 1→调整机用虎钳定钳口位置→换装角度铣刀→粗、精铣斜面 2、3→斜面工件铣削工序检验。

2）选择铣床。本例选用 X6132 型卧式铣床。

3）选择工件装夹方式。选择铣床用机用虎钳型号规格，现选用 Q12160 型机用虎钳。

4）选择刀具。根据图样给定的斜面宽度尺寸选择铣刀规格，现选用外径为 63mm，长度为 80mm 的圆柱形铣刀和外径为 75mm 的 45°单角铣刀，分别铣削斜面 1 和斜面 2、3。

5）本例所选择检验测量方法与斜面加工训练 1 相同。

2. 斜面工件铣削加工

（1）加工准备

1）检验预制件。用游标卡尺检验预制件的尺寸，本例测得预制件基本尺寸为 68mm×42mm×28mm，两侧面平行度误差为 0.06mm。

2）安装、找正机用虎钳。将机用虎钳安装在工作台中间的 T 形槽内，铣削斜面 1 时，用指示表使机用虎钳定钳口与工作台横向平行，铣削斜面 2、3 时，使机用虎钳定钳口与工作台纵向平行。

3）在工件侧表面划出斜面参照线，划线方法如图 2-33 所示。

4）装夹工件。铣削斜面 1 时，采用工件倾斜周边铣削法，工件以侧面为基准装夹，用划针找正斜面划线，并使工件斜面加工位置高于钳口 5~10mm，如图 2-34 所示。铣削斜面 2、3 时，采用角度铣刀铣削，工件以侧面和底面为基准进行装夹，工件顶面高于钳口 15mm，以保证斜面铣削位置线在钳口之外。

5）安装铣刀。

① 铣削斜面 1 时，安装圆柱形铣刀。

② 铣削斜面 2、3 时，安装单角铣刀。安装时应注意铣刀的切削刃方向。

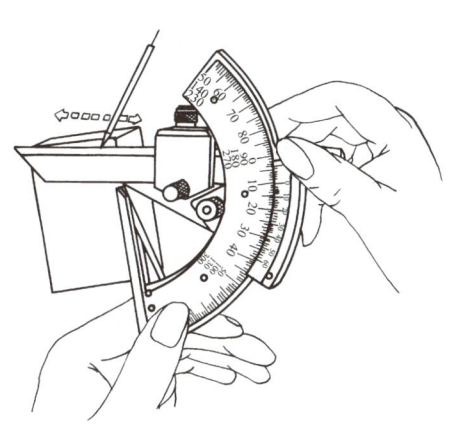
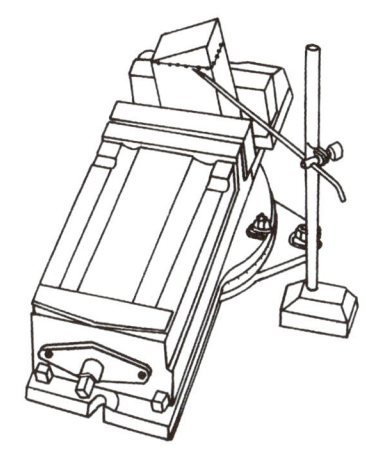

图 2-33　工件表面划线示意　　　　图 2-34　按划线找正工件铣削位置示意

6）选择铣削用量。根据工件材料（HT200）和铣刀规格来选择、计算和调整铣削用量。

① 圆柱形铣刀取主轴转速 n = 75r/min（v ≈ 15m/min），进给量 v_f = 47.5mm/min。

② 角度铣刀取主轴转速 n = 47.5r/min（v ≈ 11m/min），进给量 v_f = 23.5mm/min。

③ 斜面铣削的背吃刀量，粗铣、半精铣一般为 2.5mm，角度铣刀因刀齿强度差，可再小一些。精铣时为 0.5mm。斜面 1 的宽度为 42/cos15°=43.48mm，斜面 2、3 的宽度为（28－12）/（2cos45°）= 11.31mm。

（2）斜面工件铣削加工

1）铣削侧面 1。

① 对刀时，调整工作台，目测使斜面处于圆柱形铣刀长度的中间，紧固工作台横向，垂向对刀使铣刀圆周刃恰好擦到工件尖角最高点。

② 按斜面 1 的铣削余量（42×sin15°=10.87mm）分三次调整铣削层深度，第一次为 4mm，第二次为 3mm，第三次为 3mm，纵向机动进给粗铣斜面 1。

③ 预检夹角合格后垂向上升 1mm 左右，精铣斜面 1，使斜面与侧面的交线位置与原交线重合。

2）铣削斜面 2、3。

① 换装单角铣刀，调整工作台，使角度铣刀的锥面切削刃能一次铣出整个斜面。

② 横向对刀，使角度铣刀柱面刃恰好擦到工件交线。

③ 按斜面铣除 8mm 的余量，分两次横向调整铣削层深度，第一次为 4mm，第二次为 3.5mm，纵向进给粗铣斜面 2，铣削时注意紧固工作台横向。

④ 根据交线的位置和余量，横向移动 0.5mm 左右，精铣斜面 2，使斜面与顶面交线距离同侧侧面 8mm。

⑤ 将工件水平回转 180° 装夹，此时斜面 3 处于精铣位置，铣削斜面 3 可以重复斜面 2 的铣削步骤，即重新对刀，参照横向的刻度，先退刀，然后进行二次粗铣，最后根据图样标注的尺寸 [（12±0.30）mm] 微量调整横向位置，铣削斜面 3，达到图样的尺寸精度要求。上述用单角铣刀工件换面法铣削斜面加工示意如图 2-35 所示。

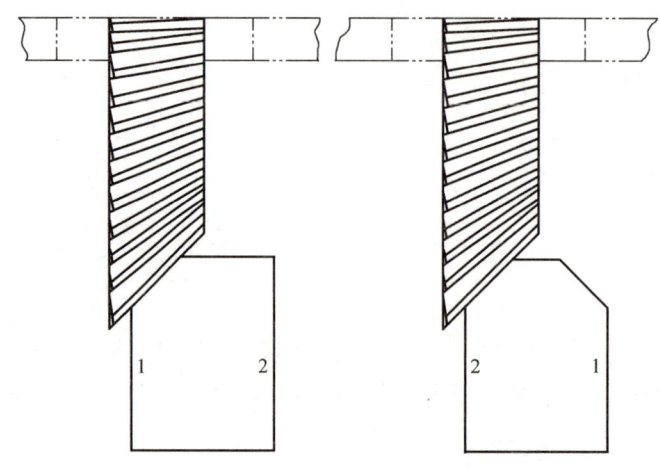

图 2-35　用单角铣刀工件换面法铣削斜面示意

3）用角度铣刀工件换面法铣削斜面时应注意以下要点：

① 角度铣刀刀齿强度差、容屑槽浅，所以在铣削时应注意采用较小的铣削用量。

② 单角铣刀在工作时有左切和右切之分，因此，安装和使用时应注意铣刀旋转方向和工件进给方向，绝对不可使用顺铣。

③ 使用工件换面装夹的方法铣削两侧对称的斜面时，应注意预检两侧面的平行度误差，本例中两侧面平行度误差在 0.06mm 内，因此要对两侧的 45° 斜面进行加工是可行的。

3. 斜面工件铣削检验与质量分析要点

（1）斜面的检验

1）用游标万能角度尺测量斜面 1 的角度误差时要通过基准转换测量，斜面 1 与底面基准的夹角为 75°±20′，斜面 2、3 的夹角为 90°±15′。

2）斜面的位置测量时，本例中只须用游标卡尺测量尺寸（68±0.20）mm 和（12±0.30）mm 是否合格。

3）用直角尺测量斜面 1 与侧面，斜面 2、3 与端面垂直度误差时，应以 0.05mm 厚度的塞尺不能塞入缝隙为合格。

4）通过目测类比法进行表面粗糙度的检验。本例斜面均由周边铣削法铣成，表面粗糙度值应小于 $Ra6.3\mu m$。

（2）转动工件和用角度铣刀铣削斜面的质量分析要点

1）平面度误差超差的主要原因是圆柱形铣刀圆柱度误差大或角度铣刀锥面刃直

线度误差大、工件装夹位置变动等。

2）垂直度误差超差的原因可能是：机用虎钳定钳口与工作台纵向不平行、工件装夹时定位面之间有脏物等。

3）斜面角度误差大原因可能是：工件划线和找正误差大、圆柱形铣刀圆周刃有锥度、角度铣刀角度选错和刃磨误差大、工件基准面装夹位置不准确或铣削过程中有微量位移等。

4）表面粗糙度超差的原因可能是：铣削位置调整不当有接刀痕、铣床进给有爬行、工件装夹不够稳固引起铣削振动、铣削余量分配不合理、铣刀切削刃刃磨质量差、角度铣刀铣削用量过大等。

Chapter 3

项目 3
台阶、直角沟槽与特形沟槽加工

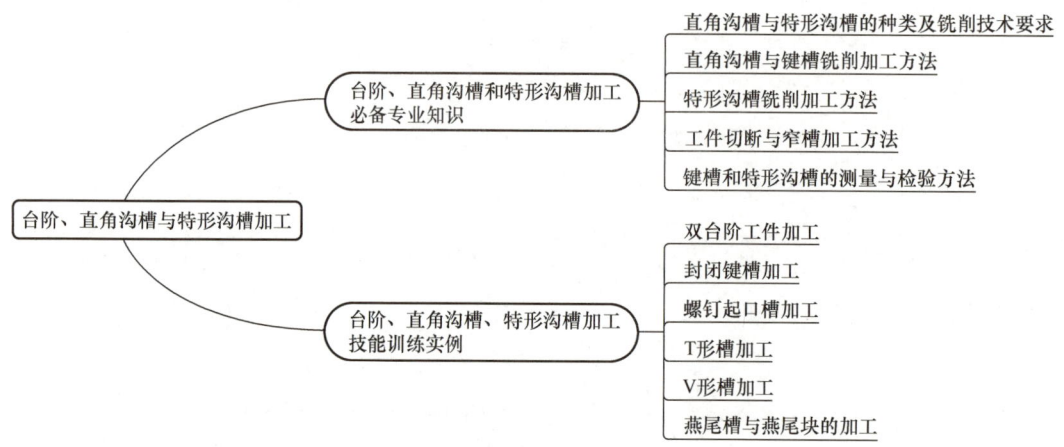

3.1 台阶、直角沟槽和特形沟槽加工必备专业知识

3.1.1 直角沟槽与特形沟槽的种类及铣削技术要求

1. 直角沟槽和特形沟槽的种类及常见用途

常见的直角沟槽有敞开式、封闭式和半封闭式三种（见图 3-1a、b、c），其中半封闭槽的尾部有立式铣刀圆弧（立圆弧）和盘形铣刀圆弧（卧圆弧）两种形式，轴上键槽是用平键联接轴与套的一种典型的直角沟槽。

在铣床上铣削加工的特形沟槽有 V 形槽、T 形槽、半圆键槽和圆弧槽、燕尾槽等（见图 3-1d、e、f）。机床导轨、轴类零件的定位常采用 V 形槽；T 形槽主要用于穿装 T 形螺栓，如机床工作台面上的 T 形槽，用于穿装螺栓装夹工件；燕尾配合通常也用于机床导轨，如铣床的纵向和垂向导轨。

2. 直角沟槽和特形沟槽的铣削技术要求

（1）尺寸精度 槽的宽度、长度和深度都有一定的尺寸精度要求，尤其是对与其他零件相配合的部位，尺寸精度要求相对较高，如键槽的两侧面。

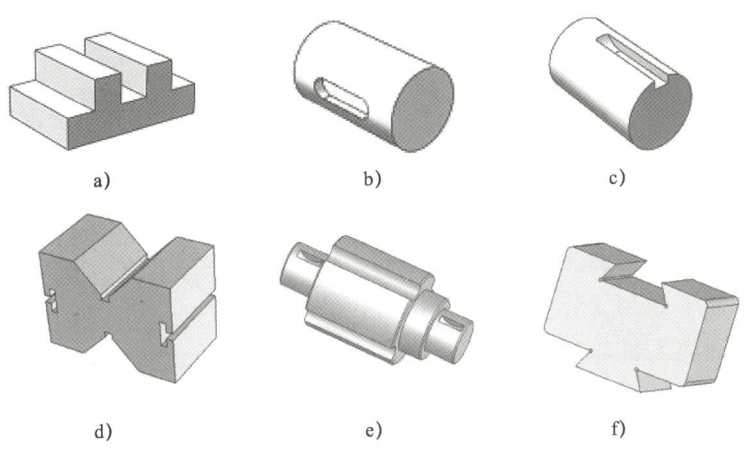

图 3-1 直角沟槽和特形沟槽的种类

a）敞开式直角槽　b）封闭式键槽　c）半封闭式直角槽（卧圆弧）
d）V 形槽与 T 形槽　e）半圆键槽与圆弧通槽　f）燕尾槽与燕尾块

（2）形状精度　各种形状的沟槽经铣削加工后，应符合图样的形状精度要求。直角沟槽和特形沟槽都由平面组成，因此，通常有平面度和直线度基本要求。用于配合的平面，其形状要求比较高，如键槽的两侧面、T 形槽基准直槽的两侧面、V 形槽的 V 形面、燕尾槽的配合斜面和水平面等。

（3）位置精度　槽与基准之间一般都有位置精度要求。如轴上键槽一般有槽宽尺寸对工件轴线的对称度要求。又如，T 形槽中间平面与基准侧面的平行度要求，几条 T 形槽之间的平行度要求。此外，对在轴类零件上分布的沟槽，还有等分精度或夹角的要求。

（4）表面粗糙度　对组成槽的各表面都有表面粗糙度要求，用于配合的表面要求较小的表面粗糙度值，如工作台面 T 形槽基准直槽的两侧面常用于夹具定位，因此要求具有较小的表面粗糙度值。

3.1.2　直角沟槽与键槽铣削加工方法

（1）常用刀具　直角沟槽由三个平面组成，相邻两平面之间相互垂直，两侧面相互平行。直角沟槽通常用盘形铣刀和指形铣刀加工，敞开式直角沟槽可用三面刃铣刀和盘形槽铣刀加工，较宽的直角沟槽可采用合成铣刀加工（图3-2）。封闭式直角沟槽采用立铣刀或键槽铣刀加工。半封闭直角沟槽则须根据封闭端的形式确定，立式圆弧采用立铣刀或键槽铣刀加工，卧式圆弧采用盘形铣刀

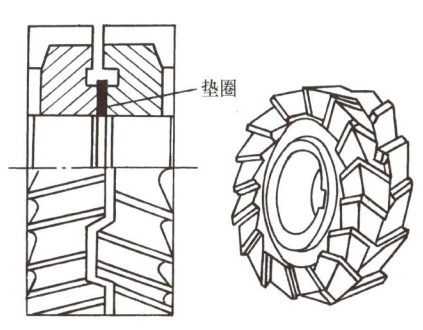

图 3-2　铣削直角沟槽的合成铣刀

加工。值得注意的是：键槽铣刀在修磨时只能修磨端面齿刃，否则会影响键槽宽度尺寸的铣削精度。

（2）常用装夹方式　矩形工件和箱体零件的装夹方式与铣削平面和连接面时基本相同。轴类工件的装夹方式及其特点如下：

1）用机用虎钳装夹轴类工件，如图 3-3 所示。当机用虎钳在工作台上找正并固定后，固定钳口和导轨上平面与工作台之间的相对位置是不变的，若轴类工件轴的直径有变化，则工件的轴线位置会沿 45°方向发生移动，从而影响工件上槽的对称度和深度尺寸。因此，这种方法适用于单件加工或小批量轴径经过精加工且尺寸精度较高的零件。

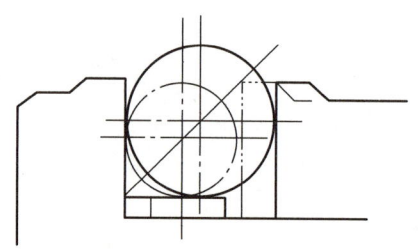

图 3-3　用机用虎钳装夹轴类工件

2）用 V 形块装夹轴类工件，如图 3-4a 所示。当工件直径有变化时，工件的轴线位置将沿 V 形面的角平分线改变，因此在多件或成批加工时，只要指形铣刀的轴线或盘形铣刀的中分线对准 V 形槽的角平分线，铣出的直角槽只会在深度尺寸上有变化，而对称度不会有变化（见图 3-4b）。但如果在卧式铣床上用指形铣刀铣削，或在立式铣床上用盘形铣刀铣削，若 V 形槽的角平分线仍为垂直，则工件直径有变化，将会直接影响直角槽的对称度（见图 3-4c）。对直径在 20～60mm 的细长轴，可利用工作台 T 形槽槽口对工件进行定位装夹，装夹方法和定位误差与使用 V 形块装夹相同。

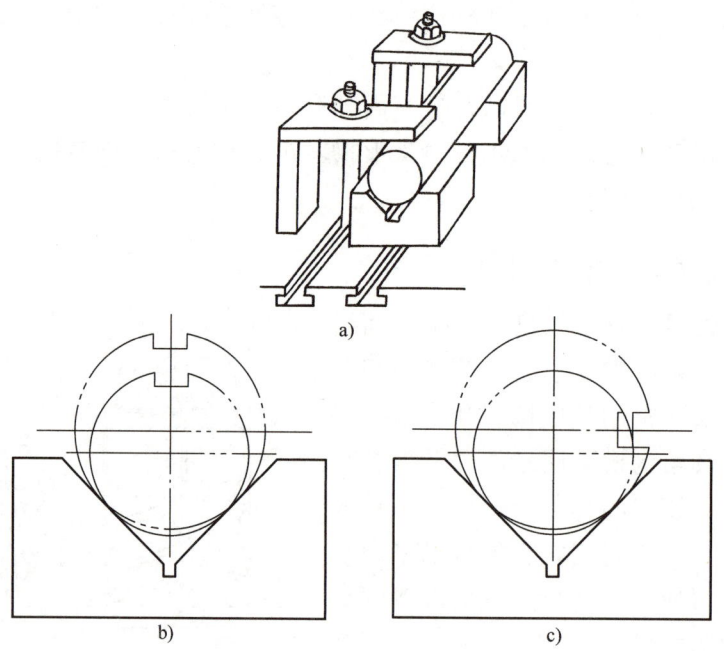

图 3-4　用 V 形块装夹轴类工件

3）用轴用虎钳装夹轴类工件，如图 3-5 所示。装夹工件时，转动手柄 1，可使钳口 3 和 6 绕销轴 2 和 7 转动，把工件 5 压紧在 V 形块 8 上。轴向定位板 4 用于工件轴向定位。V 形块可根据工件直径大小翻转调换，该虎钳可安装成水平或垂直位置，以便于在立式铣床或卧式铣床采用指形铣刀或盘形铣刀铣削。这种装夹方式的定位误差与 V 形块定位相同。

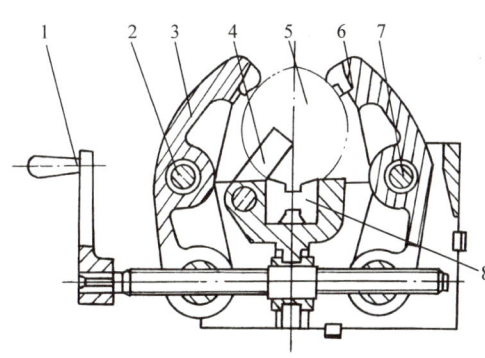

图 3-5　用轴用虎钳装夹轴类工件

1—手柄　2、7—销轴　3、6—钳口　4—轴向定位板　5—工件　8—V 形块

4）用定中心方法装夹轴类工件，如图 3-6 所示。用这种方法装夹轴类工件，工件的轴线与工作台面和进给方向平行，调整刀具与工件相对位置后，直角槽的对称度不受工件直径变动的影响，槽深尺寸与尺寸基准有关，其基准为工件轴线，不受直径变动影响；若基准是工件上下素线，则会受到影响。其中用自定心卡盘一夹一顶方式（见图 3-6a）和两顶尖方式（见图 3-6b）装夹常被用在分度头上，而自定心虎钳装夹（见图 3-6c）方式，因两个钳口都是活动的，其定心精度比自定心卡盘略差一些。

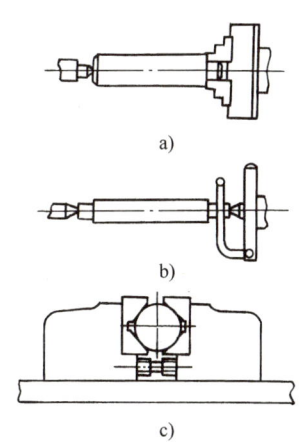

图 3-6　用定中心方法装夹轴类工件

a）自定心卡盘和尾座顶尖装夹
b）两顶尖装夹　c）自定心虎钳装夹

（3）铣削加工的要点

1）选择适用的铣刀并进行安装，必要时须对刀具安装精度进行找正。

2）根据工件材料、刀具参数选择、调整切削用量。

3）选择装夹方式，安装夹具，装夹、找正工件。

4）用划线、擦边或切痕对刀法，按图样给定的尺寸（或经过必要的换算）调整铣刀与工件的相对位置。

5)一般精度的直角沟槽在粗铣后进行检测,然后按图样尺寸作精铣调整,完工后进行检验。较高精度的直角沟槽,可分粗铣、半精铣、精铣加工达到图样尺寸。键槽的铣削因槽宽由铣刀直径尺寸精度保证,并且有较高的对称度要求,因此,一般情况下应一次铣成,较大尺寸的键槽可以用小直径的铣刀先进行粗加工,然后根据图样尺寸选用铣刀精铣键槽。

6)在铣削加工台阶、直角沟槽时,应校正立式铣床的主轴与工作台台面的垂直度(校正立铣头的零位),万能卧式铣床的主轴与工作台的进给方向的垂直度(校正工作台鞍座的零位),以避免产生各种加工质量问题。立式铣床立铣头的零位校正方法如图 3-7 所示,校正时将指示表及接杆固定在铣床主轴轴端,使指示表接触工作台面一侧较平整的部位,然后,用手扳动主轴,使指示表接触工作台面的另一侧(约回转 180°),如两侧接触的指示表示值有偏差,应略松开立铣头的紧固螺母,按偏差值的 1/2 调整主轴位置,再次校验两侧的指示表示值,直至示值相同。值得注意的是,紧固立铣头后,应最后再复核一次。万能卧式铣床工作台鞍座零位的校正方法与立铣头零位的校正方法类似,不同的是,指示表测头应与工作台中央 T 形槽直槽的侧面接触,若两侧接触的示值有偏差,应松开鞍座的紧固螺钉,然后用锤子垫衬铜棒敲击工作台一侧进行调整,指示表在 T 形槽两侧接触的示值相同后,注意旋紧鞍座紧定螺钉。

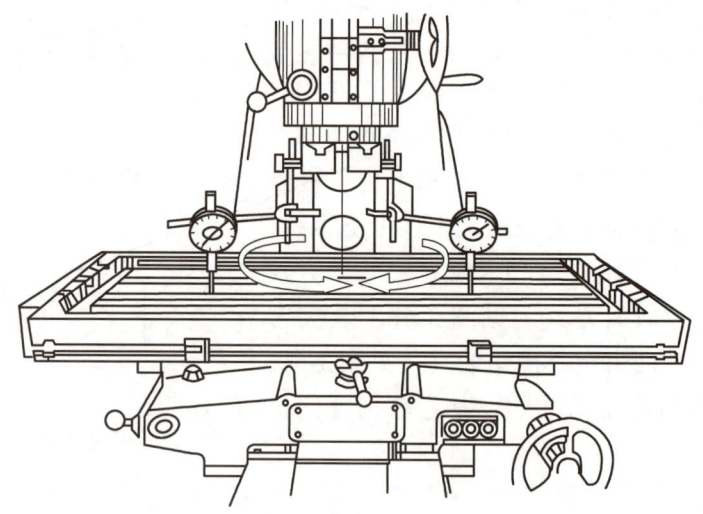

图 3-7 立式铣床立铣头的零位校正方法

3.1.3 特形沟槽铣削加工方法

(1)常用刀具 特形沟槽一般用刀口形状与沟槽形状相对应的专用铣刀铣削加工,在单件生产时,也可采用通用铣刀作多次切削或用组合铣刀来铣削。

1)铣削半圆键槽采用半圆键槽铣刀,铣刀的直径略大于半圆键的直径,如

图 3-8a 所示。半圆键的配合精度较高，因此半圆键槽铣刀的宽度也很精确。铣刀的端面带有中心孔，可在卧铣支架上安装顶尖，顶住铣刀中心孔，以增加铣刀的刚度，同时可以减少铣削振动，提高铣削加工质量。

2）铣削 T 形槽须选择直槽加工铣刀和 T 形槽铣刀。直槽加工可选择键槽铣刀、立铣刀或三面刃铣刀，T 形底槽选用专用的 T 形槽铣刀，通常有锥柄和直柄两种，如图 3-8b 所示。T 形槽铣刀的切削部分与盘形铣刀相似，又可分为直齿和交错齿两种。较小的 T 形槽铣刀，由于受 T 形槽直槽部分尺寸的限制，刀具柄部和刀头连接部分直径较小，因而刀具的刚度和强度均比较低。

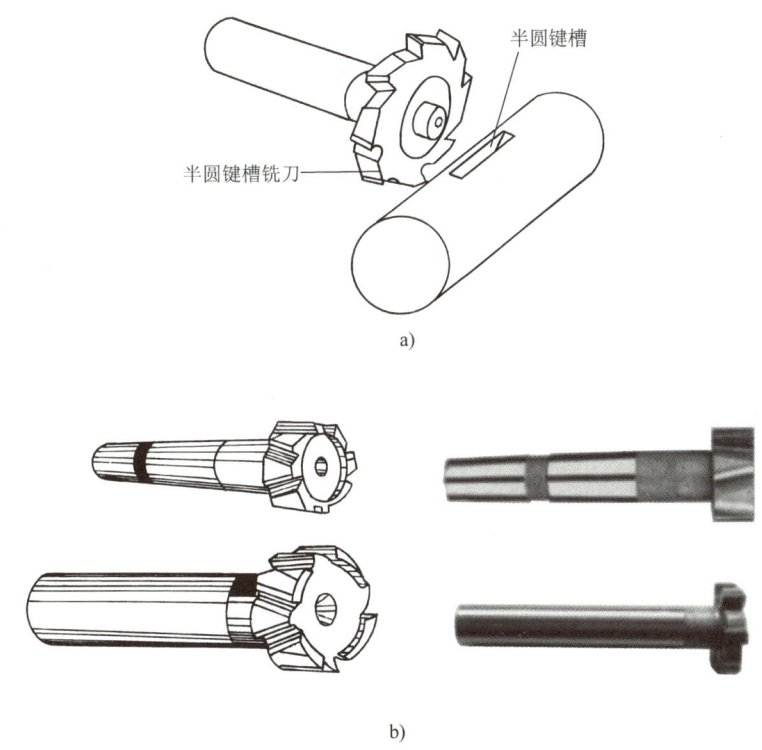

图 3-8 半圆键槽铣刀与 T 形槽铣刀

3）铣削 V 形槽时，可使用单角铣刀、双角铣刀，也可将工件转动角度装夹后用三面刃铣刀、立铣刀和面铣刀等标准铣刀加工。

4）铣削燕尾槽时，通常先用标准铣刀，如三面刃铣刀、面铣刀、立铣刀等加工直槽或凸台，然后使用燕尾槽专用铣刀或单角铣刀铣削燕尾槽或燕尾块，如图 3-9 所示。

（2）铣削加工要点

1）T 形槽的加工要点。T 形槽铣削的步骤是先铣直槽后铣底槽，最后铣削槽口倒角。加工中应注意合理选择 T 形铣刀的切削用量，保证切屑能通畅地排出，钢件应冲注足够的切削液。

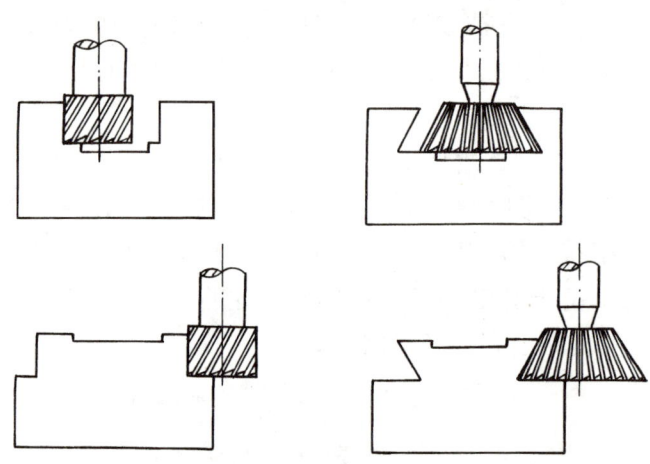

图 3-9 燕尾槽或燕尾块加工

2）半圆键槽的加工要点。铣削半圆键槽时，用划线或切痕对刀法调整铣刀切削位置，以达到图样上键槽的对称度和圆弧中心至轴端基准的尺寸精度要求。铣削中随着键槽深度增加，切削量会越来越大，通常应采用手动进给。

3）V形槽的加工要点。V形槽铣削时先铣出中间窄槽，然后铣削V形面。铣削V形面可采用角度铣刀，也可以将工件转动角度装夹或立铣头扳转角度后用标准铣刀加工。对于有着较高工件外形对称度要求的V形槽，可以用工件翻转180°定位装夹的方法铣削V形面，以保证达到V形槽的对称度要求。

4）燕尾槽和燕尾块的加工要点。燕尾铣削的步骤是先铣出直槽（或台阶），然后铣削一侧带斜度的燕尾半槽，按槽宽（或键宽）尺寸调整工作台，铣削另一侧燕尾半槽。精度要求较高的燕尾槽应在加工过程中采用标准圆棒与内径千分尺配合测量的方法来控制燕尾的宽度尺寸。加工带斜度的燕尾配合件时，应按斜度要求找正工件基准侧面与进给方向的夹角。夹角精度要求较高时，可采用正弦规、量块和指示表找正工件。

3.1.4 工件切断与窄槽加工方法

（1）切断铣刀和窄槽铣刀的特点　为了节省材料，在铣床上切断工件时通常采用薄片圆盘形的锯片铣刀或窄槽（切口）铣刀。锯片铣刀的直径较大，一般用于切断工件；窄槽铣刀的直径比较小，齿也较密，用于铣削工件上的切口和窄缝，或用于切断细小的或薄形的工件。这两种铣刀的结构基本相同，铣刀侧面无切削刃。为了减小铣刀侧面与切口之间的摩擦，铣刀的厚度自圆周向中心凸缘逐渐减薄，铣刀用钝后仅修磨外圆齿刃。

（2）切断和窄槽铣削加工要点

1）切断加工应正确选择锯片铣刀直径和厚度，选择时可按下列算式确定。

选择铣刀外径的计算公式为

$$d_0 > 2t + d' \quad (3\text{-}1)$$

式中 d_0——铣刀直径（mm）；

t——工件厚度（mm）；

d'——刀杆垫圈外径（mm）。

选择铣刀厚度的计算公式为

$$L < \frac{B' - Bn}{n - 1} \quad (3\text{-}2)$$

式中 L——铣刀厚度（mm）；

B'——工件总长（mm）；

B——每件长度（mm）；

n——要切断工件数。

2）锯片铣刀的安装应尽量靠近铣床主轴，刀轴与铣刀之间不采用平键联接，并注意铣刀的轴向圆跳动和径向圆跳动。

3）切断加工要选择较小的切削用量，加工批量产品时切口可选择较大的切削用量，以提高生产效率。

4）为防止锯片铣刀折断、打碎，应在铣削中采取提高工件的装夹刚度、使锯片铣刀的外圆恰好与工件底面相切、不使用两侧刀尖磨损不均匀的铣刀等预防措施。

5）批量生产铣削窄槽、切口的工件（见图3-10），一般直径不大，常带有螺纹，因此装夹时可根据零件形状，采用以下装夹方法：

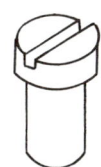
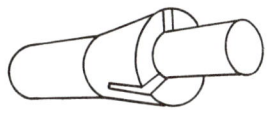

图 3-10 带有窄槽、切口的工件

① 用特制螺母装夹工件的方法，如图3-11a所示。先将螺母装夹在自定心卡盘（或机用虎钳）内，再把螺钉旋紧在螺母内。加工时，当第一个螺钉铣准后，以后的工件的加工尺寸是不变的。

② 用对开螺母装夹工件的方法，如图3-11b所示。把螺钉放在对开螺母中，再用机用虎钳（或卡盘）把对开螺母夹紧。

③ 用带硬橡胶的V形钳口装夹工件的方法，如图3-11c所示。在机用虎钳上安装带有硬橡胶的V形钳口，把工件装夹在V形钳口内，这种方法比用对开螺母装夹更为简便。

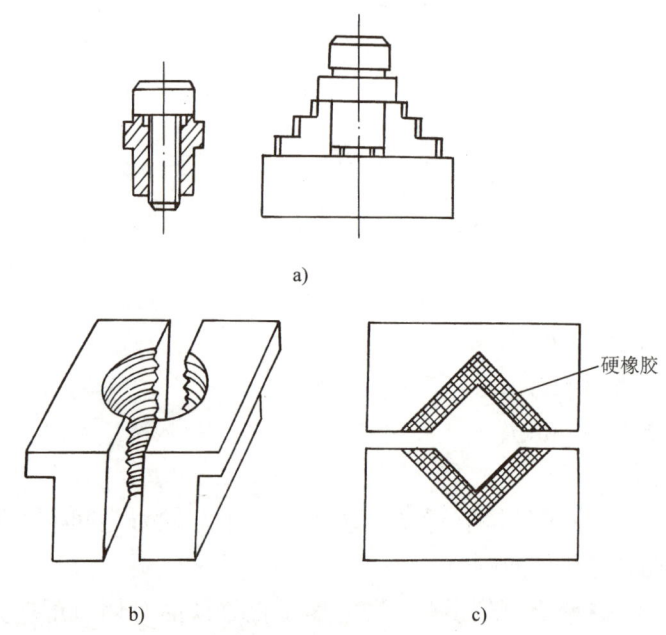

图 3-11 装夹带螺纹工件的常用方法

a）用特制螺母装夹　b）用对开螺母装夹　c）用带硬橡胶的 V 形钳口装夹

3.1.5 键槽和特形沟槽的测量与检验方法

1. 键槽测量与检验

（1）测量键槽宽度　键槽宽度要求比较高，常用内径千分尺和塞规检验，如图 3-12 所示。

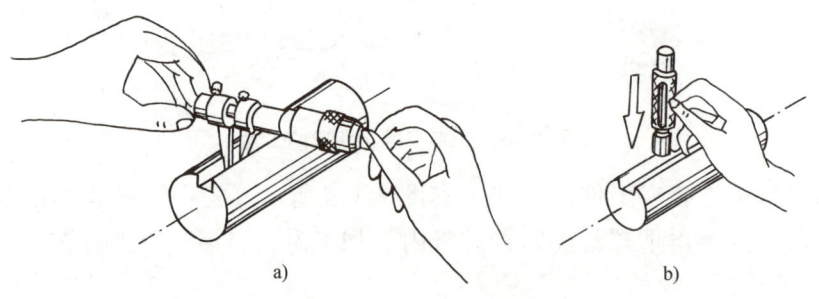

图 3-12 键槽宽度测量

a）用内径千分尺测量　b）用塞规测量

（2）测量键槽深度　键槽的深度要求不很高，但尺寸的基准可能是工件上、下素线或轴线，测量时常需要进行尺寸换算，如图 3-13 所示。用游标卡尺测量后，若槽深尺寸基准是轴线，则须减去工件实际半径才能得到槽深测量尺寸。

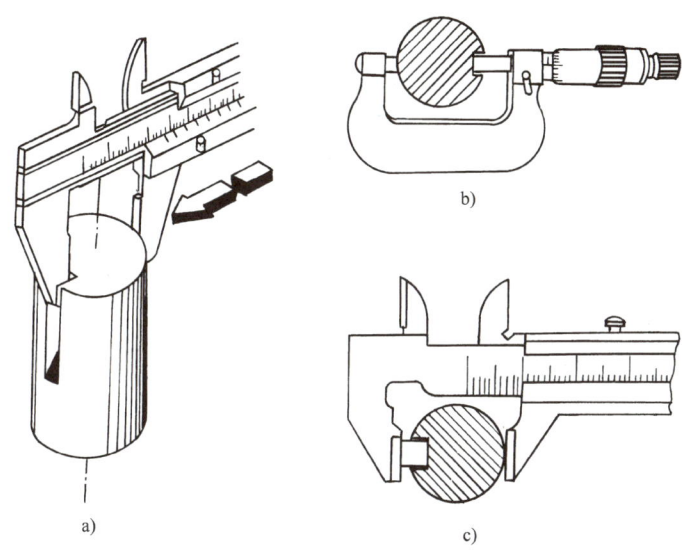

图 3-13 键槽深度测量

a）用游标卡尺直接测量　b）用千分尺测量　c）塞入键块间接测量

（3）测量键槽对称度　对称度测量的基本方法，如图 3-14 所示。先用指示表检测工件的轴线与测量基准面平行（如与测量平板的测量面平行），然后找正键槽的一侧平面与基准平面平行，较小的键槽可塞入键块测量，将工件绕轴线旋转 180°，找正键槽另一侧平面与基准平面平行，并观察指示表的示值，若两侧等高，即指示表示值相同或有偏差，但在对称度允差值的范围内，则说明对称度符合图样要求。

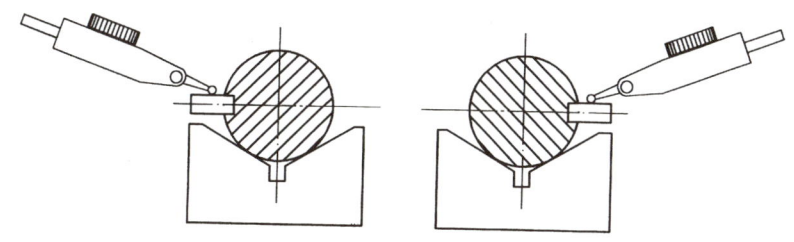

图 3-14 键槽对称度测量

（4）测量键槽的长度和轴向位置　这两项可用钢直尺或游标卡尺测量。

2. 燕尾槽与燕尾块测量与检验

为了达到燕尾槽与键（块）的配合精度要求，除了用游标卡尺和样板进行初步检验外，还应采用比较精确的测量方法。

（1）燕尾槽的测量与计算　测量燕尾槽时，首先用游标万能角度尺和深度千分尺检验燕尾槽槽角及槽深，然后在槽内放两根标准圆棒，用内径千分尺或精度较高的游标卡尺测量出圆棒之间的尺寸，根据图 3-15a 所示的几何关系，可用下式计算燕

尾槽的宽度，即

$$l = A - d\left(1 + \cot\frac{\alpha}{2}\right) \quad (3\text{-}3)$$

$$b = A - 2H\cot\alpha$$

式中　A——燕尾槽的最大宽度（mm）；
　　　l——两圆棒测量面之间的距离（mm）；
　　　α——燕尾槽的角度（°）；
　　　H——燕尾深度（mm）；
　　　d——标准棒直径（mm）；
　　　b——燕尾槽最小宽度（mm）。

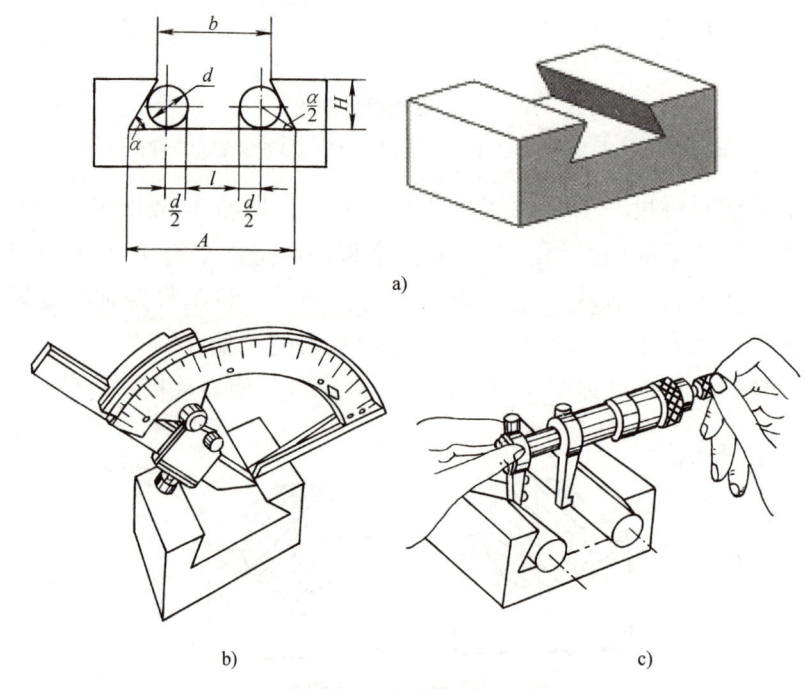

图 3-15　燕尾槽测量计算

a）测量计算示意图　b）测量槽角　c）测量宽度

当 $\alpha = 55°$ 时，燕尾槽宽度为

$$l = A - 2.921d$$

$$b = A - 1.4H$$

当 $\alpha = 60°$ 时，燕尾槽宽度为

$$l = A - 2.732d$$

$$b = A - 1.1547H$$

（2）燕尾块的测量与计算（见图3-16）

$$l = A - 2H\cot\alpha + d\left(1 + \cot\frac{\alpha}{2}\right) \quad （3-4）$$

$$b = A - 2H\cot\alpha$$

式中 A——燕尾块的最大宽度（mm）；

l——两圆棒测量面之间的距离（mm）；

α——燕尾块的角度（°）；

H——燕尾块高度（mm）；

d——标准棒直径（mm）；

b——燕尾块最小宽度（mm）。

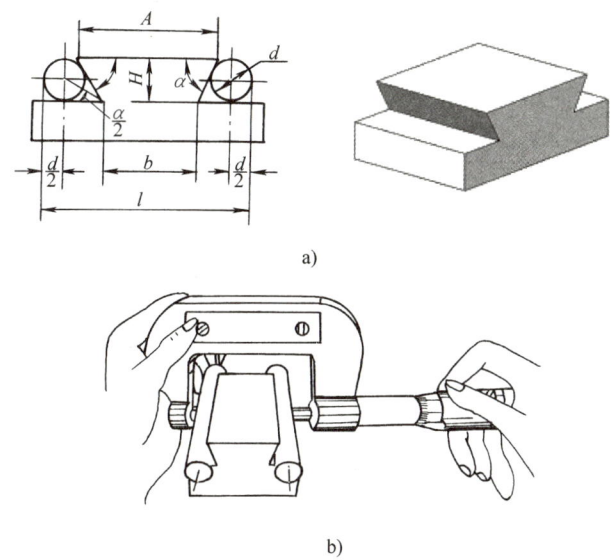

图3-16 燕尾块的测量与计算

a）测量计算示意图 b）测量宽度

当 $\alpha = 55°$ 时，燕尾块宽度为

$$l = A - 1.4H + 2.921d$$

$$b = A - 1.4H$$

当 $\alpha = 60°$ 时，燕尾块宽度为

$$l = A - 1.1547H + 2.732d$$

$$b = A - 1.1547H$$

3. 其他特形沟槽测量检验要点

1）半圆键槽的测量方法与平键槽基本相同，在测量圆弧深度时，可借助半圆键块进行间接测量。

2）V形槽的槽形角测量与斜面测量方法相同。当槽对外形有对称度要求时，可采用与键槽测量对称度相似的方法进行测量。

3）T形槽的尺寸通常用游标卡尺测量，若制作与槽形尺寸相符的样板，可直接用样板进行检验。

3.2 台阶、直角沟槽、特形沟槽加工技能训练实例

技能训练1 双台阶工件加工

重点与难点：重点掌握用三面刃铣刀铣削台阶方法；难点为台阶宽度尺寸及平行度的控制。

1. 双台阶工件铣削加工工艺准备

铣削加工图3-17所示的双台阶工件，需按以下步骤进行工艺准备。

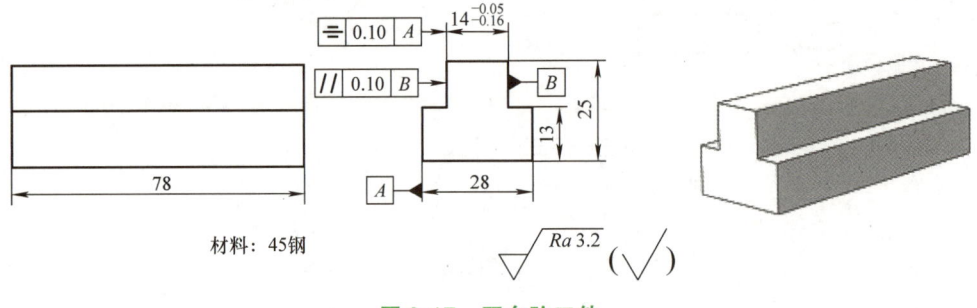

图3-17 双台阶工件

（1）分析图样

1）分析加工精度。

① 台阶的宽度尺寸为 $14_{-0.16}^{-0.05}$ mm，台阶底面高度尺寸为13mm。

② 台阶两侧面的平行度公差为0.10mm，对外形宽度28mm的对称度公差为0.10mm。

③ 预制件尺寸为78mm×28mm×25mm的矩形工件，台阶全长贯通。

2）分析表面粗糙度。工件各表面粗糙度值均为 $Ra3.2\mu m$，铣削加工比较容易达到。

3）分析材料。工件材料为45钢，45钢的切削性能较好，加工时可选用高速钢铣刀，加注切削液进行铣削。

4）分析形体。工件为矩形零件，侧面定位与夹紧面积为13mm×78mm，宜采

用机用虎钳装夹。

(2)拟定加工工艺与工艺准备

1)拟定双台阶的加工工序过程。根据图样的精度要求,双台阶工件可在立式铣床上用立铣刀铣削加工,也可以在卧式铣床上用三面刃铣刀铣削加工。由于主要精度面在台阶侧面,因此,本例在卧式铣床上用三面刃铣刀加工,以端铣形成台阶侧面精度比较高。双台阶加工工序过程:检验预制件→安装、找正机用虎钳→装夹和找正工件→安装三面刃铣刀→对刀,调整一侧台阶铣削位置→粗铣一侧台阶→预检,准确微量调整精铣一侧台阶→调整另一侧台阶铣削位置→粗铣另一侧台阶→预检,准确微量调整精铣另一侧台阶→双台阶铣削工序的检验。

2)选择铣床。选用 X6132 型万能卧式铣床。

3)选择工件装夹方式。选用机用虎钳装夹工件,考虑到工件的铣削位置,须在工件下垫平行垫块,使工件台阶底面略高于钳口上平面。

4)选择刀具。根据图样给定的台阶底面宽度尺寸(28 − 14)mm/2 = 7mm,以及台阶高度尺寸 25mm − 13mm = 12mm 选择铣刀规格,现选用外径为 80mm、宽度为 12mm、孔径为 27mm、铣刀齿数为 12 的标准直齿三面刃铣刀。

5)选择检验测量方法

① 台阶的宽度尺寸用 0 ~ 25mm 的外径千分尺测量,因精度不高,也可采用分度值为 0.02mm 游标卡尺测量。台阶底面高度尺寸用游标卡尺测量。

② 台阶侧面对工件宽度的对称度公差用指示表借助标准平板和六面直角铁进行测量。测量时采用工件翻身法进行对比测量,具体操作方法如图 3-18 所示。

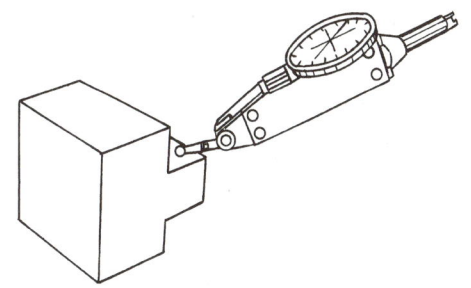

图 3-18 测量台阶对称度

2. 双台阶工件加工

(1)加工准备

1)预制件检验。

① 检验工件宽度和高度的实际尺寸本例宽度为 27.90 ~ 27.91mm,高度为 24.95 ~ 24.98mm。

② 检验预制件侧面与上下平面的垂直度,挑选垂直度较好的相邻面作为工件装夹的定位面。

2)安装、找正机用虎钳。将机用虎钳安装在工作台中间的 T 形槽内,位置居中,并用指示表找正,使定钳口的定位面与工作台纵向平行。因工件的装夹位置比较高,选择机用虎钳时应注意活动钳口的滑枕与导轨的间隙不能过大,以免工件夹紧后向上抬起。

3)装夹和找正工件。在工件下面垫长度大于 78mm,宽度小于 28mm 的平行垫块,使工件上平面高于钳口 12mm。工件夹紧以后,可用指示表复核工件定位侧面与纵向的平行度、上平面与工作台面的平行度。

4）安装铣刀。采用直径为 27mm 的刀杆安装铣刀。安装后，目测铣刀的跳动情况，若轴向圆跳动较大，则应检查刀杆和垫圈的精度，并重新安装。

5）选择铣削用量。按工件材料（45 钢）和铣刀的规格选择和调整铣削用量，调整主轴转速 $n = 75\text{r/min}$（$v \approx 18.85\text{m/min}$），进给量 $v_f = 47.5\text{mm/min}$（$f_z \approx 0.053\text{mm/z}$）。

（2）双台阶铣削加工

1）对刀和一侧台阶粗铣调整，如图 3-19a 所示。

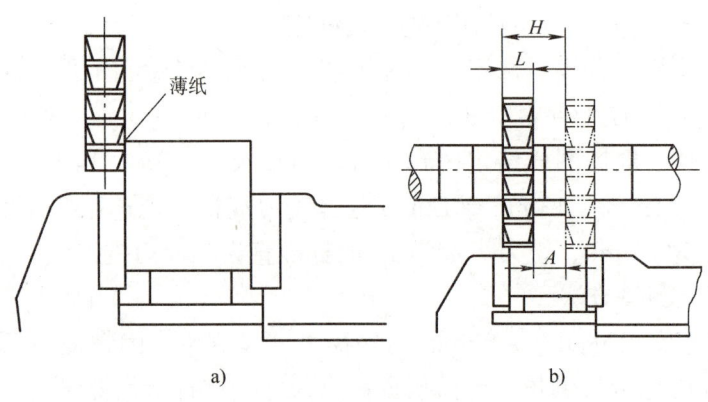

图 3-19　调整双台阶铣削位置

a）侧面对刀　b）另一侧横向位移尺寸

① 侧面横向对刀。在工件一侧面贴薄纸，使三面刃铣刀的侧刃恰好擦到工件侧面，在横向刻度盘上作记号，调整横向，使一侧面铣削量为 6.5mm。

② 上平面垂向对刀。在工件上平面贴薄纸，使三面刃铣刀的圆周刃恰好擦到工件上平面，在垂向刻度盘上作记号，调整垂向，使工件上升 11.5mm。

2）粗铣和预检一侧台阶。

① 粗铣一侧台阶时注意紧固工作台横向，因工件夹紧面积较小，铣刀切入时工件较易被拉起，此时可用手动进给缓缓切入，待切削比较平稳时再使用自动进给。

② 预检时，应先计算预检的尺寸数值。留 0.5mm 的精铣余量时，测得台阶侧面与工件侧面的尺寸为 21.41mm，若按键宽 13.89mm 计算，台阶单侧铣削余量为（27.91 − 13.89）mm/2 = 7.01mm。因此，精铣一侧台阶后的尺寸应为（7.01 + 13.89）mm = 20.90mm，铣削余量为 21.41mm − 20.90mm = 0.51mm。台阶底面高度的尺寸可直接用游标卡尺测量，若粗铣后测得高度尺寸为 13.45mm，则精铣余量为 13.45mm − 13mm = 0.45mm。

3）精铣和预检一侧台阶。

① 工作台横向准确移动 0.51mm，垂向升高 0.45mm，精铣一侧台阶，铣削时为保证表面质量，全程使用自动进给。

② 预检精铣后的两侧面尺寸应为 20.90mm，底面高度尺寸为 13mm。

4）粗铣和预检另一侧台阶。

① 工作台横向移动键宽 A 和刀具宽度 L 尺寸之和，铣削另一侧台阶，粗铣时可在侧面留 0.5mm 余量，因此横向移动距离 S（见图 3-19b）为

$$s = A + L + 0.5\text{mm} = 13.89\text{mm} + 12\text{mm} + 0.5\text{mm} = 26.39\text{mm}$$

按计算出的 s 值横向移动工作台，粗铣另一侧。

② 由于计算出的 s 值中铣刀的宽度为公称尺寸，预检时，测得另一侧粗铣后的键宽尺寸为 14.30mm，因此实际精铣余量为 14.30mm － 13.89mm = 0.41mm。

5）精铣另一侧台阶。按预检尺寸与图样中间公差的键宽尺寸差值 0.41mm 准确横向移动工作台，精铣另一侧台阶。

3. 双台阶工件检验与质量要点分析

（1）检验双台阶工件

1）用千分尺测量的台阶宽度尺寸应为 13.84～13.95mm。

2）用指示表在标准平板上测量键宽对工件两侧面的对称度误差时，将工件定位底面紧贴六面直角铁垂直面，工件侧面与平板表面贴合，然后用翻身法比较测量，指示表的示值误差应在 ±0.10mm 之内。

3）用游标卡尺测量台阶底面高度尺寸应为 12.79～13.21mm（未注公差可按 js14 确定公差范围）。

4）通过目测类比法进行表面粗糙度的检验。本例台阶侧面由端面铣削法铣成，台阶底面由周边铣削法铣成。

（2）铣削双台阶工件的质量要点分析

1）台阶宽度尺寸超差的主要原因可能是对刀不准确、预检不准确、工作台调整数值计算错误等。

2）台阶侧面的平行度误差大的原因可能是铣刀直径较大，工作时向不受力一侧偏让，工件侧面定位与纵向不平行（见图 3-20a），万能铣床的工作台回转盘零位未对准等。其中工作台零位未对准时，用三面刃铣刀铣削而成的台阶两侧面将会出现凹弧形曲面，且上窄下宽而影响宽度尺寸和形状精度，如图 3-20b 所示。

3）台阶宽度与外形对称度误差超差的原因可能是工件侧面与工作台纵向不平行、工作台调整数据计算错误、预检测量误差等。

4）表面粗糙度超差的原因可能是铣刀刃磨质量差和过早磨损、刀杆精度差、支架支承轴承间隙调整不合理等。

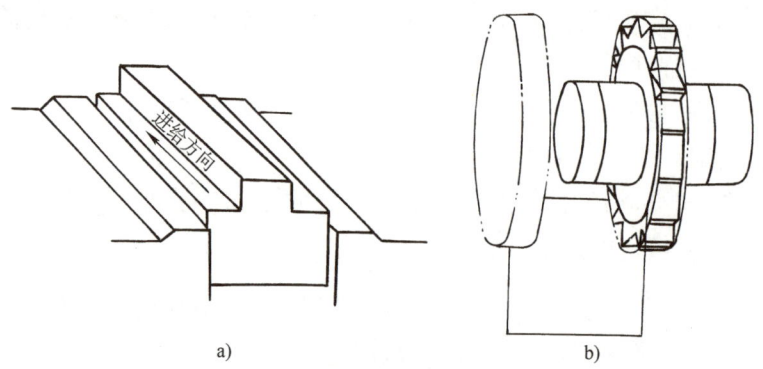

图 3-20 台阶侧面平行度误差大的原因

a) 工件侧面定位与纵向不平行时的影响　b) 工作台零位不准对加工台阶的影响

技能训练 2　封闭键槽加工

重点与难点：重点掌握用键槽铣刀铣削封闭键槽的方法；难点为指状铣刀的安装找正与轴上切痕对刀操作。

1. 封闭键槽铣削加工工艺准备

铣削加工图 3-21 所示的封闭键槽零件，需按以下步骤进行工艺准备。

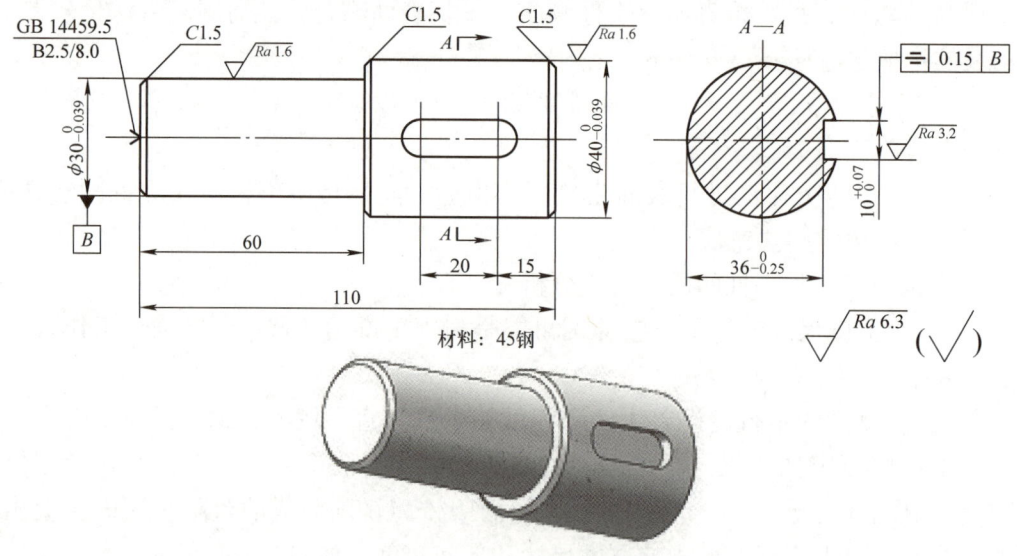

图 3-21　封闭键槽零件

（1）分析图样

1）分析加工精度。

① 键槽的宽度尺寸为 $10_{\ 0}^{+0.07}$ mm，深度尺寸标注为槽底至工件外圆的尺寸

$36_{-0.25}^{0}$ mm，键槽的长度为 30mm = 20mm + 10mm。

② 键槽对工件轴线的对称度公差为 0.15mm。

③ 预制件尺寸为 ϕ30mm、ϕ40mm 的阶梯轴，总长尺寸为 110mm，直径为 30mm 的圆柱面长度为 60mm。

2）分析表面粗糙度。键槽侧面表面粗糙度值为 Ra3.2μm，其余为 Ra6.3μm，铣削加工能达到要求。

3）分析材料。预制件的材料为 45 钢，其切削性能较好。

4）分析形体。预制件为阶梯轴类零件，键槽在直径较大的圆柱面上，该圆柱面长度约 50mm，便于装夹。

（2）拟定加工工艺与工艺准备

1）拟定封闭键槽加工工序过程。根据图样的精度要求，本例应在立式铣床上用键槽铣刀进行铣削加工。封闭键槽的加工工序过程为：检验预制件→安装、找正轴用（或机用）虎钳→装夹和找正工件→安装、找正键槽铣刀→切痕对刀（对中、槽深、键槽轴向位置）→铣削键槽→封闭键槽铣削工序检验。

2）选择铣床。选用 X5032 型立式铣床或类同的立式铣床。

3）选择工件装夹方式。最好采用轴用虎钳，若采用机用虎钳装夹，应使用 V 形钳口。本例选用轴用虎钳装夹工件，如图 3-22a 所示。

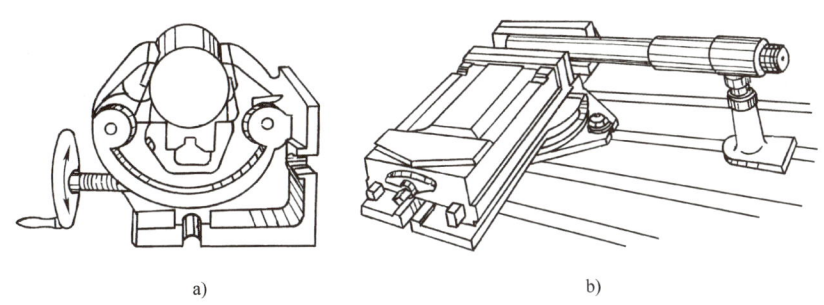

图 3-22　用虎钳装夹轴类工件

a）轴用虎钳装夹轴类工件　b）机用虎钳装夹轴类工件

4）选择刀具。根据键槽的宽度尺寸 $10_{0}^{+0.07}$ mm 来选择铣刀规格，现选用外径为 10mm 的标准键槽铣刀。铣刀的直径应用外径千分尺进行测量，考虑到铣刀安装后的径向圆跳动误差对键槽宽度的影响，铣刀的直径应为 10～10.03mm。

5）选择检验测量方法。

① 键槽的宽度尺寸用 0～25mm 的内径千分尺和塞规测量，深度和长度尺寸用游标卡尺测量。

② 键槽对工件轴线的对称度测量方法，与半封闭键槽的测量方法相同。

2. 封闭键槽加工

（1）加工准备

1）检验预制件。检验工件外径和长度尺寸，本例工件外径尺寸为 30～30.02mm 与 40.01～40.02mm，长度尺寸为 110.10～110.15mm 与 60.15～60.20mm。

2）安装轴用虎钳。将轴用虎钳定位 V 形块向上安装在工作台上，用指示表、标准棒检验 V 形块与纵向的平行度。

3）在工件表面划线。以工件上 ϕ40mm 的圆柱面端面定位，将游标高度卡尺的划线头调整高度分别设置为 10mm、40mm，在工件圆柱面上划出键槽两端铣刀轴向位置参照线。

4）装夹和找正工件。工件装夹在 V 形钳口中，用指示表复核工件上素线与工作台面平行。

5）安装铣刀。采用铣夹头和弹性套安装直柄键槽铣刀，如图 3-23 所示。安装步骤如下：

① 擦净铣床主轴锥孔及夹头体 1 的外锥部分。

② 将夹头体 1 装入主轴锥孔中，并使主轴锥孔端部的键对准铣夹头上的槽，用拉紧螺杆紧固。

③ 选用与铣刀柄部直径相同的弹性套 2，装入夹头体内。弹性套有三条均分的弹性槽，以利于刀柄的定位夹紧，具有自定心作用。

④ 将铣刀装入弹性套 2 中，伸出长度约 25mm。

⑤ 旋入螺母 3，用柱销钩形扳手扳紧。

铣刀安装后，为达到键槽槽宽尺寸精度要求，必须用指示表测量铣刀径向圆跳动误差在 0.02mm 以内，测量方法如图 3-24 所示。测量时，先将主轴转速调至较高的档次（如 750r/min），此时用手扳动主轴能比较轻快。为安全起见，应将主轴换向电器开关转换至"0"位。随后使指示表测头与铣刀端部的圆周刃接触，用手缓慢地逆时针方向转动主轴，若发现铣刀的径向圆跳动过大，可将铣夹头螺母松开，将铣刀转过一个角度，重新夹紧再找正。若此法不能达到要求，可在主轴锥孔与夹头锥柄之间，对准刃齿偏差大的部位垫薄纸进行找正。

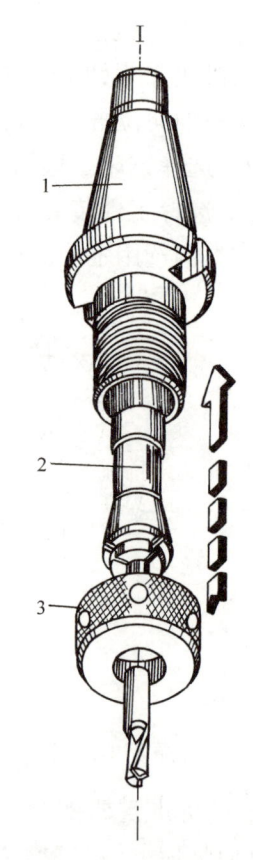

图 3-23　安装键槽铣刀

1—夹头体　2—弹性套　3—螺母

6）选择铣削用量。按工件材料（45 钢）、表面粗糙度要求和键槽铣刀的直径尺寸选择和调整铣削用量，现调整主轴转速为 n = 475r/min（$v \approx$ 17.9m/min）；进给量 v_f = 23.5mm/min（$f_z \approx$ 0.025mm/z）。

（2）铣削加工封闭键槽

1）对刀。

① 垂向槽深对刀时，调整工作台，使铣刀处于铣削位置上方。起动机床，使铣刀端面刃齿恰好擦到工件外圆最高点，在垂向刻度盘上做记号，作为槽深尺寸调整起点刻度。

② 横向对中对刀时，先锁紧工作台纵向，垂向上升适当尺寸（通过目测切痕大小确定），往复移动工作台横向，在工件表面铣削出略大于铣刀宽度的矩形刀痕（见图 3-25a），目测使铣刀处于切痕中间，垂向再微量升高，使铣刀铣出圆形对刀浅痕（见图 3-25b），停机后目测浅痕与矩形刀痕两边的距离是否相等，若有偏差，则再调整工作台横向。调整结束后，注意锁紧工作台横向。

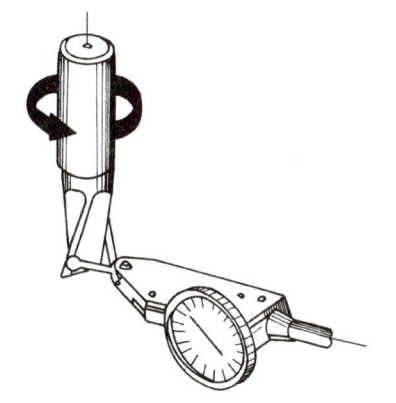

图 3-24 找正键槽铣刀的径向圆跳动

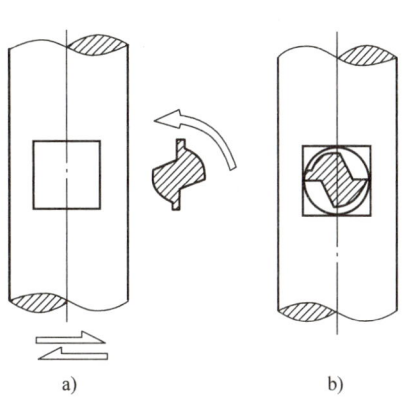

图 3-25 键槽铣刀切痕对刀法

a）铣出矩形刀痕 b）铣出圆形对刀浅痕

③ 纵向槽长对刀时，垂向退刀，用游标卡尺测量工件端面与切痕侧面的实际尺寸，若测得尺寸为 20.5mm，向工件大端纵向移动 20.5mm－10mm＝10.5mm，此时铣刀处于键槽起点位置，应在此处做好刻度记号，目测铣刀刀尖的回转圆弧应与工件表面的槽长划线相切。反向调整工作台纵向位置，使铣刀刀尖的回转圆弧与另一划线相切，在纵向刻度盘上做好铣削终点的刻度记号。

2）铣削键槽并预检。

① 铣削时，移动工作台纵向，将铣刀处于键槽起始位置上方，锁紧纵向，垂向手动进给使铣刀缓缓切入工件，槽深切入尺寸为 40.01mm－35.88mm＝4.13mm。然后采用纵向机动进给，铣削至纵向刻度盘键槽长度终点记号前，停止机动进给，改用手动进给铣削至终点记号位置增加 0.1mm，停机后垂向下降工作台。

② 键槽宽度、长度的预检方法与半封闭键槽的测量方法相同。键槽深度的测量方法如图 3-13 所示，若键槽的宽度大于测砧直径，可直接用千分尺测量。若键槽的宽度小于测砧直径，可将小于键宽的平行键块塞入键槽内，然后用千分尺

测量，测得的尺寸应减去键块的厚度。预检后，按图样要求根据预检尺寸进行修正。

3. 封闭键槽的检验与质量分析要点

（1）封闭键槽的检验　检验方法项目与半封闭键槽基本相同。键槽宽度尺寸应在 10.00～10.07mm 范围内。槽深即槽底至工件外圆的尺寸应在 35.75～36mm 范围内。测量对称度误差时，指示表的示值误差应在 0.15mm 之内。长度尺寸应在 29.80～30.20mm 范围内。检验表面粗糙度时注意本例槽侧面由周边铣削法铣成，槽底面由端面铣削法铣成。

（2）铣削封闭键槽的质量分析要点

1）键槽宽度尺寸超差的主要原因可能有铣刀直径尺寸测量误差、铣刀安装后径向圆跳动过大、铣刀端部周刃刃磨质量差或早期磨损等。

2）键槽对称度误差超差的原因可能有目测切痕对刀误差过大、铣削时因进给量较大产生让刀、铣削时工作台横向未锁紧等。

3）键槽端部出现较大圆弧的原因可能有铣刀转速过低，垂向手动进给速度过快，铣刀端齿中心部位刃磨质量不好（图 3-26）而使端面齿切削受阻等。

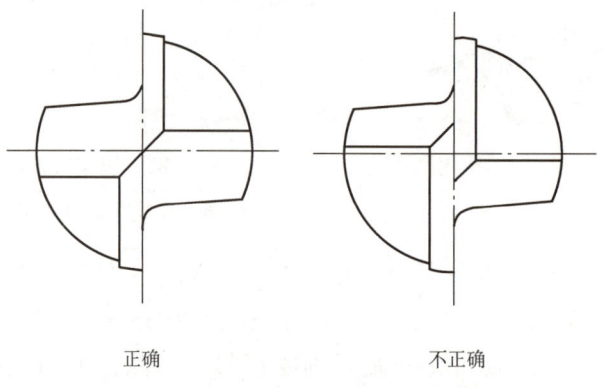

正确　　　　　　　　　不正确

图 3-26　键槽铣刀端面刃中心部位的形状

4）键槽深度超差的原因可能是：铣刀夹持不牢固，铣削时被拉下；垂向调整尺寸计算或操作失误。

技能训练 3　螺钉起口槽加工

重点与难点：重点掌握轴端窄槽铣削的方法；难点为螺钉类工件的装夹方法及窄槽对中的方法。

1. 螺钉起口槽铣削加工工艺准备

铣削加工图 3-27 所示的圆柱头螺钉起口槽，需按以下步骤进行工艺准备。

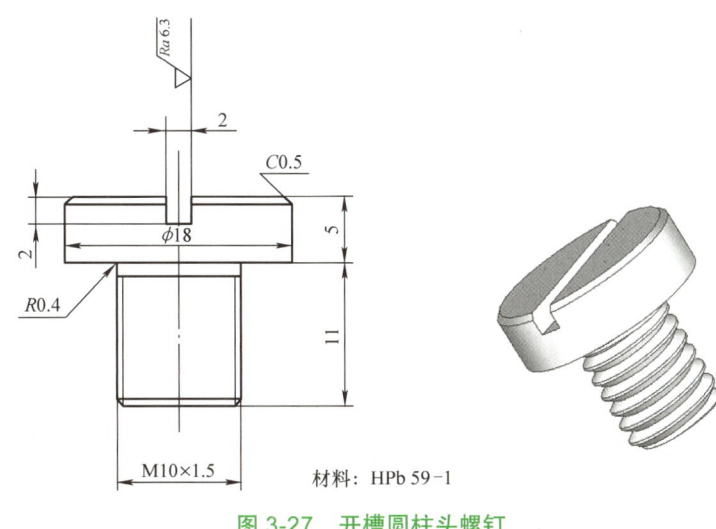

图 3-27　开槽圆柱头螺钉

（1）分析图样

1）分析加工精度

① 窄槽的宽度尺寸为 2mm，深度尺寸为 2mm。

② 窄槽对工件轴线的对称度未注公差为 0.06mm。

③ 预制件为 M10×1.5mm 螺纹圆柱头螺钉，总长度为 16mm，ϕ18mm 直径的圆柱头长度为 5mm。

2）分析表面粗糙度。窄槽侧面表面粗糙度值为 $Ra6.3\mu m$，铣削加工能达到要求。

3）分析材料。工件材料为 HPb59-1（140HBW），它的切削性能与灰铸铁类似。

4）分析形体。预制件为螺钉零件，宜用专用内螺纹套装夹。

（2）拟定加工工艺与工艺准备

1）拟定起口窄槽加工工序过程。根据图样的精度要求，本例应在卧式铣床上用切口（锯片）铣刀铣削加工。起口窄槽加工工序过程：检验预制件→安装分度头→装夹工件→安装、找正切口铣刀→切痕对刀（对中、槽深）→铣削窄槽→窄槽铣削工序的检验。

2）选择铣床。选用 X6132 型卧式铣床或类同的卧式铣床。

3）选择工件装夹方式。制作专用螺纹套，如图 3-28 所示。专用螺纹套的内螺纹与螺钉螺纹相配，通常用铸铁制成，为了能夹紧工件，在外圆上沿轴线有一条窄槽，使专用螺纹套具有一定的弹性。工件数量较少时，采用万能分度头自定心卡盘装夹，工件数量较多时，可采用等分分度头自定心卡盘装夹。

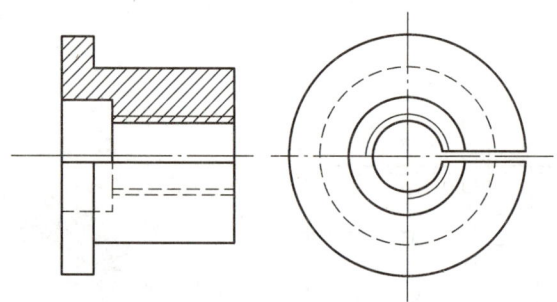

图 3-28 专用螺纹套

4）选择刀具。根据窄槽的宽度尺寸 2mm 和工件材料选择铣刀种类与规格，因材料硬度不高，现选用外径为 63mm、宽度为 2mm 的 20 齿标准锯片铣刀。

5）选择检验测量方法。起口槽的精度要求比较低，槽深与槽宽采用游标卡尺测量，具体方法与直角沟槽相同。

2. 起口窄槽加工

（1）加工准备

1）检验预制件。目测外形检验，此外，主要是通过旋入螺纹套检验螺纹配合的间隙，间隙过大和无法旋入的螺钉应另行处理。

2）安装分度头。分度头主轴垂直工作台面安装。

3）装夹工件。装夹时，将工件旋入螺纹套，工件圆柱头环形面与螺纹套的凸缘端面贴合，然后将螺纹套连同工件一起装入自定心卡盘。螺纹套的窄槽应处于卡爪之间，不要对准卡爪夹紧面。螺纹套的凸缘下平面应与卡爪的顶面贴合，作为窄槽的深度尺寸定位。

4）安装铣刀。安装锯片铣刀时不可采用平键联接刀杆和铣刀，在不妨碍铣削的情况下，尽可能靠近机床主轴。安装后注意目测检验其圆跳动，若圆跳动较大，必须重新安装，因轴向圆跳动会直接影响窄槽的宽度。

5）选择铣削用量。按工件材料（HPb59-1）、表面粗糙度要求和锯片铣刀的直径选择和调整铣削用量，现调整主轴转速 $n = 95\text{r/min}$（$v \approx 18.8\text{m/min}$）；进给量 $v_f = 75\text{mm/min}$（$f_z \approx 0.04\text{mm/z}$）。

（2）起口窄槽铣削加工

1）对刀。

① 横向对中对刀时，可采用试件对刀法。具体操作步骤如图 3-29 所示。

a. 在自定心卡盘内装夹一个轴类试件。

b. 目测或用游标卡尺测量，使锯片铣刀处于工件中间部位。

c. 铣削一条试切槽，用游标卡尺测量槽的宽度。

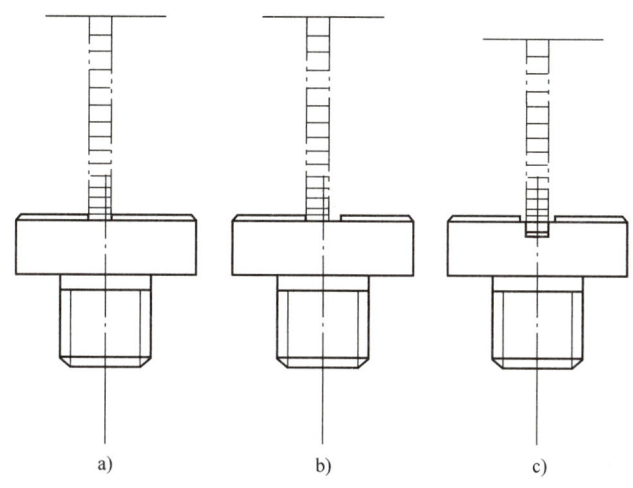

图 3-29 轴端窄槽横向对刀法

a）试切窄槽 b）反向试切窄槽 c）调整铣削位置

d. 使工件转过 180°，再铣削窄槽，此时只铣到槽的一个侧面，铣出一段后，再次测量槽宽。

e. 按两次测得的槽宽尺寸之差的一半横向移动工作台，移动方向为工件退离第二次铣削的铣刀侧面。

f. 将试件转过一个角度，再次试切，此时铣成的窄槽在转过 180° 试切后，若窄槽两侧面都没有被铣到（铣刀轻快地通过窄槽），则铣刀已调整到对称分度头回转中心的铣削位置。

② 垂向槽深对刀时，应调整工作台，使铣刀处于工件铣削位置上方。起动机床，使铣刀圆周刃齿恰好擦到工件顶面，在垂向刻度盘上做记号，作为槽深尺寸调整起点刻度。

2）铣削起口窄槽。按垂向对刀刻度，上升 2mm，采用自动进给铣削起口窄槽。工件首件应进行检验。

3. 起口窄槽的检验与质量要点分析

（1）起口窄槽的检验 起口窄槽的检验项目、方法与敞开直角沟槽基本相同。窄槽宽度尺寸应在 2～2.10mm 范围内，槽深在 2～2.10mm 范围内。测量对称度时，可在窄槽内塞入 2mm 的对刀块，然后用游标卡尺分别测量对刀块平面至工件外圆的尺寸，尽管游标卡尺尺身略有倾斜，但对要求不高的对称度还是允许的。表面粗糙度用目测检验。

（2）铣削起口窄槽的质量分析要点

① 槽宽尺寸超差的主要原因可能有铣刀厚度尺寸选错、铣刀安装后轴向圆跳动

过大、铣刀早期磨损等。

② 窄槽对称度超差的原因可能有对刀不准确、工件螺纹与圆柱头同轴度误差大。

③ 窄槽深度超差的原因可能有垂向调整尺寸计算或操作失误、批量工件中圆柱头长度尺寸超差。

技能训练4　T形槽加工

重点与难点：重点掌握T形槽加工步骤；难点为T形槽底槽铣削操作。

1. T形槽铣削加工工艺准备

铣削加工图3-30所示的T形槽零件，需按以下步骤进行工艺准备。

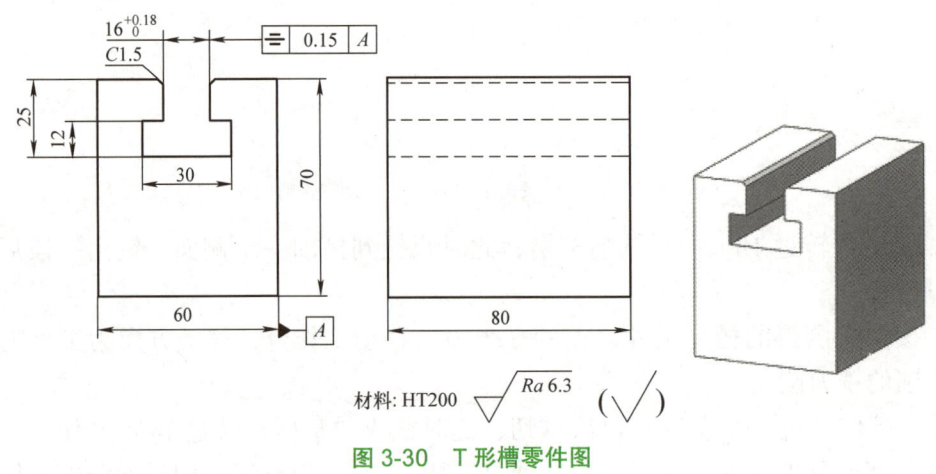

图3-30　T形槽零件图

（1）分析图样

1）分析加工精度。

① T形槽直槽的宽度为 $16_0^{+0.18}$ mm，T形槽的深度为25mm，宽为30mm，高为12mm，直槽口倒角为 $C1.5$。

② T形槽对尺寸为60mm侧面外形的对称度公差为0.15mm。

③ 预制件是尺寸为60mm×70mm×80mm的矩形工件。

2）分析表面粗糙度。T形槽加工表面粗糙度值为 $Ra6.3\mu m$，在铣床上铣削加工能达到要求。

3）分析材料。预制件的材料为HT200，其切削性能较好。

4）分析形体。预制件为矩形工件，便于装夹。

（2）拟定加工工艺与工艺准备

1）拟定T形槽的铣削加工工序过程。根据图样的精度要求，本例宜在立式铣床上用立铣刀铣削加工直槽，用T形槽铣刀加工T形底槽。T形槽铣削加工工序过程为：检验预制件→安装、找正机用虎钳→工件表面划出直槽对刀线→装夹、找正工件→

安装立铣刀→对刀、试切预检→铣削直槽→换装T形槽铣刀→垂向深度对刀→铣削底槽→铣削槽口倒角→T形槽铣削工序的检验。

2）选择铣床。选用X5032型立式铣床或同类的立式铣床。

3）选择工件装夹方式。采用机用虎钳装夹，工件以侧面和底面作为定位基准。

4）选择刀具。根据图样给定的T形槽基本尺寸，选择直径为16mm的标准直柄立铣刀铣削直槽；选择基本尺寸为16mm，直径为30mm，宽度为12mm的标准直柄T形槽铣刀铣削底槽；选择外径为25mm，角度为45°的反燕尾槽铣刀铣削直槽口倒角。

5）选择检验测量方法。T形槽的测量方法比较简单，本例可用游标卡尺测量各项尺寸和对称度误差。

2. T形槽的铣削加工

（1）加工准备

1）检验预制件。用千分尺检验预制件的平行度和尺寸，测得宽度的实际尺寸为60.12～60.20mm。

2）安装、找正机用虎钳。安装机用虎钳，并找正定钳口与工作台纵向平行。

3）划线、装夹工件。在工件表面划直槽位置参照线。划线时，可将工件与划线平板贴合，划线尺高度为（60－16）mm/2＝22mm，用翻身法划出两条参照线。工件装夹时，注意侧面、底面与机用虎钳定位面之间的清洁度。

4）安装铣刀。根据立铣刀、T形槽铣刀和反燕尾槽铣刀的柄部直径，选用弹性套和夹头体安装铣刀，铣刀伸出部分应尽可能短，以增加铣刀的刚度。

5）选择铣削用量。按工件材料（HT200）和铣刀参数选择铣削用量。铣削直槽时，调整铣削用量 $n = 250$r/min（$v \approx 15$m/min），$v_f = 30$mm/min；铣削T形槽底槽时，因铣刀强度低，排屑困难，故选用较低的铣削用量 $n = 118$r/min（$v \approx 12$m/min），$v_f = 23.5$mm/min；铣削倒角时，选用铣削用量 $n = 235$r/min（$v \approx 18$m/min），$v_f = 47.5$mm/min。

6）找正立铣头位置。为保证铣削精度，注意检查立铣头刻度盘的零线是否对准。

（2）铣削T形槽

1）铣削直角槽，如图3-31a、b所示。

① 调整工作台，将铣刀调整到铣削位置的上方，按工件表面划出的对称槽宽参照线移动横向对刀。起动机床，垂向对刀并上升1mm后，移动纵向，在工件表面铣出浅痕。停机后用游标卡尺预检槽的对称位置，若有误差，应按两侧测量数据差值的一半横向微调，直至浅槽对称工件外形，同时也需要对槽宽的实际尺寸进行预检，但须注意预检测量应避免刀尖圆弧或倒角对槽宽测量的影响。

② 按垂向表面对刀的位置，将25mm深度余量分两次铣削，若侧面不再精铣，

槽深余量的分配最好为13mm与12mm,以避免直槽侧面留有接刀痕。铣削时由于深度余量比较大,应注意锁紧横向,并应先用手动进给缓缓切入工件,然后改用机动进给。为避免顺铣、逆铣对槽宽的影响,两次铣削应采用同一方向。直槽铣削完毕后,应对槽深、槽宽、对称度进行预检。

2）铣削T形底槽,如图3-31c所示。

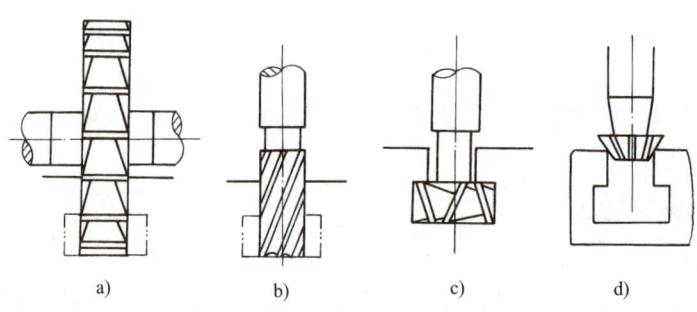

图3-31 T形槽铣削步骤

① 换装T形槽铣刀,因为直槽铣削后横向没有移动,所以不必重新对刀。如果工件重新装夹或横向已经移动,可采用以下方法对刀。

a. 用刀柄对刀。将16mm直柄立铣刀掉头安装在铣夹头内,露出一段柄部,先通过目测使铣刀柄部对准已加工的直槽,微量调整横向,移动纵向,使刀柄能顺畅地进入槽内,此时,主轴与工件的横向相对位置已恢复至直槽加工位置。

b. 用切痕对刀。换装T形槽铣刀后,调整垂向使铣刀的端面刃与直角槽底恰好接触,调整横向,目测使铣刀中心与直槽对准,开动机床,缓缓移动工作台纵向,使T形槽铣刀在直角槽槽口铣出相等的两个切痕,此时,主轴与工件的横向相对位置已恢复至直槽加工位置。

② 垂向对刀使铣刀端面刃与直角槽底恰好接触,为减少T形槽铣刀端面与槽底的摩擦,也可以使直槽略深一些。底槽铣削开始用手动进给,当铣刀大部分缓缓切入后改用机动进给。铣削过程中注意及时清除切屑,以免因切屑堵塞,切削区温度升高,致使铣刀退火或折断,从而影响铣削,甚至造成废品。

3）铣削槽口倒角,如图3-31d所示。换装反燕尾槽铣刀,垂向对刀,使铣刀锥面刃与槽口恰好接触,垂向升高1.6mm,铣削槽口倒角。

3. T形槽铣削加工的检验与质量分析要点

（1）T形槽铣削加工的检验　T形槽的检验比较简单,精度较高的直角槽检验可用内径千分尺或塞规测量,底槽检验一般用游标卡尺测量,倒角和表面粗糙度通过目测检验。

（2）T形槽铣削加工质量要点分析

1)直角槽宽度尺寸超差的主要原因可能有立铣刀宽度尺寸测量不准确、铣刀安装后跳动误差大、进给速度比较快使铣刀发生偏让、两次铣削时进给方向不同等。

2)底槽与直角槽对称度误差超差原因可能有工件重装后T形槽铣刀对刀不准确、铣削底槽时因工作台横向未锁紧产生拉动偏移。

3)T形槽槽底与基准底面不平行的原因可能有铣刀未夹紧微量下移、工件在铣削过程中因夹紧不牢固使基准底面偏离定位面和装夹时底面与工作台面不平行等。

4)底槽表面粗糙度误差大的原因可能有铣削过程中未及时清除切屑、进给量过大等。

技能训练 5 V 形槽加工

重点与难点:重点掌握用双角铣刀铣削 V 形槽的方法;难点为 V 形槽对称度控制。

1. V 形槽铣削加工工艺准备

铣削加工图 3-32 所示的 V 形槽零件,须按以下步骤进行工艺准备。

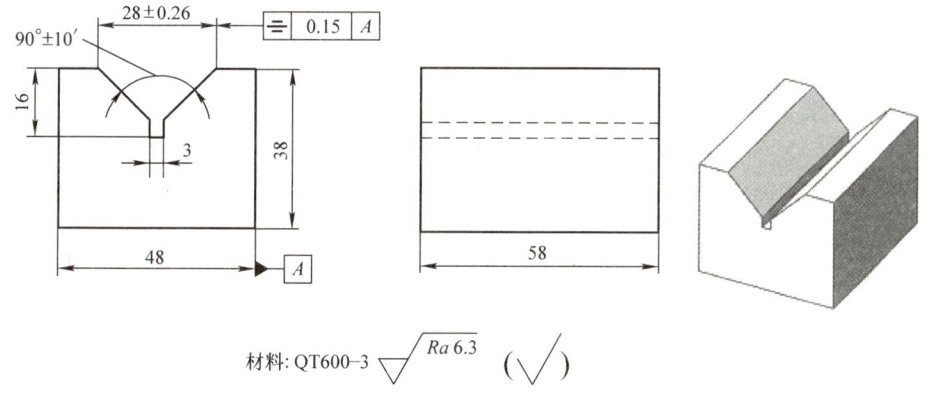

图 3-32 V 形槽零件

(1)分析图样

1)分析加工精度。

① V 形槽窄槽宽度为 3mm,深度为 16mm;V 形槽的开口宽度为 (28±0.26)mm,夹角为 90°±10′。

② V 形槽对尺寸为 48mm 的侧面外形的对称度公差为 0.15mm。

③ 预制件是尺寸为 58mm×48mm×38mm 的矩形工件。

2)分析表面粗糙度。V 形槽加工表面粗糙度值为 $Ra6.3\mu m$,在铣床上铣削加工能达到要求。

3)分析材料。预制件材料为 QT600-3(229~302HBW),与 HT200 相比,其硬度较高。

4）分析形体。预制件为矩形工件，便于装夹。

（2）拟定加工工艺与工艺准备

1）拟定V形槽铣削加工的工序过程。根据图样的精度要求，本例可在立式铣床上用立铣刀铣削加工，也可在卧式铣床上用双角铣刀铣削。现选择在卧式铣床上铣削，V形槽铣削加工工序过程：检验预制件→安装、找正机用虎钳→工件表面划出窄槽对刀线→装夹、找正工件→安装锯片铣刀→对刀、试切预检→铣削窄槽→换装双角铣刀→垂向深度对刀→铣削V形槽→V形槽铣削工序的检验。

2）铣床选择。选用X6132型卧式铣床或类同的卧式铣床。

3）选择工件装夹方式。采用机用虎钳装夹，工件以侧面和底面作为定位基准。

4）选择刀具。根据图样给定的V形槽基本尺寸，选择直径为100mm，宽度为3mm的锯片铣刀铣削中间窄槽；选择外径为100mm，角度为90°对称双角铣刀铣削V形槽。

5）选择检验测量方法。V形槽的槽口宽度用游标卡尺和钢直尺测量，槽形角用游标万能角度尺测量，对称度误差的测量与直角槽的对称度误差测量类似，用指示表借助标准圆棒测量，中间窄槽用游标卡尺测量。

2. V形槽铣削加工

（1）加工准备

1）预制件检验。用千分尺检验预制件的平行度和尺寸，测得宽度的实际尺寸为48.08～48.12mm。用直角尺测量侧面与底面的垂直度误差，选择垂直度较好的侧面、底面作为定位基准。

2）安装、找正机用虎钳。安装机用虎钳，并找正定钳口与工作台纵向平行。

3）划线、装夹工件。在工件表面划直槽位置参照线。划线时，可将工件与划线平板贴合，划线尺高度为（48 - 3）mm/2 = 22.5mm，用翻身法划出两条参照线。工件装夹时，注意侧面、底面与机用虎钳定位面之间的清洁度。

4）安装铣刀。铣削中间窄槽时，应安装锯片铣刀，并用指示表检测轴向圆跳动误差在0.05mm以内；铣削V形槽换装对称双角铣刀。

5）选择铣削用量。按工件材料（QT600-3）和铣刀参数选择铣削用量，铣削中间窄槽时，因此材料比HT200硬度高，故选择并调整铣削用量$n = 47.5$r/min（$v ≈ 14.9$m/min），$v_f = 23.5$mm/min；铣削V形槽时，因铣刀容屑槽浅，刀尖强度低，故选用较低铣削用量数值，调整铣削用量$n = 60$r/min（$v ≈ 18$m/min），$v_f = 47.5$mm/min。

（2）铣削V形槽

1）铣削中间窄槽。

①铣削中间窄槽时，按工件表面划出的对称槽宽参照线横向对刀的具体操作方法，与T形槽直槽的铣削方法相同。本例也可用换面对刀法对刀。具体操作是，工件第一次铣出切痕后，将工件回转180°，以另一侧面定位再次铣出切痕，目

测两切痕是否重合，如有偏差，按偏差的一半微量调整工作台横向，直至两切痕重合。

② 按垂向表面对刀的位置，垂向上升 16mm 铣削中间窄槽。铣削时，由于深度余量比较大，应注意锁紧横向，并应用手动进给铣削。窄槽铣削完毕后，应用游标卡尺对槽深、槽宽、对称度进行预检。

2）铣削 V 形槽，如图 3-33 所示。

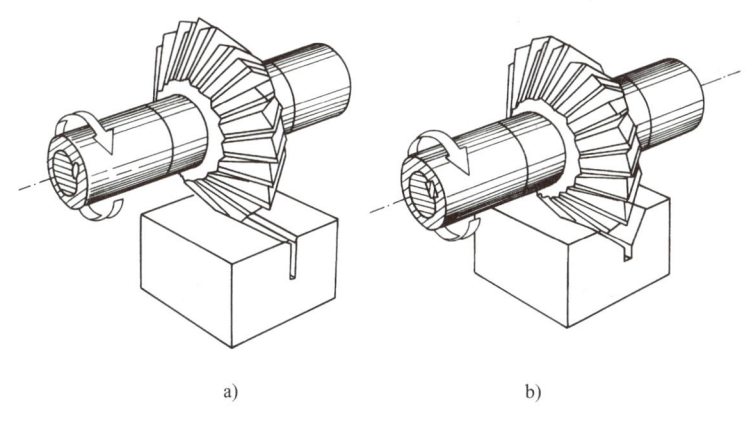

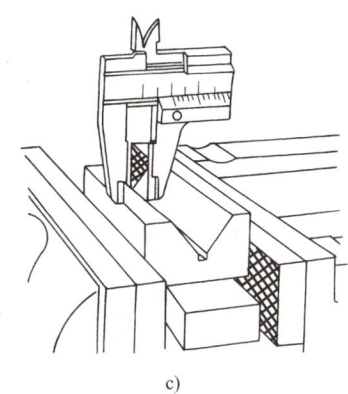

图 3-33　铣削 V 形槽

a）槽口切痕对刀　b）铣削 V 形槽示意　c）初测对称度

① 换刀。换装对称双角铣刀，在不影响横向移动的前提下，铣刀尽可能靠近机床主轴，以增强刀杆的刚度。

② 对刀。对刀时，目测使铣刀刀尖处于窄槽中间，垂向上升，使铣刀在窄槽槽口铣出切痕；微量调整横向，使铣出的两切痕相等，此时窄槽已与双角铣刀中间平面对称。同时，当铣刀锥面刃与槽口恰好接触时，可作为垂向对刀记号位置，如图 3-33a 所示。

③ 计算 V 形槽深度。根据 V 形槽槽口的宽度尺寸 B 和槽形角 α，以及中间窄槽的宽度 b，计算 V 形槽的深度 H。

$$H = \frac{B-b}{2} \times \cot\frac{\alpha}{2} = \frac{28\text{mm}-3\text{mm}}{2} \times \cot\frac{90°}{2} = 12.5\text{mm}$$

④ 粗铣。根据垂向对刀记号，垂向余量 12.5mm 分三次粗铣、一次精铣，余量分配为 5mm、4mm、2.5mm、1mm。粗铣 V 形槽，在一次粗铣后，应用游标卡尺测量槽的对称度，如图 3-33b、c 所示。

⑤ 预检。在第二次粗铣后，松夹取下工件，在测量平板上预检槽的对称度，如图 3-34 所示。测量时应以工件的两个侧面为基准，在 V 形槽内放入标准圆棒，用指示表测出圆棒的最高点，然后将工件翻转 180°，再用指示表测量圆棒最高点，若示值不一致，须按示值差的一半调整工作台横向进行试铣，直至符合对称度要求。

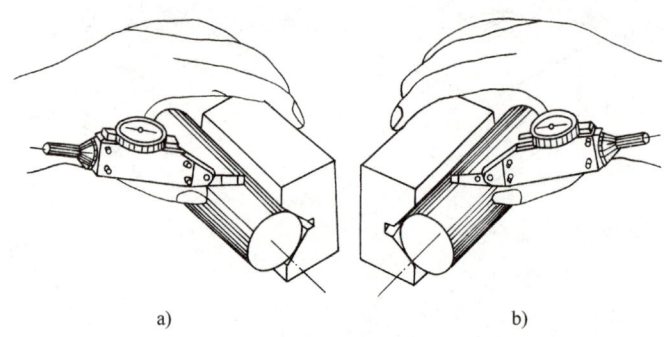

图 3-34　用指示表和标准圆棒测量 V 形槽对称度

a）测圆棒最高点　b）翻转 180° 再测圆棒最高点误差

⑥ 精铣。对称度调整好以后，按精铣余量上升工作台，精铣 V 形槽，此时，主轴转速可提高一个档次，进给速度降低一个档次，以提高表面质量。

3. V 形槽铣削加工的检验与质量分析要点

（1）V 形槽铣削加工的检验

1）V 形槽对称度的检验与预检方法相同，与侧面的平行度也可采用类似方法，只是测量点在标准圆棒的两端最高点。窄槽宽度和深度、V 形槽槽口宽度均用游标卡尺测量，表面粗糙度用目测比较检验。

2）V 形槽槽形角的测量。如图 3-35a 所示，可用游标万能角度尺测出半个槽形角为 45°，然后用刀口形直角尺测量槽形角（见图 3-35b）。这种方法能测得槽形角度的对称性。

（2）V 形槽铣削加工的质量要点分析

1）V 形槽槽口宽度尺寸超差的主要原因可能有工件上平面与工作台面不平行、工件夹紧不牢固致使铣削过程中工件底面基准脱离定位面等。

2）V 形槽对称度误差超差的原因可能有双角铣刀槽口对刀不准确、预检测量不准确、精铣时工件重新装夹有误差等。

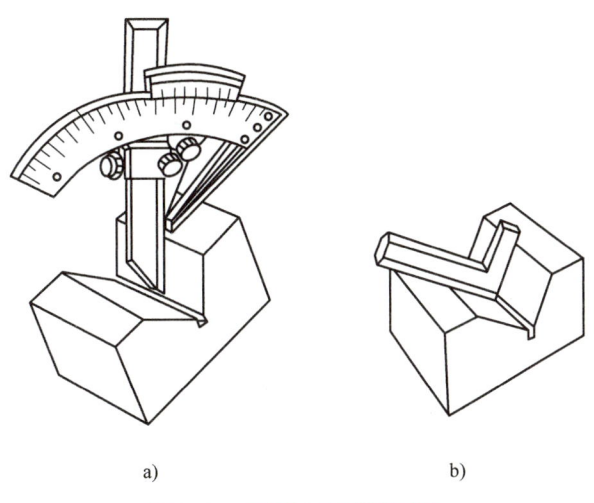

图 3-35 测量 V 形槽槽形角

a）测量槽形半角　b）测量槽形角

3）V 形槽与工件侧面不平行的原因可能有机用虎钳定钳口与纵向不平行、铣削时机用虎钳微量位移、工件多次装夹时侧面与机用虎钳定位面之间有毛刺和脏物等。

4）V 形槽槽形角误差大和角度不对称的原因可能有铣刀角度不准确或不对称、工件上平面未找正、机用虎钳夹紧时工件向上抬起等。

5）V 形槽侧面粗糙度超差的主要原因有铣刀刃磨质量差、铣刀刀杆弯曲引起铣削振动等。

技能训练 6　燕尾槽与燕尾块的加工

重点与难点：重点掌握燕尾槽、块铣削加工步骤和方法；难点为燕尾宽度控制与测量。

1. 燕尾槽和燕尾块铣削加工工艺准备

铣削加工图 3-36 所示的燕尾槽和燕尾块零件，须按以下步骤进行工艺准备。

（1）分析图样

1）分析加工精度。

① 燕尾槽最小宽度为 25mm，深为 8mm，标准圆棒直径为 6mm 时，测量尺寸 l 为 $17.848_{0}^{+0.13}$ mm；燕尾块的最小宽度、深度基本尺寸与燕尾槽相同，标准圆棒直径为 6mm 时，测量尺寸 l_1 为 $41.392_{-0.16}^{0}$ mm。燕尾槽与燕尾块的槽形角为 60°。

② 燕尾槽和燕尾块对尺寸为 50mm 的侧面外形的对称度公差为 0.15mm。

③ 预制件是尺寸为 60mm×50mm×45mm 的矩形工件。

2）分析表面粗糙度。燕尾槽和燕尾块加工表面粗糙度值为 $Ra6.3\mu m$，在铣床上铣削加工能达到要求。

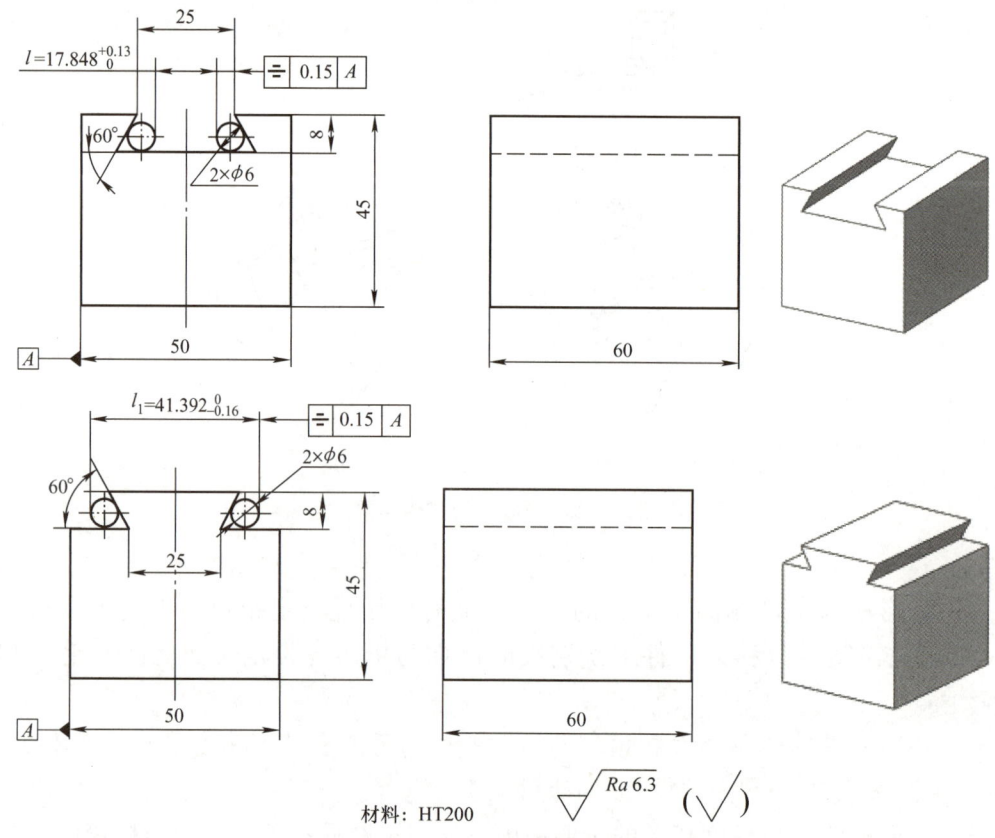

图 3-36 燕尾槽和燕尾块零件

3）分析材料。预制件的材料为 HT200，其切削性能较好。

4）分析形体。预制件为矩形工件，便于装夹。

（2）拟定加工工艺与工艺准备

1）拟定燕尾槽（燕尾块）铣削的加工工序过程。根据图样的精度要求，本例宜在立式铣床上用立铣刀铣削加工直角槽（双阶台）后，用燕尾槽铣刀铣削燕尾槽（块）。燕尾槽（块）铣削加工工序过程：检验预制件→安装、找正机用虎钳→工件表面划出直角槽（双阶台）对刀线→装夹、找正工件→安装立铣刀→对刀、试切预检→铣削直角槽（双阶台）→换装燕尾槽铣刀→垂向深度对刀→铣削燕尾槽（块）一侧并预检→铣削燕尾槽（块）另一侧并预检→燕尾槽（块）铣削工序的检验。

2）选择铣床。选用 X5032 型立式铣床或类同的立式铣床。

3）选择工件装夹方式。采用机用虎钳装夹，工件以侧面和底面作为定位基准。

4）选择刀具。根据图样给定的燕尾槽基本尺寸，选择直径为 20mm 的立铣刀铣削中间直角槽（双阶台）；选择外径为 25mm，角度为 60° 燕尾槽铣刀铣削燕尾槽（块）。

5）选择检验测量方法。燕尾槽（块）的槽口宽度用千分尺借助标准圆棒测量，对称度误差的测量与V形槽的对称度测量类似，用指示表借助标准圆棒测量。燕尾槽（块）的深度用游标卡尺测量。

2. 燕尾槽（块）铣削加工

（1）加工准备

1）检验预制件。用千分尺检验预制件的平行度和尺寸，测得宽度的实际尺寸为50.02～50.08mm。用直角尺测量侧面与底面的垂直度误差，选择垂直度较好的侧面、底面作为定为基准。

2）安装、找正机用虎钳。安装机用虎钳，并找正定钳口与工作台纵向平行。

3）划线、装夹工件。在工件表面划直角槽（双阶台）位置参照线。划线时，可将工件与划线平板贴合，划线尺高度燕尾槽直角槽为（50−25）mm/2 = 12.5mm，燕尾块双阶台为（50−25−2×8×cot60°）mm/2 = 7.88mm。用翻身法划出两条参照线。工件装夹时，注意侧面、底面与机用虎钳定位面之间的清洁度。

4）安装铣刀。铣削中间直角槽（双阶台），安装立铣刀；铣削燕尾槽（块）换装燕尾槽铣刀。

5）选择铣削用量。按工件材料（HT200）和铣刀参数，铣削直角槽（双阶台）时，因铣削余量少，材料硬度不高，选择并调整铣削用量 n = 235r/min（v ≈ 14.8m/min），v_f = 30mm/min；铣削燕尾槽（块）时，因铣刀容屑槽浅、颈部细、刀尖强度差，故应选用较低铣削用量，调整铣削用量 n = 190r/min（v ≈ 15m/min），v_f = 23.5mm/min。

（2）铣削燕尾槽（块）

1）铣削直角槽（双阶台）。

① 铣削直角槽时，应按工件表面划出的对称槽宽参照线横向对刀，具体操作方法与T形槽直槽铣削方法相同。槽侧与工件侧面的尺寸为12.525mm，铣削时可分粗、精铣，以提高直角槽的铣削精度。

② 铣削双阶台时，应按工件表面划出的对称阶台宽度参照线横向对刀。具体操作方法与双阶台铣削方法相同。阶台宽度的尺寸为（25+2×8×cot60°）mm = 34.24mm，阶台侧面与工件侧面的尺寸为（50.05−34.24）mm/2 = 7.905mm，或50.05mm − 7.905mm = 42.145mm，用于控制阶台对工件侧面的对称度。

2）铣削燕尾槽（块）

① 燕尾槽的铣削步骤如下：

a. 铣削直角槽后换装燕尾槽铣刀，考虑铣刀的刚度，刀柄不应伸出过长。

b. 槽深对刀时，目测使燕尾槽铣刀与直角槽中心大致对准，垂向上升工作台，使铣刀端面刃齿与工件直角槽底接触，并调整槽深为8.10mm。

c. 铣削燕尾槽一侧时（见图3-37a），先使铣刀刀尖恰好擦到工件直角槽一侧，然后按偏移量 s 调整横向，偏移量 s 与槽深 h 和槽形角有关。本例为

$$s = h\cot\alpha = (8.10 \times \cot 60°)\text{mm} = 4.676\text{mm}$$

铣削槽一侧时，应将余量分为粗精加工，粗铣余量为 2.5mm、1.5mm，然后进行预检，如图 3-37b 所示。放入直径为 6mm 的标准圆棒后，工件侧面至一侧圆棒的尺寸为（50.05 − 17.91）mm/2 = 16.07mm。

d. 铣削燕尾槽另一侧时（见图 3-37c），应按侧面粗、精铣方法，逐步铣削至槽宽测量尺寸 $17.848_{0}^{+0.13}$ mm 范围内。

铣削过程中应注意不能采用顺铣，以免折断铣刀。

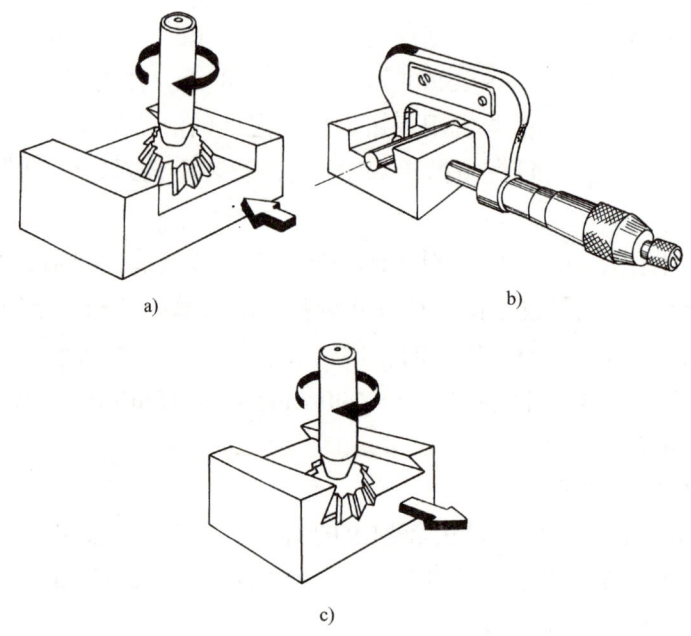

图 3-37 铣削燕尾槽

a）铣削槽一侧　b）预检　c）铣削槽另一侧

② 燕尾块的铣削步骤：

a. 铣削双阶台后换装燕尾槽铣刀，考虑铣刀的刚度，刀柄不应伸出过长。

b. 燕尾块高度对刀时，使铣刀端面刃与阶台底面恰好接触，并调整高度尺寸为 7.9mm。

c. 铣削燕尾块一侧时（见图 3-38a），侧面对刀使铣刀刀尖恰好擦到阶台侧面，然后按 s 值分粗、精铣铣削。粗铣后，应进行预检（见图 3-38b），按工件侧面实际尺寸和燕尾块宽度测量尺寸，逐步达到精铣测量尺寸（50.05 + 41.31）mm/2 = 45.68mm。

d. 铣削燕尾块另一侧时（见图 3-38c），应按侧面粗、精铣方法，逐步铣削至燕

尾块宽度测量尺寸 $41.392_{-0.16}^{0}$ mm 范围内。

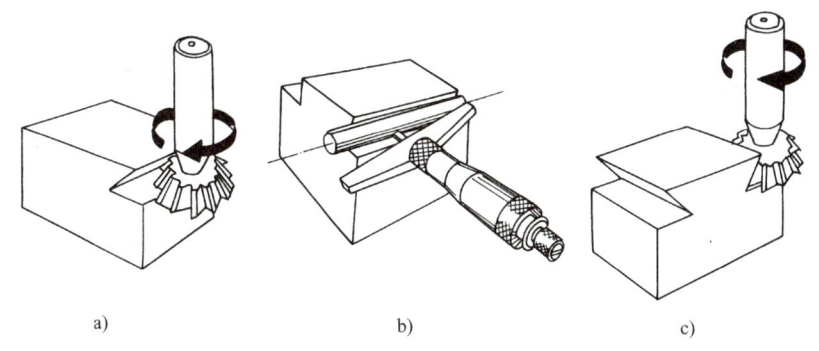

图 3-38　铣削燕尾块
a）铣削一侧　b）预检　c）铣削另一侧

3. 燕尾槽（块）铣削加工的检验与质量要点分析

（1）燕尾槽（块）铣削加工的检验

1）燕尾槽（块）对称度的检验与 V 形槽测量方法相仿，与侧面的平行度的检验也可采用类似方法，只是测量点在标准圆棒的两端最高点。表面粗糙度用目测方法比较检验。

2）用游标万能角度尺测量燕尾槽槽形角。由几何关系可知，采用这种测量方法，只要保证槽底与工件上平面平行，测得的角度即为槽形角。用内径千分尺和外径千分尺测量燕尾槽和燕尾块的宽度时，注意标准圆棒的精度、圆棒与槽侧面是否贴合良好。本例选用 $\phi 6$mm 标准圆棒时，燕尾槽 l 值应在 17.848～17.861mm 范围内，燕尾块 l_1 值应在 41.232～41.392mm 范围内。测量操作如图 3-15、图 3-16 所示。

（2）燕尾槽（块）铣削加工的质量分析要点

1）燕尾槽（块）宽度尺寸超差的主要原因可能有标准圆棒精度差、测量操作不准确（特别是在用内径千分尺测量槽宽尺寸 l 时）、横向调整操作失误等。

2）燕尾槽（块）对称度超差原因可能有尺寸计算错误、铣削一侧调整对称度时预检测量不准确、横向调整操作失误等。

3）燕尾槽（块）与工件侧面不平行的原因可能有机用虎钳定钳口与纵向不平行、工件多次装夹时侧面与机用虎钳定位面之间有飞边或脏物、工件两侧面平行度误差大。

4）燕尾槽（块）槽形角角度误差大的原因可能有铣刀角度选错或角度不准确。

5）燕尾槽（块）侧面表面粗糙度超差的主要原因有铣刀刃磨质量差、铣刀安装刀柄伸出较长引起铣削振动、铣削余量分配不合理和铣削用量选用不适当等。

Chapter 4

项目 4 分度头和回转工作台的应用

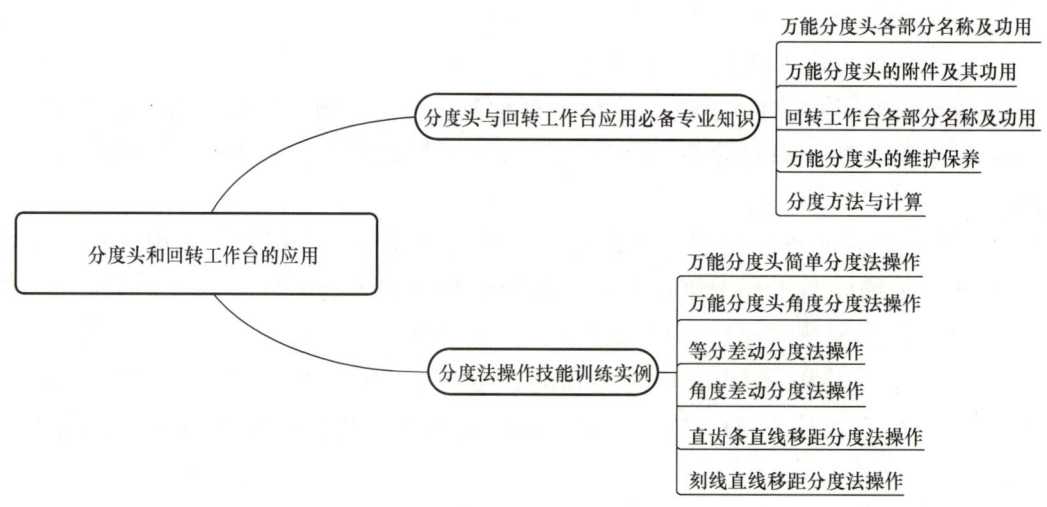

4.1 分度头与回转工作台应用必备专业知识

4.1.1 万能分度头各部分名称及功用

1. 分度头的种类

分度头是铣床的附件之一,许多机械零件(如外花键、牙嵌离合器、齿轮等)在铣削时,需要利用分度头进行圆周分度,才能铣出等分的齿槽。在铣床上使用的分度头有万能分度头、半万能分度头和等分分度头3种,其型号、技术规格见表4-1、表4-2。

项目 4 分度头和回转工作台的应用

表 4-1　分度头型号及技术规格

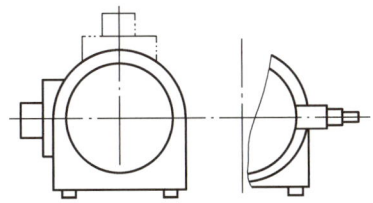

产品名称	型号	原型号	中心高/mm	主轴锥孔锥度号（莫氏）	主轴锥孔大端直径/mm	主轴法兰盘定位短锥直径/mm	蜗杆副传动比
万能分度头	F1180	FW80	80	3号	23.825	36.541	40
	F11125	FW125	125	4号	31.267	53.975	
	F11160	FW160	160	4号	31.267	53.975	
	F11100A		100	3号	23.825	41.275	
	F11125A		125				
	F11160A		160	4号	31.267	53.975	
半万能分度头	F1280	FB80	80	3号	23.825	36.541	40
	F12100	FB100	100			41.275	
	F12125	FB125	125				
	F12160	FB160	160	4号	31.267	53.975	

产品名称	主轴水平位置升降角	定位键宽度/mm	配套卡盘型号	分度精度 普通	分度精度 精密	重复精度 普通	重复精度 精密	外形尺寸/（长/mm × 宽/mm × 高/mm）	净重/kg
万能分度头	−6°～+90°	14		1′				334×334×147	36
		18						416×373×209	80
								477×477×260	125
		14	K11125		±1′		±45″	410×375×190	67
		18	K11160					470×330×225	119
			K11260					470×330×260	125
半万能分度头		14		1′				317×206×147	27
								389×251×186	57
		18						477×318×225	88
								477×318×260	95

表 4-2 等分分度头型号及技术规格

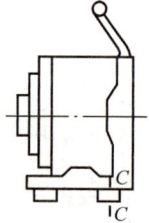

产品名称	型号	原型号	中心高 /mm	主轴锥孔锥度号（莫氏）	主轴锥孔大端直径 /mm	可等分数	工作台直径 /mm
立卧等分分度头	F43125A	FNL125A	125	4号	31.267	2、3、4	
	F43160A	FNL160A	160			6、8	
	F43160	FNL160				12、24	
	F43100C	FNL100C	100	3号	23.825	2、3、4、6	125
	F43125C	FNL125C	125	4号	31.267	8、12、24	160
	F43160C	FNL160C	160				200

产品名称	立时轴肩面至底面高度 /mm	主轴法兰盘定位短锥直径 /mm	定位键宽度 /mm	配套卡盘型号	分度精度	外形尺寸/（长/mm×宽/mm×高/mm）	净重 /kg
立卧等分分度头		53.975	18	K11160	2′	245×185×225	75
				K11200		245×185×257	87
						300×265×180	92
				螺钉槽宽度 /mm			
	<125	41.275	14	14	1′	153.5×275×178.5	67
	<150	53.975	18	18		172×282×222.5	
						172×282×262.5	

目前常用的万能分度头型号有 F11100A、F11125A、F11160A 等。

2. 万能分度头的主要功用

1）能够将工件作任意的圆周等分，或通过交换齿轮作直线移距分度。

2）能在 −6°~+90° 的范围内，将工件轴线装夹成水平、垂直或倾斜的位置。

3）能通过交换齿轮，使工件随分度头主轴旋转和工作台直线进给，实现等速螺旋运动，用以铣削螺旋面和等速凸轮的型面。

3. 万能分度头的外形结构与传动系统

F11125 型万能分度头在铣床上较常使用，其主要结构和传动系统如图 4-1 所示。

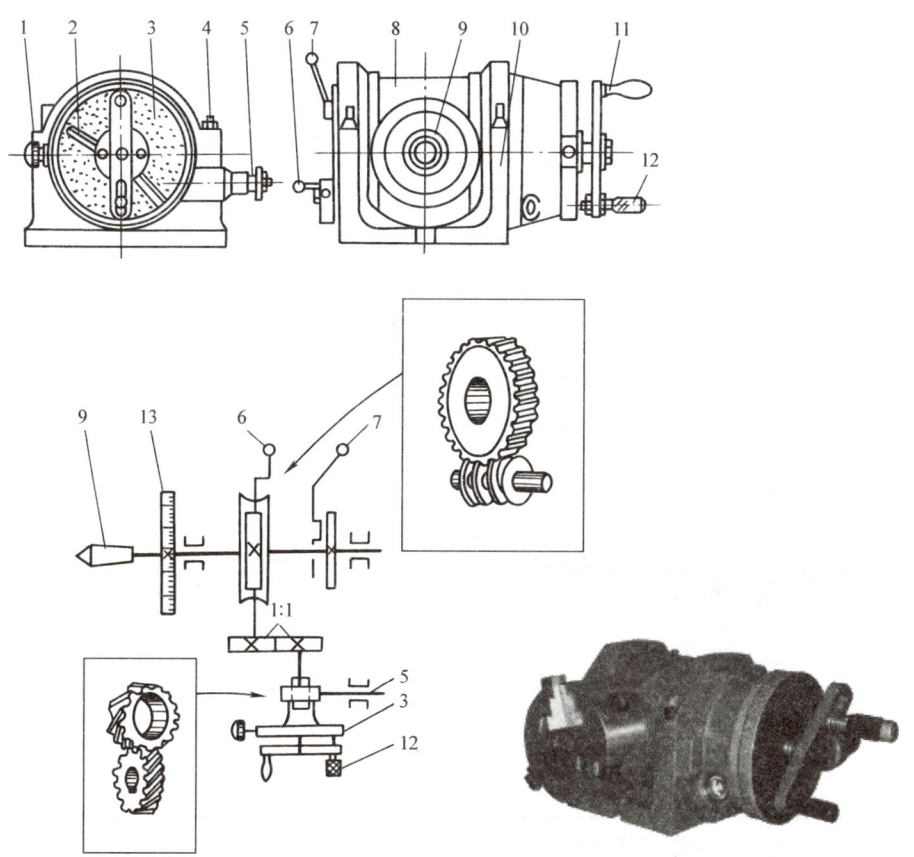

图 4-1 F11125 型万能分度头的主要结构和传动系统

1—孔盘紧定螺钉 2—分度叉 3—孔盘 4—螺母 5—交换齿轮轴 6—蜗杆脱落手柄
7—主轴锁紧手柄 8—回转体 9—主轴 10—基座 11—分度手柄 12—分度定位销 13—刻度盘

分度头主轴 9 是空心的，两端均为莫氏 4 号内锥孔，前端锥孔用于安装顶尖或锥柄心轴，后端锥孔用于安装交换齿轮轴，作为差动分度、直线移距及加工小导程螺旋面时安装交换齿轮之用。主轴的前端外部有一段定位锥体，用于自定心卡盘连接盘的安装定位。

装有分度蜗轮的主轴安装在回转体 8 内，可随回转体在分度头基座 10 的环形导轨内转动。因此，主轴除安装成水平位置外，还可在 −6°～+90° 范围内任意倾斜，调整角度前应松开基座上部靠主轴后端的两个螺母 4，调整之后再予以紧固。主轴的前端固定着刻度盘 13，可与主轴一起转动。刻度盘上有 0°～360° 的刻度，可作分度之用。

孔盘（又称分度盘）3 上有数圈在圆周上均布的定位孔，在孔盘的左侧有一颗孔盘紧定螺钉 1，用以紧固孔盘或微量调整孔盘。在分度头的左侧有两个手柄：一个是主轴锁紧手柄 7，在分度时应先松开，分度完毕后再锁紧；另一个是蜗杆脱落手柄 6，它可使蜗杆和蜗轮脱开或啮合。蜗杆和蜗轮的啮合间隙可用偏心套调整。

在分度头右侧有一个分度手柄 11，转动分度手柄时，通过一对转动比为 1∶1 的斜齿圆柱齿轮及一对传动比为 1∶40 的蜗杆副使主轴旋转。此外，分度盘右侧还有一根安装交换齿轮用的交换齿轮轴 5，它通过一对速比为 1∶1 的交错轴斜齿轮副和空套在分度手柄轴上的分度盘相联系。

分度头基座 10 下面的槽里装有两块定位键，可与铣床工作台面的 T 形槽直槽相配合，以便在安装分度头时，使主轴轴线准确地平行于工作台的纵向进给方向。

4.1.2　万能分度头的附件及其功用

（1）孔盘　F11125 型万能分度头备有两块孔盘，正、反面都有数圈均布的孔圈，常用孔盘的孔圈数见表 4-3。

表 4-3　孔盘的孔圈数

盘块面	盘的孔圈数
第一块盘	正面：24、25、28、30、34、37、38、39、41、42、43 反面：46、47、49、51、53、54、57、58、59、62、66
带两块盘	第一块正面：24、25、28、30、34、37 反面：38、39、41、42、43 第二块正面：46、47、49、51、53、54 反面：57、58、59、62、66

使用孔盘可以解决分度手柄不是整转数的分度，进行一般的分度操作。

（2）分度叉　在分度时，为了避免每分度一次都要计孔数，可利用分度叉来计数，如图 4-2 所示。

松开分度叉紧定螺钉，可任意调整两叉之间的孔数，为了防止分度手柄带动分度叉转动，用弹簧片将它压紧在孔盘上。分度叉两叉之间的实际孔数，应比所需的孔距数多一个，因为第一个孔是作起始孔而不计数的。图 4-2 所

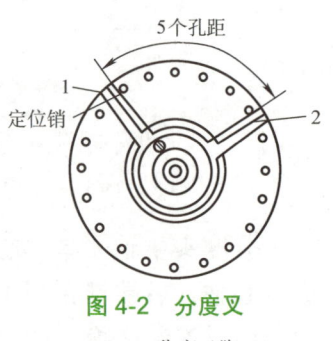

图 4-2　分度叉

1、2—分度叉脚

示为每分度一次摇过5个孔距的情况。

（3）前顶尖、拨盘和鸡心卡头　前顶尖、拨盘和鸡心卡头如图4-3所示，是用作支承和装夹较长工件的。使用时，先卸下自定心卡盘，将带有拨盘的前顶尖（见图4-3a）插入分度头主轴锥孔中。图4-3b所示为拨盘，用来带动鸡心卡头和工件随分度头主轴一起转动。图4-3c所示为鸡心卡头，工件可插在孔中用螺钉紧固。

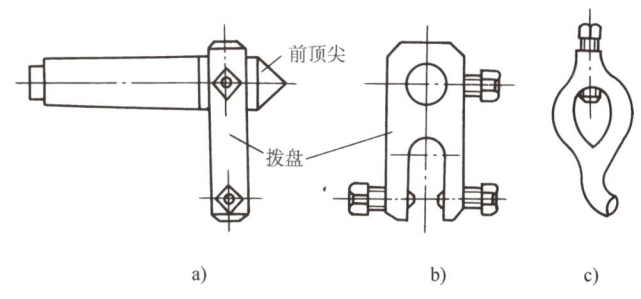

图 4-3　前顶尖、拨盘和鸡心卡头

a）前顶尖　b）拨盘　c）鸡心卡头

（4）自定心卡盘（见图4-4）　自定心卡盘通过连接盘安装在分度头主轴上，用来装夹工件，当扳手方榫插入小锥齿轮2的方孔1内转动时，小锥齿轮2就带动大锥齿轮3转动。大锥齿轮的背面有一平面螺纹4，与三个卡爪5上的牙齿啮合。因此，当平面螺纹转动时，三个卡爪就能同步进出移动。

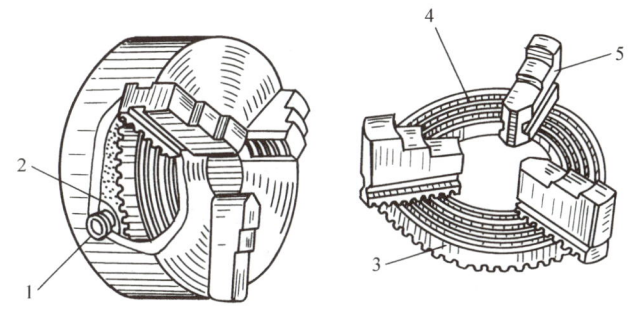

图 4-4　自定心卡盘

1—方孔　2—小锥齿轮　3—大锥齿轮　4—平面螺纹　5—卡爪

（5）尾座　尾座与分度头联合使用，一般用来支承较长的工件，如图4-5所示。在尾座上有一个顶尖，和装在分度头上的前顶尖或自定心卡盘一起支承工件或心轴。转动尾座手轮，可使后顶尖进出移动，以便装卸工件。后顶尖可以倾斜一个不大的角度，同时顶尖的高低也可以调整。尾座下有两个定位键，用来保持后顶尖轴线与纵向进给方向一致，并和分度头轴线在同一直线上。

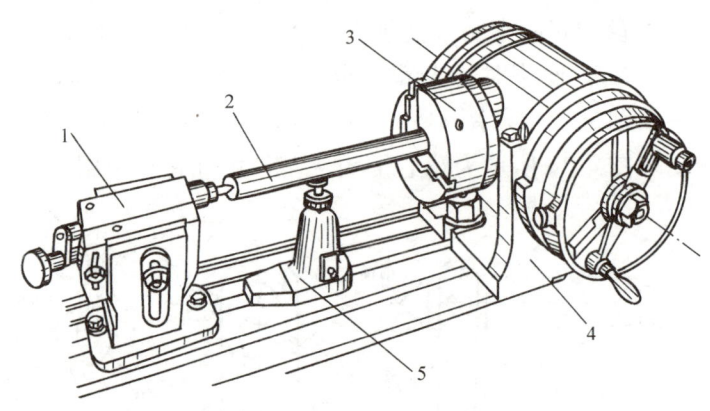

图 4-5　分度头及其附件装夹工件的方法

1—尾座　2—工件　3—自定心卡盘　4—分度头　5—千斤顶

（6）千斤顶　为了使细长轴在加工时不发生弯曲、颤动，在工件下面可以支承千斤顶，分度头附件千斤顶的结构如图 4-6 所示。转动螺母 2 可使螺杆 1 上下移动。锁紧螺钉 4 是用来紧固螺杆的。千斤顶座 3 具有较大的支承底面，以保持千斤顶的稳定性。

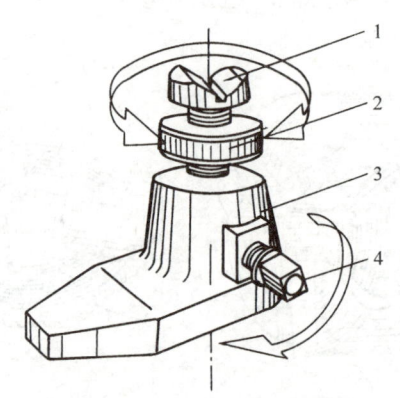

图 4-6　分度头附件千斤顶的结构

1—螺杆　2—螺母　3—千斤顶座　4—锁紧螺钉

（7）交换齿轮轴、交换齿轮架和交换齿轮

1）交换齿轮轴　装入分度头主轴孔内的交换齿轮轴如图 4-7a 所示，装在交换齿轮架上的齿轮轴如图 4-7b 所示。

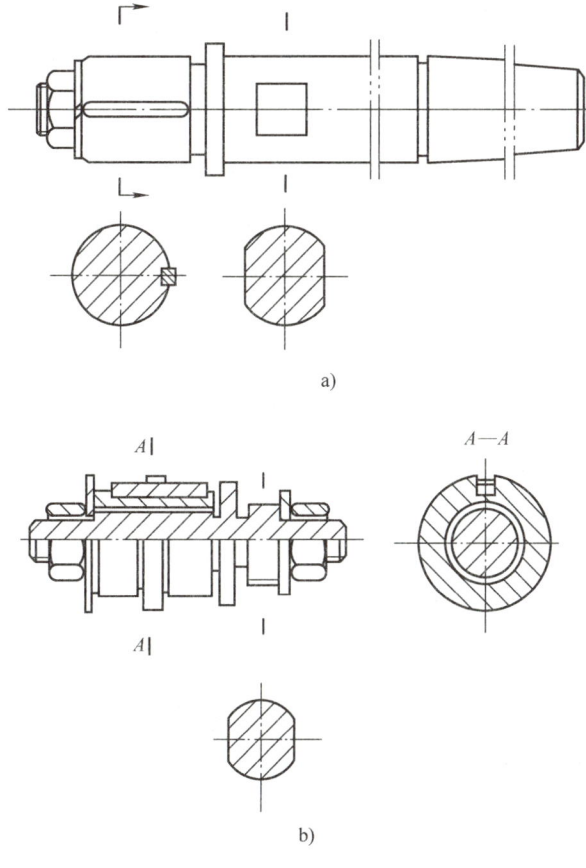

图 4-7 分度头交换齿轮轴

2)交换齿轮架 安装于分度头侧轴上,用于安装交换齿轮轴及交换齿轮,如图 4-8 所示。

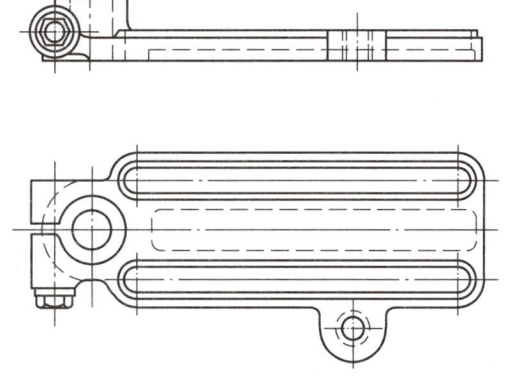

图 4-8 分度头交换齿轮架

3）交换齿轮　分度头上的交换齿轮，用来做直线移距、差动分度及铣削螺旋槽等工件。F11125 型万能分度头有一套 5 的倍数的交换齿轮，即齿数分别为 25、25、30、35、40、50、55、60、70、80、90、100，共 12 只齿轮。

4.1.3　回转工作台各部分名称及功用

1. 回转工作台的种类

回转工作台简称转台，其主要功用是铣削圆弧曲线外形、平面螺旋槽和分度。回转工作台有机动回转工作台、手动回转工作台、立卧回转工作台、可倾回转工作台和万能回转工作台等多种类型。常用的是立轴式手动回转工作台（见图 4-9）和机动回转工作台（见图 4-10），又称机动手动回转工作台。常用回转工作台的型号有 T12160、T12200、T12250、T12320、T12400、T12500 等，机动回转工作台型号有 T11160 等。

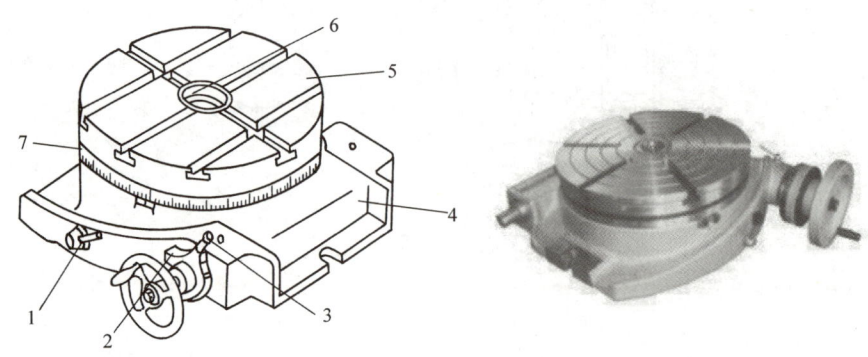

图 4-9　手动回转工作台

1—锁紧手柄　2—偏心套锁紧螺钉　3—偏心销　4—底座　5—工作台
6—定位圆台阶孔与锥孔　7—刻度圈

2. 回转工作台的外形结构和传动系统

图 4-9 中，回转工作台 5 的台面上有数条 T 形槽，供装夹工件和辅助夹具穿装 T 形螺栓用，工作台的回转轴上端有定位圆台阶孔与锥孔 6，工作台的周边有 360° 的刻度圈，在底座 4 前面有 0 刻度线，供操作时观察工作台的回转角度。

底座前面左侧的锁紧手柄 1，可锁紧或松开回转工作台。使用机床工作台作直线进给铣削时，应锁紧回转工作台，使用回转工作台作圆周进给进行铣削或分度时，应松开回转工作台。

底座前面右侧的手轮与蜗杆同轴联接，转动手轮使蜗杆旋转，从而带动与回转工作台主轴联接的蜗轮旋转，以实现装夹在工作台上的工件作圆周进给和分度运动。手轮轴上装有刻度盘，若蜗轮是 90 齿，则刻度盘一周为 4°，每一格的示值为 $4°/n$，n 为刻度盘的刻度格数。

偏心销3与穿装蜗杆的偏心套联接，如松开偏心套锁紧螺钉2，使偏心销3插入蜗杆副啮合定位槽或脱开定位槽，可使蜗、轮蜗杆处于啮合或脱开位置。当蜗轮、蜗杆处于啮合位置时应锁紧偏心套，处于脱开位置时，可直接用手推动回转工作台旋转至所需要位置。

图4-10中，机动回转工作台与手动回转工作台的结构基本相同，主要区别是能利用万向联轴器5，由机床传动装置通过传动齿轮箱6带动传动轴使回转工作台旋转，不需要机动时，将离合器手柄处于中间位置，直接转动手轮作手动操作。作机动操作时，逆时针扳动或顺时针扳动离合器手柄，可使回转工作台获得正、反方向的机动旋转。在回转工作台的圆周中部圈槽内装有挡铁7，调节挡铁的位置，可利用挡铁7推动离合器手柄拨块4，使机动旋转自动停止，用以控制圆周进给的角位移行程位置。

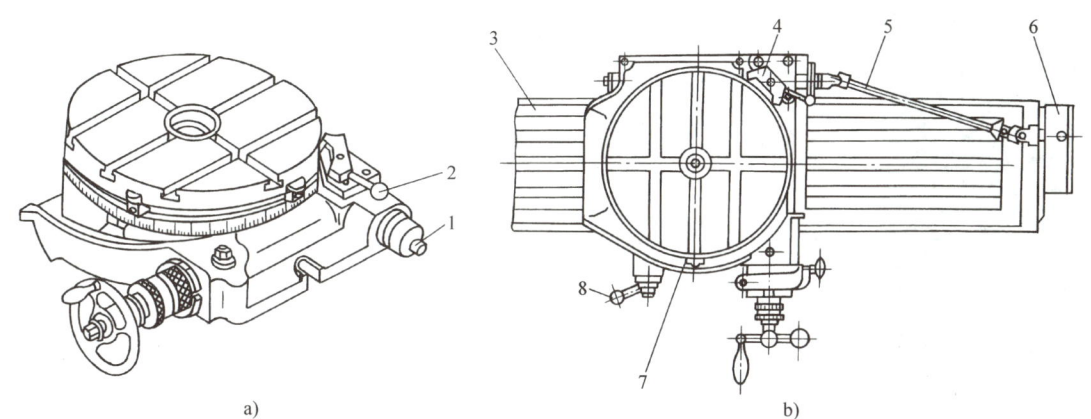

图4-10 机动回转工作台

a）外形 b）机动传动装置

1—传动轴 2—离合器手柄 3—机床工作台 4—离合器手柄拨块 5—万向联轴器
6—传动齿轮箱 7—挡铁 8—锁紧手柄

3. 回转工作台的主要参数

回转工作台的主要参数包括工作台面直径、工作台锥孔锥度、传动比、蜗杆副模数等。常用型号的回转工作台的主要参数见表4-4。

4.1.4 万能分度头的维护保养

（1）避免碰撞 万能分度头在安装、搬运和存放时，应避免碰撞。底平面是分度头的安装基准面，应保持清洁，避免划伤和异物嵌入。在主轴孔中穿铁杆起吊分度头时，应注意在铁杆上包裹棉布，以保护主轴锥孔的精度。

（2）防止搬运碰撞 万能分度头在安装和卸下后，需要搬运移位，操作中应注意避免碰撞，防止损坏分度手柄、底面定位键等，严重的碰撞会直接影响分度头的精度。

表 4-4　常用型号的回转工作台的主要参数

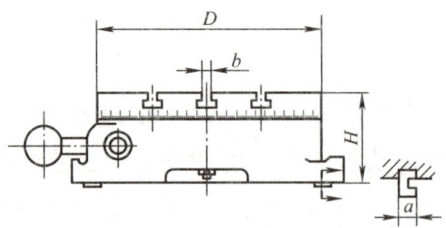

规格		手动	T12160	T12200	T12250	T12320	T12400	T12500	T12630	T12800	T121000
		机动				T11320	T11400	T11500	T11630	T11800	T111000
工作台直径 D/mm			160	200	250	320	400	500	630	800	1000
高度 H 不大于 / mm	平式		100	120		140		160		250	
	倾斜式		160	180	210	260	300				
工作台锥孔锥度（莫氏圆锥）			3			4		5		6	
定位块宽度 a/mm			14			18			22		
工作台面上T形槽宽度 b/mm	中央槽（H9 公差）		12			14		18		22	
	边槽（H12 公差）		12			14		18		22	
传动比	平式		1∶60			1∶90			1∶120		
	倾斜式		1∶60								
蜗杆副模数 / mm	平式		2			2.5		3		5	
	倾斜式		1.5		2		3				

注：精度较高的回转工作台，分度误差可不大于 60″。

（3）规范使用方法

1）合理使用主轴锁紧手柄，防止蜗轮损坏。在分度时，应松开分度头主轴的锁紧手柄，在铣削加工时，一般的等分操作后应紧固分度头主轴锁紧手柄，在铣削加工螺旋槽等工件时，应松开锁紧手柄。

2）调整分度插销对分度盘等分孔的位置时，应注意进行仔细的对位调整，防止插销位置偏离圈孔后损坏分度孔盘。在分度操作中应防止分度插销在手柄摇动过程中弹出后拉毛分度孔盘。

3）调整分度头回转体的仰角时，应使用套筒扳手或呆扳手松开和紧固弧形压块的螺母。调整分度头回转体的仰角时，不能用锤子等敲击主轴等部位，可使用包裹棉布的铁杆等插入主轴孔轻轻撬动。

4）分度头蜗杆副的间隙和主轴轴向窜动较大时，应及时进行间隙调整，通常应有适当的反向空程，并保证主轴的回转精度和灵活性。

5）安装分度头时，应注意清洁底面和定位键的基准侧面及机床工作台T形槽的定位直槽侧面。

6）安装自定心卡盘、交换齿轮轴和顶尖等附件，应注意清洁和安装连接操作方法，避免损坏分度头上主轴内锥孔和螺纹孔等部位。

7）不准使用分度头安装超载的零件和夹具，防止过载的切削方式。

（4）注意润滑保养　分度头回转体上有主轴轴承位置的润滑油杯，在使用时应注意主轴轴承的润滑，以免干摩擦造成轴承损坏。

（5）定期清洗维护　万能分度头在使用一定的时间后，应进行拆卸清洗维护，拆卸清洗维护应请机修钳工或工具钳工配合进行。清洗维护后重新装配调整的分度头应进行精度检测后才能投入使用。

4.1.5　分度方法与计算

1. 简单分度法

简单分度法是分度中最常用的一种方法。分度时，先将分度盘固定，转动手柄使蜗杆带动蜗轮旋转，从而带动主轴和工件转过所需的度（转）数。由分度头的传动系统可知，分度手柄的转数 n 和工件圆周等分数关系如下

$$n = \frac{40}{z} \qquad (4\text{-}1)$$

式中　n——分度手柄转数（r）；

　　　z——工件圆周等分数（齿数或边数）；

　　　40——分度头定数。

为简化计算，简单分度时可参见表4-5，直接查得分度手柄转数。

表 4-5 简单分度表

工件等分数	孔盘孔数	手柄回转数	转过的孔距数	工件等分数	孔盘孔数	手柄回转数	转过的孔距数
2	任意	20	—	32	28	1	7
3	24	13	8	33	66	1	14
4	任意	10	—	34	34	1	6
5	任意	8	—	35	28	1	4
6	24	6	16	36	54	1	6
7	28	5	20	37	37	1	3
8	任意	5	—	38	38	1	2
9	54	4	24	39	39	1	1
10	任意	4	—	40	任意	1	—
11	66	3	42	41	41	—	40
12	24	3	8	42	42	—	40
13	39	3	3	43	43	—	40
14	28	2	24	44	66	—	60
15	24	2	16	45	54	—	48
16	24	2	12	46	46	—	40
17	34	2	12	47	47	—	40
18	54	2	12	48	24	—	20
19	38	2	4	49	49	—	40
20	任意	2	—	50	25	—	20
21	42	1	38	51	51	—	40
22	66	1	54	52	39	—	30
23	46	1	34	53	53	—	40
24	24	1	16	54	54	—	40
25	25	1	15	55	66	—	48
26	39	1	21	56	28	—	20
27	54	1	26	57	57	—	40
28	42	1	18	58	58	—	40
29	58	1	22	59	59	—	40
30	24	1	8	60	42	—	28
31	62	1	18	62	62	—	40

（续）

工件等分数	孔盘孔数	手柄回转数	转过的孔距数	工件等分数	孔盘孔数	手柄回转数	转过的孔距数
64	24	—	15	120	66	—	22
65	39	—	24	124	62	—	20
66	66	—	40	125	25	—	8
68	34	—	20	130	39	—	12
70	28	—	16	132	66	—	20
72	54	—	30	135	54	—	16
74	37	—	20	136	34	—	10
75	30	—	16	140	28	—	8
76	38	—	20	144	54	—	15
78	39	—	20	145	58	—	16
80	34	—	17	148	37	—	10
82	41	—	20	150	30	—	8
84	42	—	20	152	38	—	10
85	34	—	16	155	62	—	16
86	43	—	20	156	39	—	10
88	66	—	30	160	28	—	7
90	54	—	24	164	41	—	10
92	46	—	20	165	66	—	16
94	47	—	20	168	42	—	10
95	38	—	16	170	34	—	8
96	24	—	10	172	43	—	10
98	49	—	20	176	66	—	15
100	25	—	10	180	54	—	12
102	51	—	20	184	46	—	10
104	39	—	15	185	37	—	8
105	42	—	16	188	47	—	10
106	53	—	20	190	38	—	8
108	54	—	20	192	24	—	5
110	66	—	24	195	39	—	8
112	28	—	10	196	49	—	10
114	57	—	20	200	30	—	6
115	46	—	16	204	51	—	10
116	58	—	20	205	41	—	8
118	59	—	20	210	42	—	8

2. 角度分度法

角度分度法实质上是简单分度法的另一种形式，从分度头结构可知，分度手柄摇40r，分度头主轴带动工件转1r，也就是转了360°。因此，分度手柄转1r，工件转过9°，根据这一关系，可得出角度分度计算公式为

$$n = \frac{\theta°}{9°} \qquad (4\text{-}2a)$$

$$n = \frac{\theta'}{540'} \qquad (4\text{-}2b)$$

式中 θ——工件所需转过的角度（°或′）。

为简化计算，角度分度时可参见表4-6，直接查得分度手柄转数。

表4-6 角度分度表（分度头定数为40）

分度头主轴转角 (°)	(′)	(″)	孔盘孔数	转过的孔距数	折合手柄转数/r	分度头主轴转角 (°)	(′)	(″)	孔盘孔数	转过的孔距数	折合手柄转数/r
0	8	11	66	1	0.0152		18	0	30	1	0.0333
		43	62	1	0.0161			18	59	2	0.0339
	9	9	59	1	0.0169			37	58	2	0.0345
		19	58	1	0.0172			57	57	2	0.0351
		28	57	1	0.0175		19	17	28	1	0.0357
	10	0	54	1	0.0185		20	0	54	2	0.0370
		11	53	1	0.0189	0	20	22	53	2	0.0377
		35	51	1	0.0196		21	11	51	2	0.0392
	11	1	49	1	0.0204			36	25	1	0.0400
		29	47	1	0.0213		22	2	49	2	0.0408
		44	46	1	0.0217			30	24	1	0.0417
	12	34	43	1	0.0233			59	47	2	0.0426
		51	42	1	0.0238		23	29	46	2	0.0435
0	13	10	41	1	0.0244		24	33	66	3	0.0455
		51	39	1	0.0256		25	7	43	2	0.0465
	14	10	38	1	0.0263			43	42	2	0.0476
		36	37	1	0.0270		26	8	62	3	0.0484
	15	53	34	1	0.0294			21	41	2	0.0488
	16	22	66	2	0.0303		27	27	59	3	0.0508
	17	25	62	2	0.0323			42	39	2	0.0513

（续）

分度头主轴转角			孔盘孔数	转过的孔距数	折合手柄转数 /r	分度头主轴转角			孔盘孔数	转过的孔距数	折合手柄转数 /r
(°)	(′)	(″)				(°)	(′)	(″)			
		56	58	3	0.0517		44	5	49	4	0.0816
	28	25	38	2	0.0526		45	0	24	2	0.0833
			57	3	0.0526	0	45	46	59	5	0.0847
	29	11	37	2	0.0541			57	47	4	0.0851
	30	0	54	3	0.0556		46	33	58	5	0.0862
		34	53	3	0.0566			57	46	4	0.0870
	31	46	34	2	0.0588		47	22	57	5	0.0877
			51	3	0.0588			39	34	3	0.0882
	32	44	66	4	0.0606		49	5	66	6	0.0909
0	33	4	49	3	0.0612		50	0	54	5	0.0926
	34	28	47	3	0.0638			14	43	4	0.0930
		50	62	4	0.0645			57	53	5	0.0943
	35	13	46	3	0.0652		51	26	42	4	0.0952
	36	0	30	2	0.0667		52	15	62	6	0.0968
		37	59	4	0.0678			41	41	4	0.0976
	37	14	58	4	0.0690			56	51	5	0.0980
		40	43	3	0.0698		54	0	30	5	0.1000
		54	57	4	0.0702			55	59	6	0.1017
	38	34	28	2	0.0714		55	6	49	5	0.1020
			42	3	0.0714			23	39	4	0.1026
	39	31	41	3	0.0732			52	58	6	0.1034
	40	0	54	4	0.0741		56	51	38	4	0.1053
		45	53	4	0.0755				57	6	0.1053
		55	66	5	0.0758		57	16	66	7	0.1061
	41	32	39	3	0.0769			27	47	5	0.1064
	42	21	51	4	0.0784	0	57	51	28	3	0.1071
		38	38	3	0.0789		58	23	37	4	0.1081
	43	12	25	2	0.0800			42	46	5	0.1087
		33	62	5	0.0806	1	0	0	54	6	0.1111
		47	37	3	0.0811			58	62	7	0.1129

（续）

分度头主轴转角			孔盘孔数	转过的孔距数	折合手柄转数 /r	分度头主轴转角			孔盘孔数	转过的孔距数	折合手柄转数 /r
(°)	(′)	(″)				(°)	(′)	(″)			
	1	8	53	6	0.1132				49	7	0.1429
	2	47	43	5	0.1163		18	23	62	9	0.1452
	3	32	34	4	0.1176		19	1	41	6	0.1463
			51	6	0.1176			25	34	5	0.1471
	4	4	59	7	0.1186		20	0	54	8	0.1481
		17	42	5	0.1190			26	47	7	0.1489
		48	25	3	0.1200		21	31	53	8	0.1509
	5	1	58	7	0.1207			49	66	10	0.1515
		27	66	8	0.1212		22	10	46	7	0.1522
		51	41	5	0.1220			22	59	9	0.1525
	6	7	49	6	0.1224		23	5	39	6	0.1538
		19	57	7	0.1228	1	23	48	58	9	0.1552
	7	30	24	3	0.1250		24	42	51	8	0.1569
	8	56	47	6	0.1277		25	16	38	6	0.1579
	9	14	39	5	0.1282				57	9	0.1579
		41	62	8	0.1290		26	24	25	4	0.1600
	10	0	54	7	0.1296		27	6	62	10	0.1613
		26	46	6	0.1304			34	37	6	0.1622
1	10	38	38	5	0.1316			54	43	7	0.1628
	11	19	53	7	0.1321		28	10	49	8	0.1633
	12	0	30	4	0.1333		30	0	30	5	0.1667
		58	37	5	0.1351				42	7	0.1667
	13	13	59	8	0.1356				54	9	0.1667
		38	66	9	0.1364				66	11	0.1667
	14	7	51	7	0.1373		31	32	59	10	0.1695
		29	58	8	0.1379			42	53	9	0.1698
	15	21	43	6	0.1395			55	47	8	0.1702
		47	57	8	0.1404		32	12	41	7	0.1707
	17	9	28	4	0.1429		33	6	58	10	0.1724
			42	6	0.1429			55	46	8	0.1739

(续)

| 分度头主轴转角 | | | 孔盘孔数 | 转过的孔距数 | 折合手柄转数/r | 分度头主轴转角 | | | 孔盘孔数 | 转过的孔距数 | 折合手柄转数/r |
(°)	(′)	(″)				(°)	(′)	(″)			
	34	44	57	10	0.1754			43	58	12	0.2069
	35	18	34	6	0.1765		52	5	53	11	0.2075
			51	9	0.1765			30	24	5	0.2083
		48	62	11	0.1774		53	1	43	9	0.2093
1	36	26	28	5	0.1786			14	62	13	0.2097
		55	39	7	0.1795			41	38	8	0.2105
	38	11	66	12	0.1818			57	12		0.2105
	39	11	49	9	0.1837		54	33	66	14	0.2121
		28	38	7	0.1842			54	47	10	0.2128
	40	0	54	10	0.1852		55	43	28	6	0.2143
		28	43	8	0.1860				42	9	0.2143
		41	59	11	0.1864		56	28	51	11	0.2157
	41	53	53	10	0.1887			45	37	8	0.2162
	42	10	37	7	0.1892		57	23	46	10	0.2174
		25	58	11	0.1897		58	32	41	9	0.2195
		51	42	8	0.1905			59	59	13	0.2203
	43	24	47	9	0.1915	2	0	0	54	12	0.2222
	44	13	57	11	0.1930		1	2	58	13	0.2241
		31	62	12	0.1935			13	49	11	0.2245
	45	22	41	8	0.1951			56	62	14	0.2258
		39	46	9	0.1957	2	2	16	53	12	0.2264
		53	51	10	0.1961			44	66	15	0.2273
	46	22	66	13	0.1970		3	9	57	13	0.2281
	48	0	25	5	0.2000		4	37	39	9	0.2308
			30	6	0.2000		5	35	43	10	0.2326
	49	50	59	12	0.2034		6	0	30	7	0.2333
	50	0	54	11	0.2037			23	47	11	0.2340
1	50	12	49	10	0.2041		7	4	34	8	0.2353
		46	39	8	0.2051				51	12	0.2353
	51	11	34	7	0.2059			54	38	9	0.2368

（续）

分度头主轴转角 (°)	(′)	(″)	孔盘孔数	转过的孔距数	折合手柄转数/r	分度头主轴转角 (°)	(′)	(″)	孔盘孔数	转过的孔距数	折合手柄转数/r
	8	8	59	14	0.2373		23	16	49	13	0.2653
		34	42	10	0.2381		24	0	30	8	0.2667
	9	8	46	11	0.2391			53	41	11	0.2683
		36	25	6	0.2400		25	57	37	10	0.2703
	10	0	54	13	0.2407		26	26	59	16	0.2712
		21	58	14	0.2414		27	16	66	18	0.2727
		39	62	15	0.2419	2	28	4	62	17	0.2742
		55	66	16	0.2424			14	51	14	0.2745
	11	21	37	9	0.2432			58	58	16	0.2759
		42	41	10	0.2439		29	22	47	13	0.2766
	12	15	49	12	0.2449		30	0	54	15	0.2778
		27	53	13	0.2453			42	43	12	0.2791
		38	57	14	0.2456		31	12	25	7	0.2800
2	15	0	28	7	0.2500			35	57	16	0.2807
	15		24	6	0.2500		32	18	39	11	0.2821
	17	17	59	15	0.2542			37	46	13	0.2826
		39	51	13	0.2549			50	53	15	0.2830
		52	47	12	0.2553		34	17	28	8	0.2857
	18	8	43	11	0.2558				42	12	0.2857
		28	39	10	0.2564				49	14	0.2857
	19	5	66	17	0.2576		35	27	66	19	0.2879
		21	62	16	0.2581			36	59	17	0.2881
		39	58	15	0.2586		36	19	38	11	0.2895
	20	0	54	14	0.2593			46	62	18	0.2903
		52	46	12	0.2609		37	30	24	7	0.2917
	21	26	42	11	0.2619		38	3	41	12	0.2927
	22	6	38	10	0.2632			17	58	17	0.2931
			57	15	0.2632			49	34	10	0.2941
		39	53	14	0.2642				51	15	0.2941
		56	34	9	0.2647	2	40	0	54	16	0.2963

项目4
分度头和回转工作台的应用

（续）

分度头主轴转角			孔盘孔数	转过的孔距数	折合手柄转数/r	分度头主轴转角			孔盘孔数	转过的孔距数	折合手柄转数/r
(°)	(′)	(″)				(°)	(′)	(″)			
		32	37	11	0.2973			20	49	16	0.3265
		51	47	14	0.2979			54	58	19	0.3276
	41	3	57	17	0.2982	3	0	0	30	10	0.3333
	42	0	30	9	0.3000				42	14	0.3333
	43	1	53	16	0.3019				54	18	0.3333
		15	43	13	0.3023				66	22	0.3333
		38	66	20	0.3030		2	54	62	21	0.3387
	44	21	46	14	0.3043		3	3	59	20	0.3390
		45	59	18	0.3051			24	53	18	0.3396
	45	18	49	15	0.3061			50	47	16	0.3404
		20	62	19	0.3065		4	23	41	14	0.3415
	46	9	39	12	0.3077			44	38	13	0.3421
	47	9	42	13	0.3095		6	12	58	20	0.3448
		35	58	18	0.3103		7	21	49	17	0.3469
	49	25	51	16	0.3137			50	46	16	0.3478
	50	0	54	17	0.3148	3	8	11	66	23	0.3485
		32	38	12	0.3158			22	43	15	0.3488
		57	18	0.3158		9	28	57	20	0.3509
	51	13	41	13	0.3171			44	37	13	0.3514
		49	66	21	0.3182		10	0	54	19	0.3519
	52	20	47	15	0.3191			35	34	12	0.3529
		48	25	8	0.3200				51	18	0.3529
2	53	12	53	17	0.3208		11	37	62	22	0.3548
		34	28	9	0.3214		12	12	59	21	0.3559
		54	59	19	0.3220			51	28	10	0.3571
	54	12	62	20	0.3226				42	15	0.3571
		42	34	11	0.3235		13	33	53	19	0.3585
	55	8	37	12	0.3243			51	39	14	0.3590
		49	43	14	0.3256		14	24	25	9	0.3600
	56	5	46	15	0.3261		15	19	47	17	0.3617

（续）

| 分度头主轴转角 | | | 孔盘孔数 | 转过的孔距数 | 折合手柄转数/r | 分度头主轴转角 | | | 孔盘孔数 | 转过的孔距数 | 折合手柄转数/r |
(°)	(′)	(″)				(°)	(′)	(″)			
		31	58	21	0.3621		32	9	28	11	0.3929
	16	22	66	24	0.3636	3	32	44	66	26	0.3939
	17	34	41	15	0.3659		33	9	38	15	0.3947
	18	0	30	11	0.3667			29	43	17	0.3953
		22	49	18	0.3673			58	53	21	0.3962
		37	38	14	0.3684		34	8	58	23	0.3966
			57	21	0.3684		36	0	25	10	0.4000
	19	34	46	17	0.3696				30	12	0.4000
3	20	0	54	20	0.3704		37	45	62	25	0.4032
		19	62	23	0.3710			54	57	23	0.4035
		56	43	16	0.3721		38	18	47	19	0.4043
	21	11	51	19	0.3725			34	42	17	0.4048
		21	59	22	0.3729			55	37	15	0.4054
	22	30	24	9	0.3750		39	40	59	24	0.4068
	23	46	53	20	0.3774		40	0	54	22	0.4074
	24	19	37	14	0.3784			25	49	20	0.4082
		33	66	25	0.3788			55	66	27	0.4091
		50	58	22	0.3793		41	33	39	16	0.4103
	25	43	42	16	0.3810		42	21	34	14	0.4118
	26	28	34	13	0.3824				51	21	0.4118
		49	47	18	0.3830		43	2	46	19	0.4130
	27	42	39	15	0.3846			27	58	24	0.4138
	28	25	57	22	0.3860			54	41	17	0.4146
	29	2	62	24	0.3871		44	9	53	22	0.4151
		23	49	19	0.3878	3	45	0	24	10	0.4167
	30	0	54	21	0.3889		46	3	43	18	0.4186
		31	59	23	0.3898			27	62	26	0.4194
		44	41	16	0.3902		47	22	38	16	0.4211
	31	18	46	18	0.3913				57	24	0.4211
		46	51	20	0.3922		48	49	59	25	0.4237

（续）

分度头主轴转角			孔盘孔数	转过的孔距数	折合手柄转数 /r	分度头主轴转角			孔盘孔数	转过的孔距数	折合手柄转数 /r
(°)	(′)	(″)				(°)	(′)	(″)			
	49	5	66	28	0.4242		5	27	66	30	0.4545
		47	47	20	0.4255		6	19	57	26	0.4561
	50	0	54	23	0.4259			31	46	21	0.4565
	51	26	28	12	0.4286		7	7	59	27	0.4576
			42	18	0.4286			30	24	11	0.4583
			49	21	0.4286		8	6	37	17	0.4595
	52	46	58	25	0.4310		9	14	39	18	0.4615
		56	51	22	0.4314		10	0	54	25	0.4630
	53	31	37	16	0.4324			15	41	19	0.4634
	54	0	30	13	0.4333			43	28	13	0.4643
		20	53	23	0.4340	4	11	10	43	20	0.4651
		47	46	20	0.4348			23	58	27	0.4655
	55	10	62	27	0.4355		12	0	30	14	0.4667
		23	39	17	0.4359			35	62	29	0.4677
	56	51	57	25	0.4386		12	46	47	22	0.4681
	57	4	41	18	0.4390		13	28	49	23	0.4694
		16	66	29	0.4394			38	66	31	0.4697
3	57	36	25	11	0.4400		14	7	34	16	0.4706
		58	59	26	0.4407				51	24	0.4706
	58	14	34	15	0.4412			43	53	25	0.4717
		36	43	19	0.4419		15	47	38	18	0.4737
4	0	0	54	24	0.4444				57	27	0.4737
	1	17	47	21	0.4468		16	16	59	28	0.4746
		35	38	17	0.4474		17	9	42	20	0.4762
	2	4	58	26	0.4483		18	16	46	22	0.4783
		27	49	22	0.4490		19	12	25	12	0.4800
	3	32	51	23	0.4510		20	0	54	26	0.4814
		52	62	28	0.4516			41	58	28	0.4828
	4	17	42	19	0.4524		21	17	62	30	0.4839
		32	53	24	0.4528			49	66	32	0.4848

（续）

分度头主轴转角			孔盘孔数	转过的孔距数	折合手柄转数 /r	分度头主轴转角			孔盘孔数	转过的孔距数	折合手柄转数 /r
(°)	(′)	(″)				(°)	(′)	(″)			
	22	42	37	18	0.4865		44	13	38	20	0.5263
	23	5	39	19	0.4872				57	30	0.5263
		25	41	20	0.4878		45	17	53	28	0.5283
4	23	43	43	21	0.4884			53	34	18	0.5294
	24	15	47	23	0.4894				51	27	0.5294
		29	49	24	0.4898		46	22	66	35	0.5303
		42	51	25	0.4902			32	49	26	0.5306
		54	53	26	0.4906		47	14	47	25	0.5319
	25	16	57	28	0.4912			25	62	33	0.5323
		25	59	29	0.4915		48	0	30	16	0.5333
	30	0	66	33	0.5000			37	58	31	0.5345
			42	21	0.5000			50	43	23	0.5349
	34	35	59	30	0.5085		49	17	28	15	0.5357
		44	57	29	0.5088			45	41	22	0.5366
	35	6	53	27	0.5094		50	0	54	29	0.5370
		18	51	26	0.5098			46	39	21	0.5385
		31	49	25	0.5102		51	54	37	20	0.5405
		45	47	24	0.5106		52	30	24	13	0.5417
	36	17	43	22	0.5116			53	59	32	0.5424
		35	41	21	0.5122	4	53	29	46	25	0.5435
		55	39	20	0.5128			41	57	31	0.5439
	37	18	37	19	0.5135		54	33	66	36	0.5455
	38	11	66	34	0.5152		55	28	53	29	0.5472
		43	62	32	0.5161			43	42	23	0.5476
	39	19	58	30	0.5172		56	8	62	34	0.5484
		35	54	28	0.5185			28	51	28	0.5490
4	40	48	25	13	0.5200		57	33	49	27	0.5510
	41	44	46	24	0.5217			56	58	32	0.5517
	42	51	42	22	0.5238		58	25	38	21	0.5526
	43	44	59	31	0.5254			43	47	26	0.5532

项目4 分度头和回转工作台的应用

（续）

分度头主轴转角 (°)	(′)	(″)	孔盘孔数	转过的孔距数	折合手柄转数/r	分度头主轴转角 (°)	(′)	(″)	孔盘孔数	转过的孔距数	折合手柄转数/r
5	0	0	54	30	0.5556			33	58	34	0.5862
	1	24	43	24	0.5581			57	46	27	0.5870
		46	34	19	0.5588		17	39	34	20	0.5882
	2	2	59	33	0.5593			51	30		0.5882
		22	25	14	0.5600		18	28	39	23	0.5897
		44	66	37	0.5606	5	19	2	66	39	0.5909
		56	41	23	0.5610			36	49	29	0.5918
	3	9	57	32	0.5614		20	0	54	32	0.5926
	4	37	39	22	0.5641			20	59	35	0.5932
		50	62	35	0.5645		21	5	37	22	0.5946
	5	13	46	26	0.5652			26	42	25	0.5952
		40	53	30	0.5660			42	47	28	0.5957
5	6	0	30	17	0.5667		22	6	57	34	0.5965
		29	37	21	0.5676			15	62	37	0.5968
	7	4	51	29	0.5686		24	0	25	15	0.6000
		14	58	33	0.5690				30	18	0.6000
	8	34	28	16	0.5714		25	52	58	53	0.6034
			42	24	0.5714		26	14	53	32	0.6038
			49	28	0.5714			31	43	26	0.6047
	10	0	54	31	0.5741			51	38	23	0.6053
		13	47	27	0.5745		27	16	66	40	0.6061
		54	66	38	0.5758			51	28	17	0.6071
	11	11	59	34	0.5763		28	14	51	31	0.6078
	12	38	38	22	0.5789			42	46	28	0.6087
			57	33	0.5789		29	16	41	25	0.6098
	13	33	62	36	0.5806			30	59	36	0.6102
		57	43	25	0.5814		30	0	54	33	0.6111
	15	0	24	14	0.5833			37	49	30	0.6122
		51	53	31	0.5849	5	30	58	62	38	0.6129
	16	6	41	24	0.5854		31	35	57	35	0.6140

（续）

分度头主轴转角			孔盘孔数	转过的孔距数	折合手柄转数 /r	分度头主轴转角			孔盘孔数	转过的孔距数	折合手柄转数 /r
(°)	(′)	(″)				(°)	(′)	(″)			
	32	18	39	24	0.6154		49	25	34	22	0.6471
	33	12	47	29	0.6170				51	33	0.6471
		32	34	21	0.6176		50	0	54	35	0.6481
	34	17	42	26	0.6190			16	37	24	0.6486
	35	10	58	36	0.6207			32	57	37	0.6491
		27	66	41	0.6212		51	38	43	28	0.6512
		41	37	23	0.6216			49	66	43	0.6515
	36	14	53	33	0.6226		52	10	46	30	0.6522
	37	30	24	15	0.6250			39	49	32	0.6531
	38	39	59	37	0.6270		53	48	58	38	0.6552
		49	51	32	0.6275		55	16	38	25	0.6579
	39	4	43	27	0.6279			37	41	27	0.6585
		41	62	39	0.6290		56	10	47	31	0.6596
	40	0	54	34	0.6296			36	53	35	0.6604
	40	26	46	29	0.6304	5	56	57	59	39	0.6610
	41	3	38	24	0.6316		57	6	62	41	0.6613
			57	36	0.6316	6	0	0	30	20	0.6667
		28	49	31	0.6327				42	28	0.6667
		42	30	19	0.6333				54	36	0.6667
	42	26	41	26	0.6341				66	44	0.6667
	43	38	66	42	0.6364		3	6	58	39	0.6724
5	44	29	58	37	0.6379			40	49	33	0.6735
		41	47	30	0.6383			55	46	31	0.6739
	45	36	25	16	0.6400		4	11	43	29	0.6744
	46	9	39	25	0.6410			52	37	25	0.6757
		25	53	34	0.6415		5	18	34	23	0.6765
	47	9	28	18	0.6429			48	62	42	0.6774
			42	27	0.6429		6	6	59	40	0.6780
		48	59	38	0.6441			26	28	19	0.6786
	48	23	62	40	0.6452			48	53	36	0.6792

（续）

分度头主轴转角			孔盘孔数	转过的孔距数	折合手柄转数/r	分度头主轴转角			孔盘孔数	转过的孔距数	折合手柄转数/r
(°)	(′)	(″)				(°)	(′)	(″)			
6	7	12	25	17	0.6800	6	24	24	59	42	0.7119
		40	47	32	0.6809			33	66	47	0.7121
	8	11	66	45	0.6818		25	43	28	20	0.7143
		47	41	28	0.6829				42	30	0.7143
	9	28	38	26	0.6842				49	35	0.7143
			59	39	0.6842		27	10	53	38	0.7170
	10	0	54	37	0.6852			23	46	33	0.7174
	10	35	51	35	0.6863			42	39	28	0.7179
	12	25	58	40	0.6897		28	25	57	41	0.7193
		51	42	29	0.6905			48	25	18	0.7200
	13	51	39	27	0.6923		29	18	43	31	0.7209
	14	31	62	43	0.6935		30	0	54	39	0.7222
		42	49	34	0.6939			38	47	34	0.7234
	15	15	59	41	0.6949		31	2	58	42	0.7241
	15	39	46	32	0.6957		31	46	51	37	0.7255
	16	22	66	46	0.6970			56	62	45	0.7258
		45	43	30	0.6977		32	44	66	48	0.7273
		59	53	37	0.6981		33	34	59	43	0.7288
	18	0	30	21	0.7000		34	3	37	27	0.7297
		57	57	40	0.7018		35	7	41	30	0.7317
	19	9	47	33	0.7021		36	0	30	22	0.7333
		28	37	26	0.7027			44	49	36	0.7347
	20	0	54	68	0.7037		37	4	34	25	0.7353
	21	11	34	24	0.7059	6	37	22	53	39	0.7358
		51	36		0.7059			54	38	28	0.7368
		43	58	41	0.7069				57	42	0.7368
		57	41	29	0.7073		38	34	42	31	0.7381
	22	30	24	17	0.7083		39	8	46	34	0.7391
	23	14	62	44	0.7097		40	0	54	40	0.7407
		41	38	27	0.7105			21	58	43	0.7414

（续）

分度头主轴转角			孔盘孔数	转过的孔距数	折合手柄转数 /r	分度头主轴转角			孔盘孔数	转过的孔距数	折合手柄转数 /r
(°)	(′)	(″)				(°)	(′)	(″)			
		39	62	46	0.7419			44	53	41	0.7736
		55	66	49	0.7424		58	4	62	48	0.7742
	41	32	39	29	0.7436			47	49	38	0.7755
		52	43	32	0.7442			58	58	45	0.7759
	42	8	47	35	0.7447	7	0	0	54	42	0.7778
		21	51	38	0.7451		1	1	59	46	0.7797
		43	59	44	0.7458			28	41	32	0.7805
	45	0	28	21	0.7500		2	37	46	36	0.7826
	47	22	57	43	0.7544		3	15	37	29	0.7838
		33	53	40	0.7547	7	3	32	51	40	0.7843
		45	49	37	0.7551		4	17	28	22	0.7857
	48	18	41	31	0.7561				42	33	0.7857
		39	37	28	0.7568		5	6	47	37	0.7872
	49	5	66	50	0.7576			27	66	52	0.7879
		21	62	47	0.7581		6	19	38	30	0.7895
		39	58	44	0.7586				57	45	0.7895
6	50	0	54	41	0.7593			46	62	49	0.7903
		24	25	19	0.7600			59	43	34	0.7907
		52	46	35	0.7609		7	30	24	19	0.7917
	51	26	42	32	0.7619			55	53	42	0.7925
		52	59	45	0.7627		8	17	58	46	0.7931
	52	6	38	29	0.7632			49	34	27	0.7941
		56	34	26	0.7647		9	14	39	31	0.7949
			51	39	0.7647			48	49	39	0.7959
	53	37	47	36	0.7660		10	0	54	43	0.7963
	54	0	30	23	0.7667			10	59	47	0.7966
		25	43	33	0.7674		12	0	30	24	0.8000
	55	23	39	30	0.7692		13	38	66	53	0.8030
	56	51	57	44	0.7719		14	7	51	41	0.8039
	57	16	66	51	0.7727			21	46	37	0.8043

（续）

分度头主轴转角			孔盘孔数	转过的孔距数	折合手柄转数/r	分度头主轴转角			孔盘孔数	转过的孔距数	折合手柄转数/r
(°)	(′)	(″)				(°)	(′)	(″)			
		58	41	33	0.8049		31	50	49	41	0.8367
	15	29	62	50	0.8065		32	6	43	36	0.8372
7	15	47	57	46	0.8070			26	37	31	0.8378
	16	36	47	38	0.8085			54	62	52	0.8387
	17	9	42	34	0.8095		33	36	25	21	0.8400
		35	58	47	0.8103		34	44	38	32	0.8421
		50	37	30	0.8108			57	48		0.8421
	18	7	53	43	0.8113		35	18	51	43	0.8431
	19	19	59	48	0.8136		36	12	58	49	0.8448
		32	43	35	0.8140			55	39	33	0.8462
	20	0	54	44	0.8148		37	38	59	50	0.8475
		32	38	31	0.8158			50	46	39	0.8478
		49	49	40	0.8163		38	11	66	56	0.8485
	21	49	66	54	0.8182			29	53	45	0.8491
	23	5	39	32	0.8205		39	34	47	40	0.8511
		34	28	23	0.8214		40	0	54	46	0.8519
	24	12	62	51	0.8226			35	34	29	0.8529
		42	34	28	0.8235			59	41	35	0.8537
			51	42	0.8235	7	41	37	62	53	0.8548
	25	16	57	47	0.8246		42	51	28	24	0.8571
	26	5	46	38	0.8261				42	36	0.8571
		54	58	48	0.8276				49	42	0.8571
	27	48	41	34	0.8293		44	13	57	49	0.8596
	28	5	47	39	0.8298			39	43	37	0.8605
		18	53	44	0.8302		45	31	58	50	0.8621
7	28	28	59	49	0.8305			53	51	44	0.8627
	30	0	30	25	0.8333		46	22	66	57	0.8636
			42	35	0.8333			47	59	51	0.8644
			54	45	0.8333		47	2	37	32	0.8649
			66	55	0.8333		48	0	30	26	0.8667

（续）

分度头主轴转角			孔盘孔数	转过的孔距数	折合手柄转数 /r	分度头主轴转角			孔盘孔数	转过的孔距数	折合手柄转数 /r
(°)	(′)	(″)				(°)	(′)	(″)			
		41	53	46	0.8679			37	39	35	0.8974
		57	38	33	0.8684			54	49	44	0.8980
	49	34	46	40	0.8696		5	5	59	53	0.8983
	50	0	54	47	0.8704		6	0	30	27	0.9000
		19	62	54	0.8710	8	7	4	51	46	0.9020
		46	39	34	0.8718			19	41	37	0.9024
	51	4	47	41	0.8723			44	62	56	0.9032
	52	30	24	21	0.8750		8	34	42	38	0.9048
	53	41	57	50	0.8772		9	3	53	48	0.9057
		53	49	43	0.8776			46	43	39	0.9070
	54	9	41	36	0.8780		10	0	54	49	0.9074
7	54	33	66	58	0.8788			55	66	60	0.9091
		50	58	51	0.8793		12	21	34	31	0.9118
	55	12	25	22	0.8800			38	57	52	0.9123
		43	42	37	0.8810		13	3	46	42	0.9130
		56	59	52	0.8814			27	58	53	0.9138
	56	28	34	30	0.8824		14	3	47	43	0.9149
			51	45	0.8824			14	59	54	0.9153
	57	13	43	38	0.8837		15	0	24	22	0.9167
	58	52	53	47	0.8868			55	49	45	0.9184
		59	62	55	0.8871		16	13	37	34	0.9189
8	0	0	54	48	0.8889			27	62	57	0.9194
	1	18	46	41	0.8913			48	25	23	0.9200
		37	37	33	0.8919		17	22	38	35	0.9211
	2	9	28	25	0.8929			39	51	47	0.9216
		33	47	42	0.8936		18	28	39	36	0.9231
		44	66	59	0.8939		19	5	66	61	0.9242
	3	9	38	34	0.8947	8	19	15	53	49	0.9245
			57	51	0.8947		20	0	54	50	0.9259
	4	8	58	52	0.8966			29	41	38	0.9268

（续）

分度头主轴转角 (°)	(′)	(″)	孔盘孔数	转过的孔距数	折合手柄转数 /r	分度头主轴转角 (°)	(′)	(″)	孔盘孔数	转过的孔距数	折合手柄转数 /r
	21	25	28	26	0.9286		38	24	25	24	0.9600
			42	39	0.9286			44	51	49	0.9608
	22	6	57	53	0.9298		39	37	53	51	0.9623
		20	43	40	0.9302		40	0	54	52	0.9630
		46	58	54	0.9310			43	28	27	0.9643
	23	23	59	55	0.9322		41	3	57	55	0.9649
	24	0	30	28	0.9333			23	58	56	0.9655
		47	46	43	0.9348			42	59	57	0.9661
	25	10	62	58	0.9355		42	0	30	29	0.9667
		32	47	44	0.9362			35	62	60	0.9677
	26	56	49	46	0.9388	8	43	38	66	64	0.9697
	27	16	66	62	0.9394		44	7	34	33	0.9706
	28	14	34	32	0.9412		45	24	37	36	0.9730
			51	48	0.9412			47	38	37	0.9737
	29	26	53	50	0.9434		46	1	39	38	0.9744
	30	0	54	51	0.9444		46	50	41	40	0.9756
		49	37	35	0.9459		47	9	42	41	0.9762
	31	35	38	36	0.9474			27	43	42	0.9767
			57	54	0.9474		48	16	46	45	0.9783
	32	4	58	55	0.9483			31	47	46	0.9787
8	32	18	39	37	0.9487			59	49	48	0.9796
		33	59	56	0.9492		49	25	51	50	0.9804
	33	40	41	39	0.9512			49	53	52	0.9811
		52	62	59	0.9516		50	0	54	53	0.9815
	34	17	42	40	0.9524			32	57	56	0.9825
		53	43	41	0.9535			41	58	57	0.9828
	35	27	66	63	0.9545			51	59	58	0.9831
	36	31	46	44	0.9565		51	17	62	61	0.9839
	37	1	47	45	0.9574			49	66	65	0.9848
		30	24	23	0.9583	9	0	0			1.0000
		58	49	47	0.9592						

3. 差动分度法

（1）齿轮简单传动计算

1）单式轮系由一个主动轮、一个从动轮和若干个中间轮组成，如图 4-11a 所示。单式轮系传动比计算公式

$$i = \frac{n_2}{n_1} = \frac{z_1}{z_2}$$

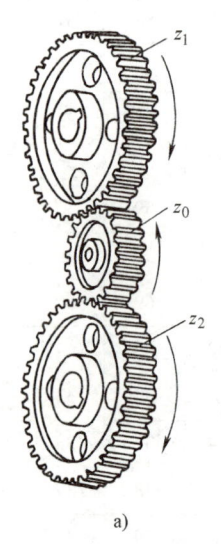
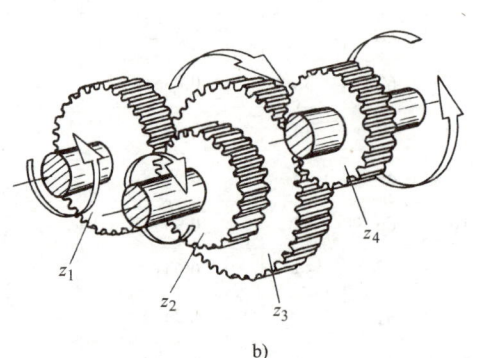

图 4-11 轮系

a）单式轮系　b）复式轮系

2）复式轮系是除主动轴和从动轴外，至少有一根中间轴装有两个齿轮的轮系，如图 4-11b 所示。中间轴为奇数时，主动轴与从动轴转向相反；中间轴为偶数时，主动轴与从动轴转向相同。复式轮系的传动比计算公式为

$$i = \frac{n_\text{从}}{n_\text{主}} = \frac{z_1 z_3 \cdots z_{n-1}}{z_2 z_4 \cdots z_n}$$

（2）差动分度原理　差动分度法是通过主轴和侧轴安装的交换齿轮（见图 4-12a），在分度手柄作分度转动时，与随之转动的分度盘形成相对运动，使分度手柄的实际转数等于假定等分分度手柄转数与分度盘本身转数之和（见图 4-12b）的一种分度方法。用差动分度法可解决简单分度法无法解决的分度数。

（3）差动分度计算

1）选取一个能用简单分度实现的假定齿数 z'，z' 应与分度数 z 相接近。尽量选 $z' < z$，这样可以使分度盘与分度手柄转向相反，避免传动系统中的传动间隙影响分度精度。

2）按假定齿数计算分度手柄应转的圈数 n'，并确定所用的孔圈。

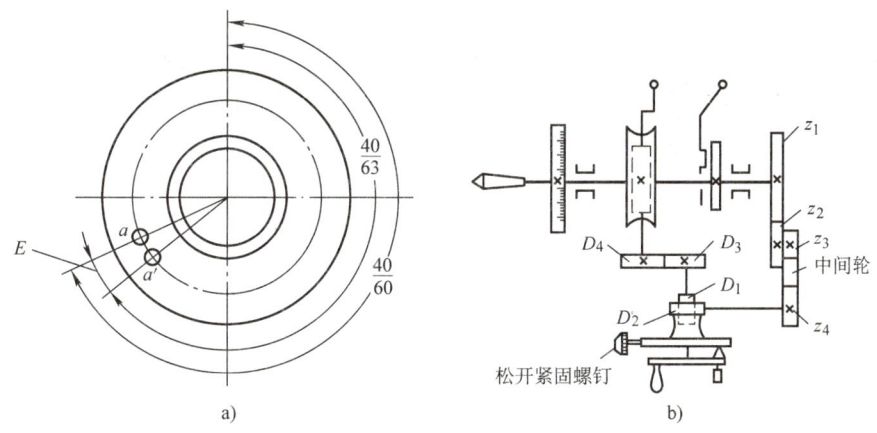

图 4-12 差动分度法

a) 差动分度原理　b) 传动系统与交换齿轮安装

$$n' = \frac{40}{z'} \qquad (4\text{-}3)$$

3) 交换齿轮计算

由差动分度传动关系

$$n_{\text{主}} \frac{z_1 z_3}{z_2 z_4} = n_{\text{盘}}, \quad n_{\text{主}} = \frac{1}{z}, \quad n = \frac{40}{z}, \quad n' = \frac{40}{z'}, \quad n_{\text{盘}} = n - n' = \frac{40(z'-z)}{zz'}$$

可得交换齿轮计算公式

$$\frac{z_1 z_3}{z_2 z_4} = \frac{n_{\text{盘}}}{n_{\text{主}}} = \frac{40(z'-z)}{zz'} \times z = \frac{40(z'-z)}{z'}$$

交换齿轮应从备用齿轮中选取，并规定 $\dfrac{z_1 z_3}{z_2 z_4} = \left(\dfrac{1}{6} \sim 6\right)$，以保证交换齿轮能相互啮合。

4) 确定中间齿轮数目，当 $z' < z$ 时（交换齿轮速比为负值），中间齿轮的数目应保证分度手柄和分度盘转向相反；当 $z' > z$ 时（交换齿轮速比为正值），应保证分度手柄和分度盘转向相同。

为简化计算，表 4-7 列出了差动分度的分度手柄转数和交换齿轮齿数，以供查阅使用。

表 4-7　差动分度表（分度头定数为 40）

工件等分数	假定等分数	分度盘孔数	转过的孔距数	交换齿轮			
				z_1	z_2	z_3	z_4
61	60	30	20	40			60
63	60	30	20	60			30

（续）

工件等分数	假定等分数	分度盘孔数	转过的孔距数	交换齿轮			
				z_1	z_2	z_3	z_4
67	64	24	15	90	40	50	60
69	66	66	40	100			55
71	70	49	28	40			70
73	70	49	28	60			35
77	75	30	16	80	60	40	50
79	75	30	16	80	50	40	30
81	80	30	15	25			50
83	80	30	15	60			40
87	84	42	20	50			35
89	88	66	30	25			55
91	90	54	24	40			90
93	90	54	24	40			30
97	96	24	10	25			60
99	96	24	10	50			40
101	100	30	12	40			100
103	100	30	12	60			50
107	100	30	12	70			25
109	105	42	16	80	70	40	30
111	105	42	16	80			35
113	110	66	24	60			55
117	110	66	24	70	55	50	25
119	110	66	24	90	55	60	30
121	120	54	18	30			90
122	120	54	18	40			60
123	120	54	18	25			25
126	120	54	18	50			25
127	120	54	18	70			30
128	120	54	18	80			30
129	120	54	18	90			30
131	125	25	8	80	50	30	25
133	125	25	8	80	50	40	25

（续）

工件等分数	假定等分数	分度盘孔数	转过的孔距数	交换齿轮			
				z_1	z_2	z_3	z_4
134	132	66	20	50	55	40	60
137	132	66	20	100	55	25	30
138	135	54	16	80			90
139	135	54	16	80	30	40	90
141	140	42	12	40	50	25	70
142	140	42	12	40			70
143	140	42	12	30			35
146	140	42	12	60			35
147	140	42	12	50			25
149	140	42	12	90	25	50	70
151	150	30	8	40	50	30	90
153	150	30	8	40			50
154	150	30	8	40	60	80	50
157	150	30	8	70	30	40	50
158	150	30	8	80	30	40	50
159	150	30	8	90	30	40	50
161	160	28	7	25			100
162	160	28	7	25			50
163	160	28	7	30			40
166	160	28	7	60			40
167	160	28	7	70			40
169	160	28	7	90			40
171	168	42	10	50			70
173	168	42	10	100	35	25	60
174	168	42	10	50			35
175	168	42	10	50			30
177	176	66	15	40	55	25	80
178	176	66	15	40	55	50	80
179	176	66	15	60	55	50	80
181	180	54	12	40	90	25	50
182	180	54	12	40			90

（续）

工件等分数	假定等分数	分度盘孔数	转过的孔距数	交换齿轮 z_1	z_2	z_3	z_4
183	180	54	12	40			60
186	180	54	12	40			30
187	180	54	12	40	60	70	30
189	180	54	12	50			25
191	180	54	12	80	60	55	30
193	192	24	5	30	90	50	80
194	192	24	5	25			60
197	192	24	5	100	30	25	80
198	192	24	5	50			40
199	192	24	5	70	30	50	80

4. 直线移距分度法

所谓直线移距分度法，就是把分度头主轴（或侧轴）和纵向工作台丝杠用交换齿轮连接起来，移距时只要转动分度手柄，通过交换齿轮，使工作台作精确移距的一种分度方法。常用的直线移距法是主轴交换齿轮法，主轴交换齿轮法的传动系统如图4-13 所示。

由于直线移距主轴交换齿轮法中蜗杆蜗轮的减速作用，当分度手柄转了很多转后，工作台才移动一个较小的距离，所以移距精度较高。交换齿轮法的计算公式为

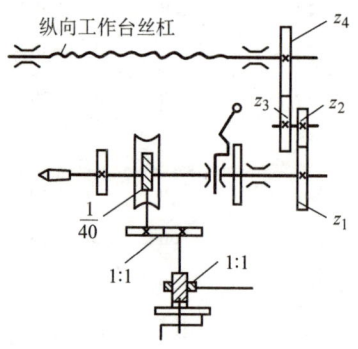

图4-13 直线移距主轴交换齿轮法传动系统

$$\frac{z_1 z_3}{z_2 z_4} = \frac{40s}{nP_{丝}} \qquad (4-4)$$

式中　z_1、z_3——主动齿轮；

　　　z_2、z_4——从动齿轮；

　　　s——工件移距量，即每等分、每格的距离（mm）；

　　　$P_{丝}$——工作台纵向丝杠螺距（mm）；

　　　40——分度头定数；

　　　n——每次分度时分度手柄转数（r）。

按上式计算时，式中的 n 可以任意选取，但在单式轮系时交换齿轮的传动比不大于2.5，在复式轮系时传动比不大于6，以使传动平稳。

4.2 分度法操作技能训练实例

技能训练 1　万能分度头简单分度法操作

重点与难点：重点掌握简单分度法的计算与操作；难点为孔盘选择、分度叉的调整及分度检验。

1. 万能分度头简单分度操作准备

铣削时，若需按图 4-14 所示的直齿轮来进行等分操作，须按以下步骤做好操作准备。

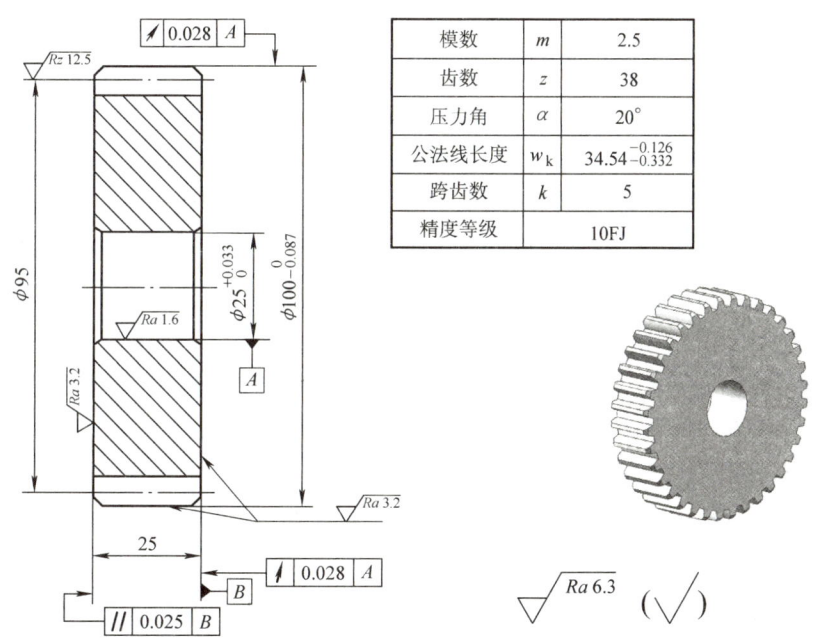

图 4-14　直齿圆柱齿轮零件图

（1）分析分度数

1）直齿轮齿数为 38，即等分数为 38，圆周等分。

2）查分度盘的孔圈数规格，有 38 孔的孔圈，即可进行简单分度。

（2）安装分度头

1）选择万能分度头型号。根据工件直径选用 F11125 型分度头。

2）安装分度头。擦净分度头底面和定位键的侧面，将分度头安装在工作台中间的 T 形槽内，用 M16 的 T 形螺栓压紧分度头。在压紧过程中，注意使分度头向操作者一边拉紧，以使底面定位键侧面与 T 形槽定位直槽一侧紧贴，以保证分度头主轴与工作台纵向平行。

（3）计算分度手柄转数 n　按简单分度法计算公式和等分数 $z = 38$，本例分度头

手柄转数为

$$n = \frac{40}{z} = \frac{40}{38} = 1\frac{2}{38}$$

（4）调整分度装置

1）选装分度盘。若原装在分度头上的分度盘中有38孔圈，可不必另行安装。若原装在分度头上的分度盘中不含有38孔圈，则需换装分度盘，具体操作步骤如下：

① 松开分度手柄紧固螺母，拆下分度手柄。

② 拆下分度叉压紧弹簧圈。

③ 拆下分度叉。

④ 松开分度盘紧固螺钉，并用两个螺钉旋入孔盘的螺纹孔，逐渐将孔盘顶出安装部位，拆下分度盘。

⑤ 选择含有38孔圈的分度盘，按拆卸的逆顺序安装分度盘。安装分度手柄时，注意将孔内键槽对准手柄轴上的键块。

2）调整分度销位置。松开分度销紧固螺母，将分度销对准38孔圈位置，然后旋紧紧固螺母。旋紧紧固螺母时，注意用手按住分度销，以免分度销滑出损坏孔盘和分度销定位部分。

3）调整分度叉位置。松开分度叉紧固螺钉，拨动叉片，使分度叉之间包含2个孔距（即3个孔），并紧固分度叉。

2. 简单分度操作

（1）消除分度间隙　在分度操作前，应按分度方向（一般是顺时针方向）摇分度手柄，以消除分度传动机构的间隙。

（2）确定起始位置　通常为了便于记忆，主轴的位置最好从刻度的零位开始，而分度销的起始位置最好从两边刻有孔圈数的圈孔位置开始。

（3）为了便于在分度过程中进行校核，一般操作中可应用以下验算方法：

1）分度任一等分数 z_i 时，分度叉的孔距数 n_1 的累计数 $n_i = n_1 \times z_i$。如38等分的操纵过程中，$z_i = 3$ 时，分度叉孔距的累计数为

$$n_i = n_1 \times z_i = 2 \times 3 = 6$$

根据以上计算方法，要使分度销重新回复到起始孔位置，本例须经过19次等分操作，即 $n_i = n_1 \times z_i = 2 \times 19 = 38$，或 $z_i = \frac{n_i}{n_1} = \frac{38}{2} = 19$。

由于分度操作整转数时不易出错，孔距数的分度位置容易发生差错，而运用以上方法，可以在分度操作过程中，通过分度销的插入位置，复核当前分度手柄的分度操作是否正确。

2）分度过程中的任意等分数与分度头主轴的转动度数有密切的关系，如本例为 38 等分，每一等分的中心角 θ_1 为 360°/38 ≈ 9.47°，因此在任一等分 z_i 时，分度头主轴转过的度数 $\theta_i = \theta_1 \times z_i$。若第 15 次等分后，分度头主轴应转过度数为

$$\theta_i = \theta_1 \times z_i = 9.47° \times 15 = 142.05°$$

3）若进行铣削加工或划线，可通过工件等分位置的间距来判断分度的准确性。等分圆周上的每一等分的弧长尺寸，本例工件直径为 95mm，38 等分后，每一等分所占的外圆周弧长 S_n 为

$$S_n = \frac{\pi D}{z} = \frac{3.14 \times 95}{38} \text{mm} = 7.85 \text{mm}$$

（4）分度操作　拔出分度销，将分度销锁定在收缩位置，分度手柄转过 1r 又 38 孔圈中的 2 个孔距，将分度销插入圈孔中。若等分用于铣削加工，应注意分度前松开主轴紧固手柄，分度后锁紧主轴紧固手柄。

技能训练 2　万能分度头角度分度法操作

重点与难点：重点掌握用万能分度头角度分度的操作与计算方法；难点为分度手柄转数计算与分度检验操作。

1. 万能分度头角度分度操作准备

铣削时，若需按图 4-15 所示的轴上两条半圆键槽之间的夹角来进行分度操作，须按以下步骤做好操作准备。

（1）分析分度数

1）轴上有两条半圆键槽，半圆键槽中间平面之间的夹角为 116°，属于角度分度。

2）因角度值比较简单（单位为"°"），可直接使用简单角度分度。

（2）安装分度头

1）选择万能分度头型号。根据工件直径，选用 F11125 型分度头。

2）安装分度头。将分度头安装在工作台中间的 T 形槽内，用 M16 的 T 形螺栓压紧分度头。本例还需安装顶尖和尾座。

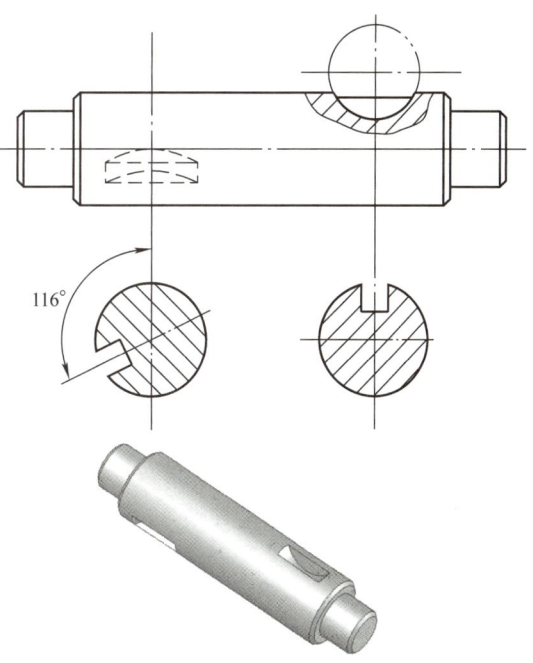

图 4-15　具有半圆键槽的轴

（3）计算分度手柄转数 n　按简单角度分度法计算公式和直角槽的夹角116°，本例分度头手柄转数为

$$n = \frac{\theta}{9°} = \frac{116°}{9°} = 12\frac{8}{9} = 12\frac{48}{54}$$

（4）调整分度装置

1）选装分度盘。换装具有54圈孔的分度盘。

2）调整分度销位置。松开分度销紧固螺母，将分度销对准54孔圈位置，然后旋紧紧固螺母。

3）调整分度叉位置。松开分度叉紧固螺钉，拨动叉片，使分度叉之间包含48个孔距（即49个孔），并紧固分度叉。角度分度也可以在分度盘上通过点数，确定角度分度与分子数相同的孔距数，并用彩色粉笔做好记号。

2. 简单角度分度操作

（1）消除分度间隙　在分度操作前，顺时针摇分度手柄，消除分度传动机构的间隙。

（2）确定起始位置　使分度头主轴的位置从主轴刻度的零位开始，分度销的起始位置从两边刻有孔圈数的圈孔位置开始。

（3）为了便于在分度过程中进行校核，在本例操作中可应用以下验算方法：

1）为避免48孔距（49孔）点数出现错误，一般在做好起始和终点位置记号后，再点一下圈孔的余数，即顺时针点数终点至起点的孔数应为 54 – 48 = 6，注意此孔数不包括终点孔。

2）分度过程中分度头主轴刻度盘的度数应转过116°。

（4）分度操作　铣削完第一条半圆键槽后，松开主轴紧固手柄，拔出分度销，将分度销锁定在收缩位置，分度手柄转过12r又54圈孔中的48个孔距，将分度销插入圈孔中，锁紧主轴紧固手柄，可铣削第二条半圆键槽。

技能训练3　等分差动分度法操作

重点与难点：重点掌握等分差动分度的操作方法；难点为差动交换齿轮的计算和配置操作。

1. 等分差动分度操作准备

铣削时，若按图4-16所示的尖齿花键来进行分度操作，须按以下步骤做好操作准备。

（1）分析分度数

1）轴上83齿均布的尖齿花键，属于圆周等分分度。

2）因分度盘无83孔圈，故无法使用简单分度，宜采用差动等分分度。

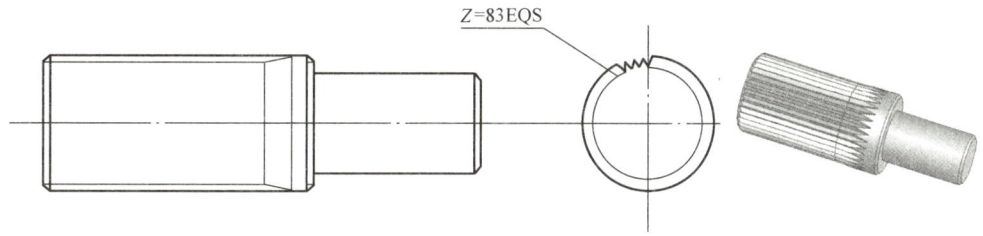

图 4-16　尖齿外花键

（2）安装分度头

1）选择万能分度头型号。根据工件直径，选用 F11125 型分度头。

2）安装分度头。将分度头安装在工作台中间的 T 形槽内，用 M16 的 T 形螺栓压紧分度头，安装位置应便于装夹工件和配置交换齿轮操作，本例还需安装自定心卡盘用以装夹工件。

（3）计算分度手柄转数 n 和交换齿轮

1）选取假定等分数 $z' = 80 < 83$。

2）计算分度手柄转数，并确定所用的孔圈

$$n' = \frac{40}{80} = \frac{15}{30}$$

3）计算、选择交换齿轮

$$\frac{z_1 z_3}{z_2 z_4} = \frac{40(z' - z)}{z'} = \frac{40(80 - 83)}{80} = -\frac{3}{2} = -\frac{60}{40}$$

（4）调整分度装置

1）选装分度盘。选择和安装具有 30 孔圈的分度盘，松开分度盘紧固螺钉。

2）调整分度销位置。松开分度销紧固螺母，将分度销对准 30 孔圈位置，然后旋紧紧固螺母。

3）调整分度叉位置。松开分度叉紧固螺钉，拨动叉片，使分度叉之间包含 15 个孔距（即 16 个孔），并紧固分度叉。

（5）配置、安装交换齿轮

1）在分度头主轴的后锥孔内安装交换齿轮轴。操作时应先擦净主轴锥孔和交换齿轮轴的外锥部分。插入后，可用铜棒在轴端敲击，以使交换齿轮轴与分度头主轴通过锥面贴合进行连接。然后在交换齿轮轴上安装主动齿轮 $z_1 = 60$，齿轮与轴通过平键联接，并用轴端的螺母和平垫圈锁定其轴向位置。

2）在分度头的侧轴轴套上安装交换齿轮架，略紧固齿轮架紧固螺钉。

3）在侧轴上安装从动齿轮 $z_4 = 40$，注意平键联接和安装平垫圈及锁紧螺母。

4）在交换齿轮架上安装交换齿轮轴和中间齿轮。具体操作步骤如下：

① 将交换齿轮轴紧固在齿轮架上,装上齿轮套和中间齿轮,中间齿轮的齿数以能与主动齿轮和从动齿轮都啮合为宜,中间齿轮的个数则根据交换齿轮计算结果前的符号确定(本例为负号),交换齿轮的个数应使分度手柄与分度盘的转向相反。

② 略松开交换齿轮轴的紧固螺母,使中间齿轮与侧轴从动轮啮合,若是两个中间齿轮,则使第一个中间齿轮与从动轮啮合,再使第二个中间齿轮与第一个中间齿轮啮合。扳紧中间轮齿轮轴的紧固螺母,固定齿轮轴在齿轮架上的位置。复核齿轮啮合间隙后,在齿轮轴端安装平垫圈和锁紧螺母,以防齿轮在传动中脱落。

③ 松开齿轮架的紧固螺母,用手托住让分度架绕侧轴摆动下落,使中间齿轮与分度头主轴主动轮啮合,然后紧固齿轮架。

④ 摇动分度手柄,检查分度盘转向与分度手柄转向是否相反。

2. 等分差动分度操作

(1)消除分度间隙 在分度操作前,应顺时针摇分度手柄,消除分度传动机构的间隙。

(2)确定起始位置 使分度头主轴的位置从主轴刻度的零位开始,分度销的起始位置从两边刻有孔圈数的圈孔位置开始。

(3)为了便于在分度过程中进行校对,在本例操作中可应用以下验算方法:

1)15孔距是30孔的1/2,因此在分度操作中,起始与终点孔位始终在30孔圈的一半的位置上,即0孔位和15孔位上。

2)分度过程中分度头每一等分主轴刻度盘的度数应转过360°/83 ≈ 4.34°。

(4)分度操作 铣削完第一条花键槽后,松开主轴紧固手柄,拔出分度销,将分度销锁定在收缩位置,分度手柄转过30圈孔中的15个孔距,由于分度盘相对分度手柄逆向转动,所以分度头主轴实际转过$\frac{1}{83}$r,将分度销插入孔圈中,锁紧主轴紧固手柄,可铣削第二条花键槽。

技能训练4　角度差动分度法操作

重点与难点:重点掌握角度差动分度法的操作方法;难点为分度计算与交换齿轮配置。

1. 角度差动分度操作准备

在铣床上刻制图4-17所示的每格55′,共12格的游标,使用万能分度头进行角度分度,须按以下步骤做好操作准备:

(1)分析分度数

1)游标刻线上每格为55′,属于角度分度。

2)查表4-6,只有55′06″的角度分度参考数,即在分度盘49孔圈中转过5个孔距数,因此简单角度分度无法达到游标刻线精度要求,此时宜采用角度差动分度。

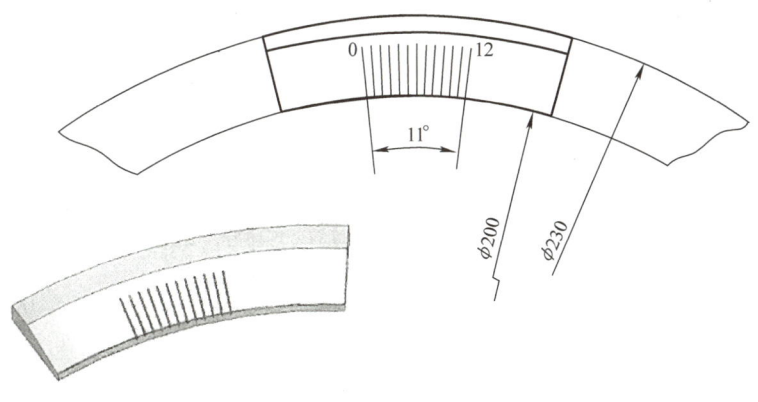

图 4-17　游标刻度环

（2）安装分度头

1）选择万能分度头型号。根据工件直径选用 F11125 型分度头。

2）安装分度头。将分度头安装在工作台中间的 T 形槽内，用 M16 的 T 形螺栓压紧分度头，安装位置应便于安装交换齿轮操作，本例还需安装自定心卡盘用以装夹工件。

（3）计算分度手柄转数 n 和交换齿轮

1）选取假定等分数 $\theta' = 1° > 55'$。

2）计算分度手柄转数，并确定所用的孔圈

$$n' = \frac{\theta'}{9°} = \frac{1°}{9°} = \frac{6}{54}$$

3）计算、选择交换齿轮

$$\frac{z_1 z_3}{z_2 z_4} = \frac{40(\theta - \theta')}{\theta} = \frac{40(55' - 60')}{55'} = -\frac{40 \times 5}{55}$$

$$= -\frac{40}{11} = -\frac{8 \times 5}{11 \times 1} = -\frac{25 \times 80}{55 \times 10} = -\frac{100 \times 80}{55 \times 40}$$

即主动轮 $z_1 = 100$，$z_3 = 80$；从动轮 $z_2 = 55$，$z_4 = 40$。

（4）调整分度装置

1）选装分度盘。选择和安装具有 54 圈孔的分度盘，松开分度盘紧固螺钉。

2）调整分度销位置。松开分度销紧固螺母，将分度销对准 54 孔圈位置，然后旋紧紧固螺母。

3）调整分度叉位置。松开分度叉紧固螺钉，拨动叉片，使分度叉之间包含 6 个孔距（即 7 个孔），并紧固分度叉。

(5) 配置、安装交换齿轮

1) 在分度头主轴的后锥孔内安装交换齿轮轴,然后在交换齿轮轴上安装主动齿轮 z_1 = 100,齿轮与轴通过平键联接,并用轴端的螺母和平垫圈锁定其轴向位置。

2) 在分度头的侧轴轴套上安装交换齿轮架,稍微紧固齿轮架紧定螺钉。

3) 在侧轴上安装从动齿轮 z_4 = 40,注意平键联接和安装平垫圈及锁紧螺母。

4) 在交换齿轮架上安装交换齿轮轴、交换齿轮和中间齿轮。具体操作步骤如下:

① 将两根交换齿轮轴紧固在齿轮架上,一根装上齿轮套和从动齿轮 z_2 = 55、主动齿轮 z_3 = 80,另一根安装中间齿轮,中间齿轮的齿数以能与主动齿轮 z_3 = 80 和从动齿轮 z_4 = 40 都啮合为宜,中间齿轮的个数则根据交换齿轮计算结果前的符号确定(本例为负号),交换齿轮的个数应使分度手柄与分度盘的转向相反。

② 略松开交换齿轮轴的紧固螺母,使主动齿轮 z_3 = 80 与侧轴从动轮 z_4 = 40 啮合,中间轮与从动轮 z_2 = 55 啮合(也可以在 z_3、z_4 之间配置中间齿轮)。扳紧交换齿轮和中间轮齿轮轴的紧固螺母,固定齿轮轴在齿轮架上的位置。复核齿轮啮合间隙后,在齿轮轴端安装平垫圈和锁紧螺母,以防齿轮在传动中脱落。

③ 松开齿轮架的紧固螺母,用手托住让分度架绕侧轴摆动下落,使中间齿轮与分度头主轴主动轮啮合,然后紧固齿轮架。

④ 摇动分度手柄,检查分度盘转向与分度手柄转向是否相反。

2. 角度差动分度操作

(1) 消除分度间隙 在分度操作前,顺时针摇分度手柄,以消除分度传动机构的间隙。

(2) 确定起始位置 使分度头主轴的位置从主轴刻度的零位开始,分度销的起始位置从两边刻有孔圈数的圈孔位置开始。

(3) 为了便于在分度过程中进行校核,在本例操作中可应用以下验算方法:

1) 6 孔距(7 孔)是 54 孔的 1/9,因此在分度操作中,起始与终点孔位始终在 54 孔圈的九分点位置上,即 0 孔位、6 孔位、12 孔位……48 孔位上。

2) 分度过程中分度头每一等分主轴刻度盘的度数应转过 55′,刻制 12 格以后,分度头主轴总计转过 11°。

(4) 分度操作 刻制完第一条线后,松开主轴紧固手柄,拔出分度销,将分度销锁定在收缩位置,分度手柄转过 54 圈孔中 6 个孔距(由于分度盘相对分度手柄逆向转动,分度手柄实际上转过 $\frac{55}{540}$ r),将分度销插入圈孔中,锁紧主轴紧固手柄,可刻制第二条线。

技能训练 5 直齿条直线移距分度法操作

重点与难点:重点掌握侧轴交换齿轮直线移距分度法;难点为交换齿轮配置计算与移距角度控制。

1. 直齿条直线移距分度操作准备

铣削图 4-18 所示的直齿条，采用直线移距分度法操作，须按以下步骤做好操作准备。

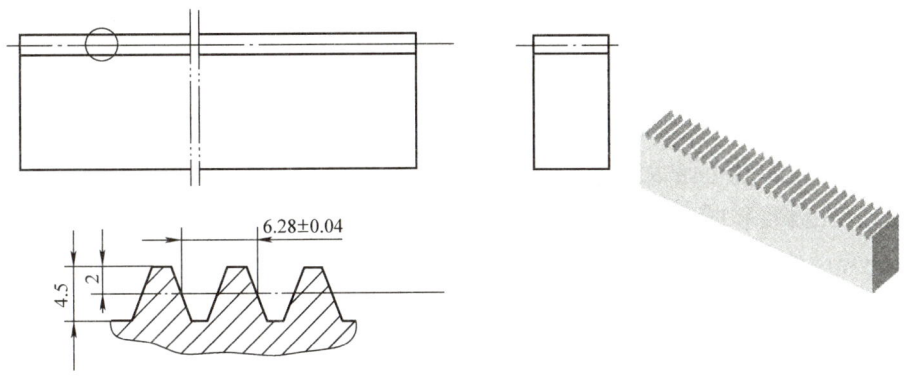

图 4-18 直齿条零件图

（1）分析分度数

1）齿距 $P = (6.28 \pm 0.04)$mm，即铣削一条齿槽后，直线移距 6.28mm 后铣削下一条齿槽。

2）因直线移距精度要求比较高，移距数值比较大，宜在分度头侧轴配置交换齿轮进行直线移距分度。

（2）安装分度头

1）选择万能分度头型号，本例选用 F11125 型分度头。

2）安装分度头。将分度头安装在工作台中间的 T 形槽内，安装位置应靠向工作台右端，以便在分度头主轴和工作台的纵向丝杠之间配置交换齿轮。

（3）计算分度手柄转数 n 和交换齿轮

1）选取分度手柄转数 $n = 1$。

2）计算、选择交换齿轮

$$\frac{z_1 z_3}{z_2 z_4} = \frac{s}{nP_{丝}} = \frac{6.28}{1 \times 6} \approx 1.0467 \approx \frac{70 \times 90}{100 \times 60} = 1.05，即 s_{实际} = 6.30\text{mm}$$

根据图样的齿距公差，6.30mm 在（6.28±0.04）mm 范围之内。

（4）配置、安装交换齿轮

1）在分度头的侧轴轴套上安装交换齿轮架，略紧固齿轮架紧固螺钉。

2）在侧轴上安装主动齿轮 $z_1 = 70$，注意平键联接和安装平垫圈及锁紧螺母。

3）在交换齿轮架上安装交换齿轮轴和中间齿轮。具体操作步骤如下：

① 将交换齿轮轴紧固在齿轮架上，装上齿轮套、主动齿轮 $z_3 = 90$ 和从动齿轮 $z_2 = 100$ 及中间齿轮，中间齿轮的齿数以能与主动齿轮和从动齿轮都啮合为宜。

② 稍微松开交换齿轮轴的紧固螺母，使从动齿轮 $z_2 = 100$ 与侧轴的主动齿轮啮合，中间齿轮与主动齿轮 $z_3 = 90$ 啮合（若有两个中间齿轮，则使第一个中间齿轮与从动轮啮合，再使第二个中间齿轮与第一个中间轮啮合）。旋紧齿轮轴的紧固螺母，固定齿轮轴在齿轮架上的位置。复核齿轮啮合间隙后，在齿轮轴端安装平垫圈和锁紧螺母，以防齿轮在传动中脱落。

③ 拆下工作台端面的端盖，在纵向丝杆右端装上轴套，在轴套上安装从动齿轮 $z_4 = 60$，并装上垫圈和螺钉，以防齿轮传动时脱落。

④ 松开齿轮架的紧固螺母，用手托住让分度架绕侧轴摆动下落，使中间齿轮与纵向丝杠的从动轮啮合，然后紧固齿轮架。

2. 直线移距分度操作

（1）消除分度间隙　在分度操作前，松开分度盘紧固螺钉，将分度销插入某一圈孔内，按直线移距方向摇分度手柄，消除分度传动机构和交换齿轮及工作台传动的间隙。

（2）确定起始位置　工件对刀确定铣削第一条齿槽位置后，在分度盘和分度头壳体的下方，用划针划出零位线。

（3）验算方法　为了便于在分度过程中进行校核，在本例操作中可应用以下验算方法：即分度手柄带动分度盘每转过 1r，工作台纵向移动 6.30mm。

（4）分度操作　铣削时，须紧固工作台纵向，铣削完第一条齿槽后，松开纵向紧固螺钉，分度手柄带动分度盘按零位线转过 1r，紧固工作台纵向，铣削第二条齿槽。

技能训练 6　刻线直线移距分度法操作

重点与难点：重点掌握主轴交换齿轮直线移距分度法；难点为交换齿轮计算配置及移距精度控制。

1. 刻线直线移距分度操作准备

在图 4-19 所示的直尺上刻线，采用直线移距分度法操作，按以下步骤做好操作准备。

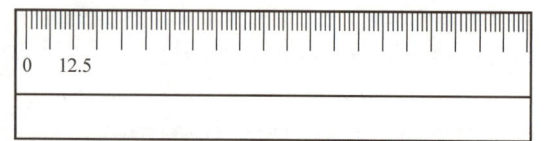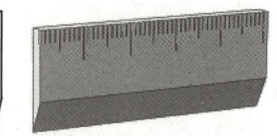

图 4-19　刻线直尺零件图

（1）分析分度数

1）刻线间距 $s = 1.25$mm，即刻制一条线后，须直线移距 1.25mm 后再刻制下一条线。

2）因直线移距精度要求比较高，且移距数值较小，宜在分度头主轴配置交换齿轮进行直线移距分度。

（2）安装分度头

1）选择万能分度头型号，本例中选用 F11125 型分度头。

2）安装分度头。将分度头安装在工作台中间的 T 形槽内，安装位置应靠向工作台右端，以便在分度头主轴和工作台的纵向丝杠之间配置交换齿轮。

（3）计算分度手柄转数 n 和交换齿轮

1）选取分度手柄转数 $n = 5$r。

2）计算、选择交换齿轮

$$\frac{z_1 z_3}{z_2 z_4} = \frac{40s}{nP_{44}} = \frac{40 \times 1.25}{5 \times 6} = \frac{50}{30}$$

（4）配置、安装交换齿轮（见图 4-20）

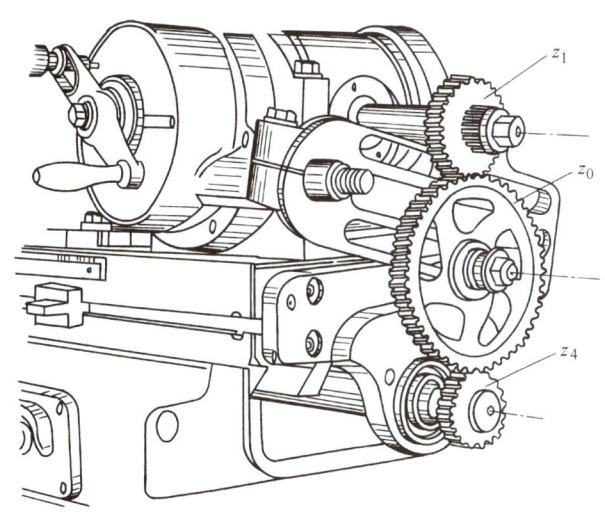

图 4-20　主轴交换齿轮法直线移距传动系统

1）在分度头的侧轴轴套上安装交换齿轮架，略紧固齿轮架紧定螺钉。

2）安装主轴交换齿轮轴，并安装主动齿轮 $z_1 = 50$。安装时应注意平键联接和安装平垫圈及锁紧螺母。

3）拆下工作台端面的端盖，在纵向丝杠右端装上轴套，在轴套上安装从动齿轮 $z_4 = 30$，并装上垫圈和螺钉，以防齿轮传动时脱落。

4）在交换齿轮架上安装中间齿轮，并使中间齿轮与主动齿轮和从动齿轮啮合，然后紧固齿轮架。

2. 直线移距分度操作

（1）消除分度间隙　在分度操作前，将分度销调整到某一圈孔位置上，按直线移距方向摇分度手柄，消除分度传动机构和交换齿轮及工作台传动的间隙。

（2）确定起始位置　工件对刀确定刻制第一条线位置后，将分度销插入最近的一个圈孔内，作为分度起始孔。

（3）为了便于在分度过程中进行校核，在本例操作中可应用以下验算方法：即分度手柄每转过 5r，分度头主轴转过 45°，而工作台纵向移动 1.25mm。

（4）分度操作　刻线时，须紧固工作台纵向，刻制完第一条线后，松开纵向紧固螺钉，分度手柄转过 5r，紧固工作台纵向，刻制第二条线。

Chapter 5

项目 5 角度面与刻度加工

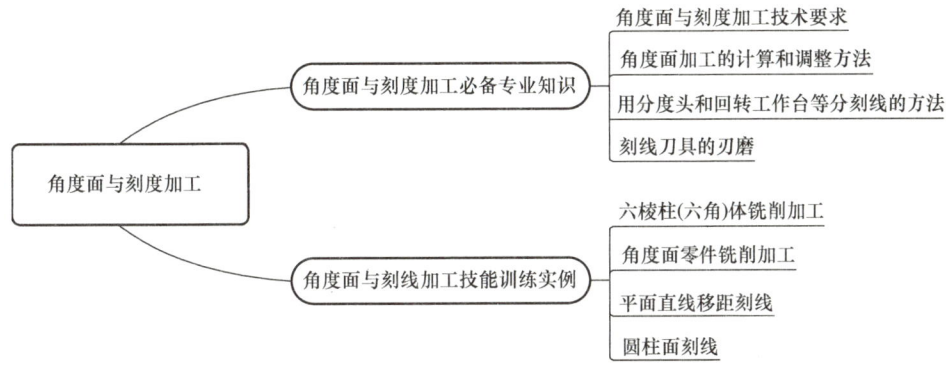

5.1 角度面与刻度加工必备专业知识

5.1.1 角度面与刻度加工技术要求

1. 角度面和刻线零件的基本特征

（1）角度面零件的基本特征（见图5-1） 具有角度面的零件与连接面零件有许多共同点。角度面零件加工的平面基本上都是斜面，即所加工的平面相互之间成一定的倾斜角，如棱柱、棱台、棱锥体等。这些零件的坯件一般是圆柱体，斜面与斜面之间除了有夹角要求外，对轴线还有中心角或等分度等要求。

（2）刻线零件的基本特征（见图5-2） 在铣床上刻线具有较高的加工精度，刻线通常分布在工件的圆柱面、圆锥面和平面上，在平面上刻线还有向心刻线和直线移距刻线之分。刻线通常按需要有长、中、短线3种。刻线加工，实质上是在铣床上通过进给用静止刀具在工件表面加工截面为V形的沟槽的切削过程。V形槽的夹角、深度会影响槽口宽度（即刻线宽度）。刻线的等分或间距尺寸精度是刻线加工主要技术要求。

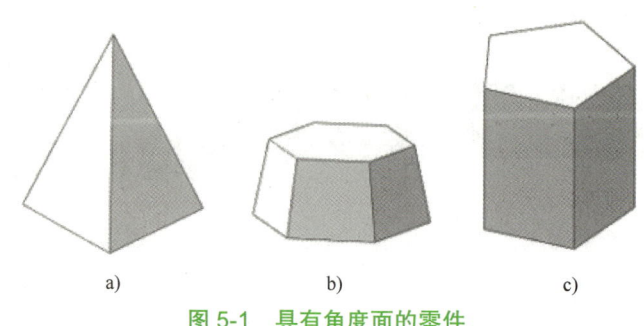

图 5-1 具有角度面的零件

a）正棱锥 b）正棱台 c）正棱柱

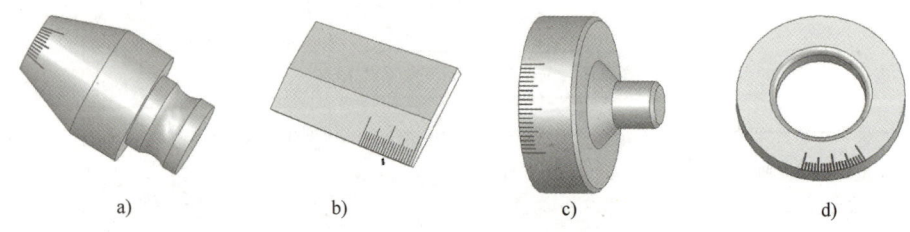

图 5-2 具有表面刻线的零件

a）圆锥面刻线 b）平面直线移距刻线 c）圆柱面刻线 d）平面向心刻线

2. 角度面加工的技术要求

1）角度面的平面度和交线（棱）的直线度要求，以及棱线点汇交（如棱锥顶点）和棱线共面连接（如棱柱与棱台连接）要求。

2）正棱柱、正棱台、正棱锥的端面边长（或外接圆、对角线）和高度（或棱长）尺寸精度要求。

3）棱台、棱锥侧面与工件轴线或其他基准之间的夹角要求，侧面之间的夹角要求。

4）角度面与端面、轴线等基准的位置精度要求。

5）角度面的表面粗糙度要求。

3. 刻线加工的技术要求

（1）刻线（槽）的对称度和线向要求　如圆柱面刻线（槽）对称于工件轴向平面，刻线与轴线平行。

（2）刻线的长度尺寸要求　如长、中、短线的尺寸要求。

（3）刻线起始位置要求　如平面向心刻线的起始圆直径尺寸，又如直尺刻线线长起始位置及第一条刻线与基准的位置尺寸。

（4）刻线的宽度尺寸要求　宽度与刻线槽的夹角和刻线的深度尺寸有关。

（5）刻线的直线度和清晰度要求　实质上是刻线槽侧面的表面粗糙度要求，清晰度还与刻线槽底（刻线刀刀尖）圆弧和刻线所在表面的质量有关。

5.1.2 角度面加工的计算和调整方法

1. 角度面铣削的计算

（1）分度计算　角度面工件通常用分度夹具装夹加工，因此需进行等分分度计算或角度分度计算。

1）圆周均布的角度面的分度计算。铣削正棱锥、正棱台和正棱柱，因这些工件的角度面与棱的等分数是相同的，在分度夹具上铣削加工时，需按角度面或棱的等分数计算分度手柄的转数 n。

例如，在F11125型分度头上铣削加工一个正六棱柱工件，分度手柄转数 n 按简单分度法公式计算，即

$$n = \frac{40}{6} = 6\frac{2}{3} = 6\frac{44}{66}$$

也就是说，每铣削加工完一个角度面，分度手柄转过6r又66孔圈上的44个孔距。

2）与工件轴线平行的单角度面分度计算。例如，在轴上加工一个角度面（见图5-3），此面与工件轴线平行并与端面直角槽夹角为30°。此时，角度面与直槽之间的夹角1与加工位置中心角2是相等的，因此，找正工件端面的直角槽后，在30°夹角分度时，分度头手柄转数按角度分度公式计算，即

$$n = \frac{\theta°}{9°} = \frac{30°}{9°} = 3\frac{1}{3} = 3\frac{18}{54}$$

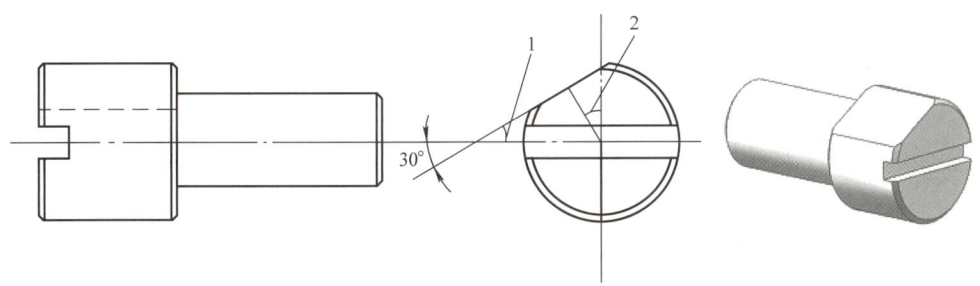

图5-3　单角度面分度计算示意

也就是说，找正端面直角槽后，铣削角度面时，分度手柄应转过3r又54孔圈上的18个孔距。

（2）分度头仰角计算　铣削与轴线倾斜的单角度面时，需调整分度头的仰角。仰角的计算与斜面加工时工件转动角度的调整计算方法基本相同。例如，在立式铣床上用立铣刀铣削，若图样要求角度面与轴线的夹角为 α，则分度头的仰角等于 α；若图样要求角度面与端面的夹角为 β，则分度头的仰角 $\alpha = 90° - \beta$。

若角度面不仅与轴线倾斜，还与某一基准（如前例的端面直角槽）有夹角要求，可分别进行计算后调整分度头仰角与分度头主轴旋转角度。

2. 角度面铣削调整要点

（1）工件找正要点　找正工件与分度头同轴，工件轴线与进给方向平行，按图样要求找正工件轴线与工作台面平行或成一定仰角。

（2）工件装夹要点　通常采用安装在分度头或回转工作台上的自定心卡盘装夹工件。工件伸出部分应尽量短，必要时可采用尾座后顶尖作辅助定位。

（3）铣削调整要点　铣刀直径不宜过大，以免铣削振动；切除余量须按角度面与工件轴线的尺寸进行调整，一般不用角度面的宽度控制；分度计算时尽量用较大的圈孔数，以满足角度中"度""分""秒"的要求；铣削棱柱、棱台、棱锥连接的工件时，应在调整切削余量时，注意观察棱的共面连接和点汇交质量。

5.1.3　用分度头和回转工作台等分刻线的方法

1. 用分度头和回转工作台装夹工件的方法

（1）用分度头及其附件装夹轴类和套类工件的方法见表 5-1。

表 5-1　用分度头及其附件装夹轴类和套类工件的方法

序号	简图	适用范围和特点
1		适用于工件两端有中心孔（顶尖孔）的轴类工件加工，用拨盘和鸡心卡头带动工件旋转 工件与主轴的同轴度易于保证
2		适用于一端有中心孔的轴类工件加工 铣削时刚度较好，但找正工件与主轴的同轴度较麻烦
3		适用于较短的轴类工件加工 装夹方便，铣削平稳
4		适用于多件或较长的套类工件加工，要求工件内孔与心轴配合准确、两端面平行且与内孔垂直 工件与主轴的同轴度易于保证
5		适用于多件或较长的套类工件加工，要求工件内孔与心轴配合准确、两平面平行且内孔垂直 铣削刚度较好，装夹方便，但同轴度找正较困难
6		适用于较短的套类工件加工，分度头主轴能倾斜角度 心轴结构简单，但是当主轴倾斜角度较大时，机床工作台升降距离受影响，铣削时刚度较差

(续)

序号	简图	适用范围和特点
7		适用于短的套类工件加工，工件内孔与心轴配合要准确，主轴能倾斜角度 工件与主轴的同轴度易于保证，能承受较大的铣削力
8		适用于较大的套类工件加工，工件内孔与心轴配合要准确 工件与主轴的同轴度好，能承受较大的铣削力，尤其加工螺旋线的工件较为有利

（2）用回转工作台刻线工件装夹的方法

1）矩形工件在回转工作台上的装夹方法如图5-4所示。在刀架平面上刻制角度线时，可直接用螺栓、压板将工件装夹在回转工作台的台面上，如图5-4a所示。也可以先在回转工作台面上安装一个机用虎钳，然后用机用虎钳装夹工件，如图5-4b所示。工件高度尺寸较大时，可先在回转工作台面上安装六面直角铁，然后将工件装夹在六面直角铁上，如图5-4c所示。

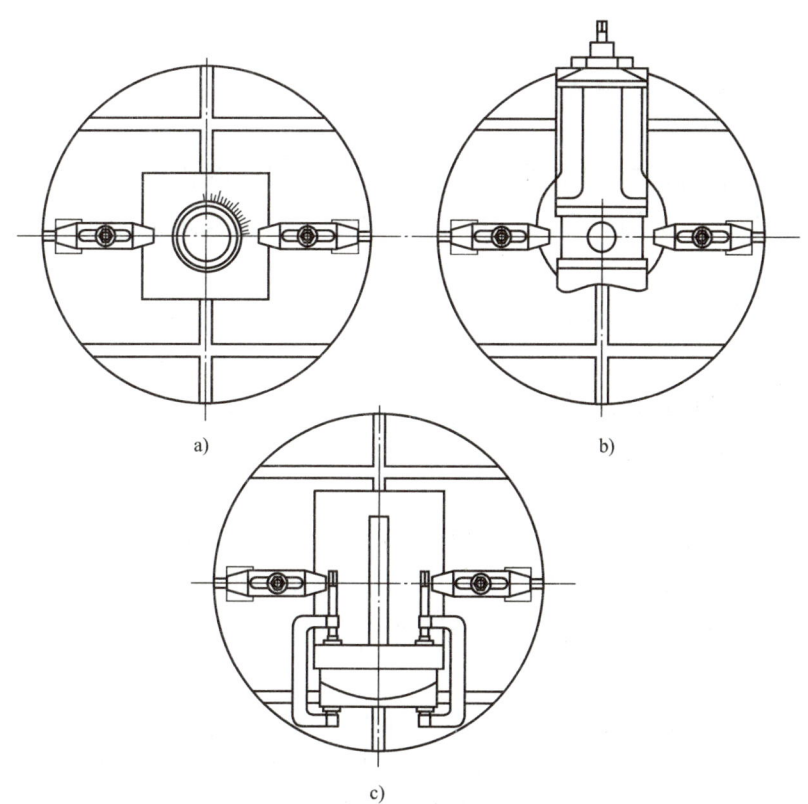

图5-4　在回转工作台上装夹矩形工件的方法
a）用螺栓和压板装夹　b）用机用虎钳装夹　c）用六面直角铁装夹

2）较大直径的套类或盘状工件在回转工作台上的装夹方法如图 5-5 所示。在大直径弧形块的圆柱面上刻线时，可直接用螺栓和压板装夹工件，如图 5-5a 所示。也可以用较大规格的自定心卡盘装夹工件，如图 5-5b 所示。

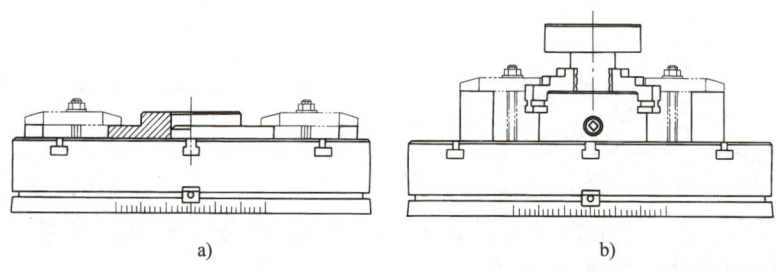

图 5-5　在回转工作台上装夹套类或盘状工件的方法

a）用螺栓和压板装夹　b）用自定心卡盘装夹

2. 工件找正和对刀调整要点

（1）工件找正要点

1）在圆柱面和圆锥面上刻线，应找正工件的圆柱面和圆锥面与分度夹具回转中心同轴，并找正工件轴线与刻线进给方向平行，然后找正工件上素线与工作台面平行。

2）平面上直线移距刻线，应找正工件刻线表面与工作台面的平行度，并找正工件侧面基准与工作台移距方向的平行度。

3）在平面上刻制向心角度线，应找正工件刻线表面与工作台面的平行度，并找正工件圆周基准与分度夹具回转中心同轴。

（2）对刀调整要点

1）准确安装刻线刀具。安装刀具时最好采用刻线刀具刀夹，如图 5-6a 所示，也可以将刀具装夹在长刀杆的垫圈之间，在立式铣床上可用铣夹头和弹性套装夹刻线刀。刀尖的对称中间平面应与工作台面垂直，并使刀具处于静态正前角和后角的位置，如图 5-6b、c 所示。

2）对刀调整刻线位置。常用的方法是在刻线表面划线，并将划线调整到准确的刻线加工位置。如用卧式铣床在圆柱面上刻线，应先在工件表面划出水平中心线，将工件转过 90°，使中心划线处于上方刻线加工位置。随后，调整工作台使刻线刀刀尖对准划线，然后调整刻线深度和长度便可进行刻线加工。

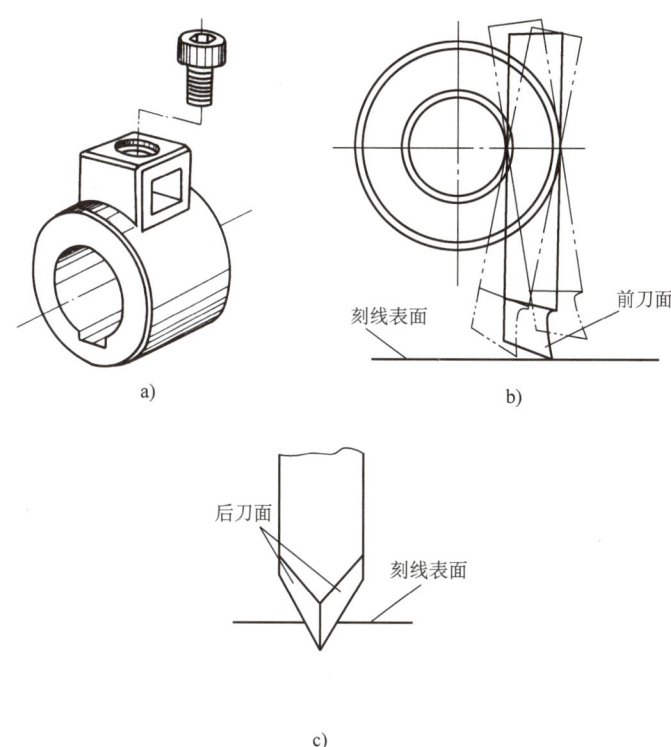

图 5-6 刻线刀具的安装方法

a）安装用刀夹 b）刀具前角安装位置 c）刀具后角安装位置

5.1.4 刻线刀具的刃磨

（1）刻线刀具的选材　刻线刀具一般是利用高速钢材料的废键槽铣刀、中心钻、锯片铣刀或车刀等改制而成的。其他材料（如碳素工具钢因硬度不够，硬质合金因韧性不够）不宜作为刻线刀材料。

（2）刻线刀具的几何角度　一般情况下，刻线刀具的前角 $\gamma_o \approx 0° \sim 8°$，刀尖角 $\varepsilon_r \approx 45° \sim 60°$，后角 $\alpha_o \approx 6° \sim 10°$，如图 5-7 所示。

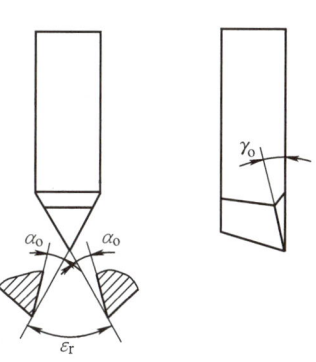

图 5-7 刻线刀具的几何角度

（3）刻线刀具的刃磨方法　以矩形高速钢车刀刃磨成刻线刀的过程为例，选择（白色）氧化铝砂轮刃磨刀具。刃磨的基本步骤：先按刀尖角对称刃磨刀尖两侧面，然后按后角刃磨两侧后面，最后按前角刃磨前面。刃磨后通常可用磨石修磨前刀面和后刀面，以提高刀面与刃口质量。

5.2 角度面与刻线加工技能训练实例

技能训练1 六棱柱（六角）体铣削加工

重点与难点：重点掌握六角铣削操作方法；难点为组合三面刃铣刀铣削时对称度与对边尺寸控制，以及带内螺纹零件的装夹方法。

1. 六棱柱（六角）铣削加工工艺准备

铣削加工如图5-8所示的六角零件，须按以下步骤进行工艺准备。

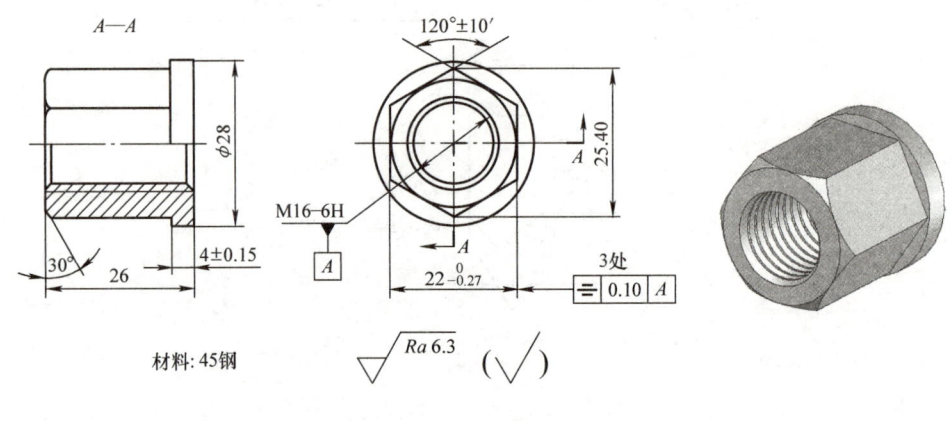

图5-8 六角零件

（1）图样分析

1）分析加工精度。

① 六角外接圆尺寸为 $\phi25.40$mm，六角对边尺寸为 $22_{-0.27}^{0}$mm，六角长度尺寸由圆柱阶梯尺寸（4 ± 0.15）mm 间接控制。

② 六角侧面之间的夹角为 $120°\pm10'$，对工件螺纹轴线的对称度公差为 0.10mm。

③ 预制件的总长度为 26mm，工件外圆直径为 $\phi28$mm，六角端面有 30°倒角，倒角与端面的交线圆和六角内接圆重合。

2）分析表面粗糙度。工件表面的粗糙度值全部为 $Ra6.3\mu m$，铣削加工比较容易达到。

3）分析材料。预制件材料为调质45钢，其铣削性能较好，可选用高速钢铣刀，加注切削液进行铣削。

4）分析形体。工件是中心带有贯穿的 M16-6H 内螺纹的短圆柱状零件，加工成形后是一端有圆柱阶梯的六角螺母，但有对称度和相邻面的夹角精度要求。$\phi28$mm 圆柱面长度为（4 ± 0.15）mm，无法用于装夹，因此宜采用分度头自定心卡盘装夹带螺纹的专用心轴，然后将工件装夹在专用心轴上进行加工。

（2）拟定加工工艺与工艺准备

1）拟定六角加工工序过程。根据图样的精度要求，六角在铣床上可采用三面刃铣刀或立铣刀单侧面铣削加工，当工件数量较多时，也可以采用两把三面刃铣刀组合后，用内侧刃同时铣削六角的对应平行侧面。

采用两把三面刃铣刀铣削六角的加工工序过程：检验预制件→安装分度头及自定心卡盘→装夹和找正工件→安装铣刀并测量内侧刃之间的尺寸（试切时的尺寸约为 23mm）→目测对刀，试铣六角两侧面→预检六角对边尺寸 A_1→工件转过 180° 再次铣削六角同一对边→再次测量六角对边尺寸 A_2→按六角对边尺寸 A 与 A_1 差值准确调整中间垫圈厚度→按（$A_1 - A_2$)/2 准确调整对边铣削位置→预检六角长度尺寸→按尺寸（4±0.15）mm 准确调整六角长度铣削位置→按六角等分要求分度，依次铣削六角→六角铣削工序的检验。

2）选择铣床。选用 X6132 型万能卧式铣床。

3）选择工件装夹方式。选用 T12320 型手动立轴式回转工作台分度，采用自定心卡盘装夹带螺纹专用心轴，如图 5-9a 所示。自定心卡盘与回转工作台轴线的同轴度用专用定位盘（见图 5-9b）定位，也可采用指示表找正。工件数量较大时一般采用六等分专用夹具。

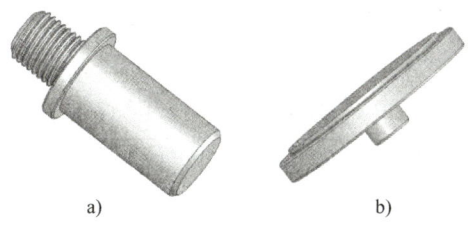

图 5-9 专用心轴和定位盘

a) 带螺纹专用心轴 b) 专用定位盘

4）选择刀具。根据图样给定的六角长度尺寸和对边尺寸，选用三面刃铣刀的规格，铣刀外径应大于刀杆垫圈外径与 2 倍六角长度尺寸之和（本例为 84mm）。铣刀的厚度应大于六角外接圆与对边差值的一半（本例为 3mm）。现选用 100mm×27mm×12mm 的标准直齿三面刃铣刀，两把铣刀外径应严格相等。

5）选择检验测量方法。根据尺寸精度，六角对边尺寸用 0～25mm 的外径千分尺测量检验；六角侧面对轴线的对称度检验与四方对称度检验方法相同。用游标卡尺测量长度尺寸（4±0.15）mm 并间接进行检验；相邻侧面的夹角 120°±10′ 用游标万能角度尺检验。

2. 六角工件的加工

（1）加工准备

1）预制件检验。根据图样要求，预制件的检验主要是用游标卡尺测量工件

φ28mm 外径的实际尺寸，测量工件总长度 26mm。此外还须借助 M14-4H 专用心轴外螺纹，以工件内螺纹能否旋入和配合间隙是否合适为依据进行检验。本例若是批量加工，一般只需检验首件和抽查合格即可。

2）安装回转工作台和自定心卡盘。将回转工作台安装在工作台中间 T 形槽内，位置居中。安装自定心卡盘时，注意各接合面之间的清洁度。由于定心盘的精度比较高，它相当于分度头连接盘的作用，它的一端外圆与回转工作台的主轴定位台阶孔配合，另一端外圆与自定心卡盘的定位内圆配合，中间盘的两环形平面具有较高精度的平行度，因此采用定心盘可方便地安装卡盘，并使卡盘的轴线与回转工作台的轴线同轴。定位安装后，用螺栓、压板将卡盘压紧在回转工作台台面上。

3）分度计算及分度定位销的调整。

① 根据简单分度公式计算回转工作台的分度手柄转数 n。T12320 型回转工作台定数为 90，六角的等分数为 6，故

$$n = \frac{90}{z} = \left(\frac{90}{6}\right)r = 15r$$

即每铣完一边后，分度手柄应转过 15r。

② 调整分度定位销。将回转工作台分度刻度盘换成分度手柄和孔圈分度盘，并将分度定位销调整到任一个孔圈，因为 $n = 15r$ 是整转数，与孔圈数无关，分度叉只起到指示整转定位孔的作用。

4）装夹和找正工件。用自定心卡盘装夹专用心轴，心轴中间凸缘的两侧面具有较高的平行度，一侧与自定心卡盘的阶梯顶面贴合，另一侧作为工件的端面定位。用指示表找正心轴凸缘外圆柱面与回转工作台轴线的同轴度误差在 0.05mm 以内，将工件内螺纹旋入心轴外螺纹，并用管钳将工件拧紧在心轴上。

5）安装铣刀。选择外径与三面刃铣刀内孔相配合的刀杆安装组合铣刀。组合铣刀的安装位置应尽量靠近主轴，但须注意不要妨碍铣削加工。组合铣刀中间垫圈的厚度，试切时按铣刀内侧刃之间的尺寸确定，而铣刀内侧刃之间的尺寸应略大于六角的对边尺寸（本例为 22mm）。用游标卡尺测量时，应注意将铣刀的刀刃大致对齐，以便于测量，如图 5-10 所示。

6）选择铣削用量。按工件材料（调质 45 钢）和铣刀的规格选择和调整铣削用量，调整主轴转速 $n = 75$r/min（$v \approx 23$m/min），进给量 $v_f = 60$mm/min（$f_z \approx 0.044$mm/z）。

（2）铣削加工

1）调整侧面铣削位置。

① 切痕对刀示意如图 5-11a 所示，调整工作台垂向，

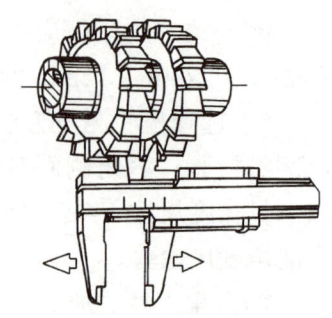

图 5-10 用游标卡尺测量组合铣刀内侧刃之间的尺寸

使三面刃铣刀圆周刃最低点与工件端面的距离约为10mm，调整工作台横向，铣刀沿纵向缓缓接近工件，使两把铣刀恰好同时擦到工件。先试切，观察切痕大小，若切痕大小不一致，向切痕小的一面微量调整横向，将切痕相等的位置在横向刻度盘上做好对刀标记。

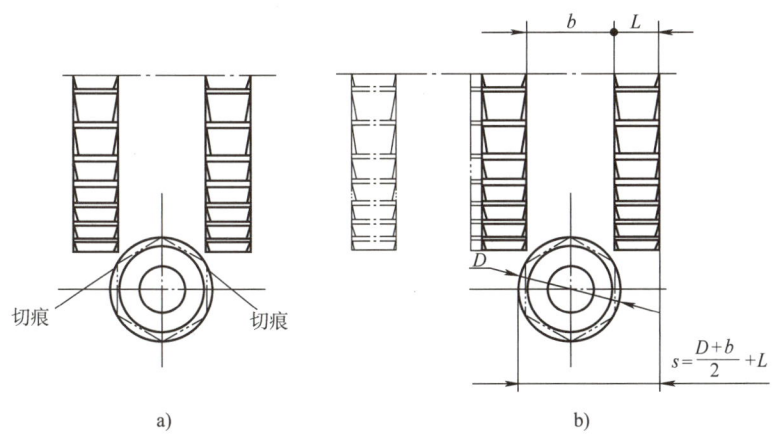

图 5-11　六角侧面铣削对刀调整示意

a）切痕对刀　b）擦表面对刀

② 擦表面对刀示意如图 5-11b 所示，在工件的圆柱面上贴薄纸，使铣刀外侧刃与工件外圆接触，然后工作台横向移动距离。

$$s = \frac{D+b}{2} + L = \left(\frac{28+22}{2} + 12\right)\text{mm} = 37\text{mm}$$

③ 试切调整六角的对边尺寸和对称度的方法与采用组合铣刀铣削四方时的方法完全相同。

2）调整铣削长度。调整操作方法与四方铣削基本相同，铣削时，应按 4mm 的台阶预检长度尺寸调整工作台垂向。

3）试铣预检。调整好铣削位置后，铣削第一对应面，预检对边尺寸为 $22_{-0.27}^{0}$mm，然后将工件转过180°（即分度手柄转过45r），反向铣削第一对应面，因对称度和对边尺寸都已调整好，两侧面不应再有切削余量；用游标卡尺预检台阶长度，若测得长度为 10mm，则还需铣除 6mm，可进入台阶长度尺寸公差范围。

4）粗铣各面。按对边尺寸 22mm 和长度尺寸 4mm 的铣削位置，每铣削一面，分度手柄转过 15r，依次铣削六面。

3. 六角工件的检验与质量分析要点

（1）检测六角

1）用千分尺测量六角对边尺寸。对边尺寸应在 21.73～22mm 范围内。

2）用游标卡尺测量台阶长度尺寸。长度尺寸应在 3.85～4.15mm 范围内。

3）用指示表测量六角对称度误差。测量检验方法与四方对称度检验完全相同，指示表的示值变动量应在 0.10mm 之内。

4）检验六角侧面夹角。采用游标万能角度尺测量，具体操作方法与斜面夹角测量相同。

5）通过目测类比法进行表面粗糙度的检验，本例六角的侧面使用端面铣削法加工，台阶面由铣刀周边铣削加工。

（2）组合铣刀铣削六角工件的质量分析要点

1）对边和长度尺寸超差的主要原因可能有：在调整对边尺寸时垫圈厚度计算、工作台移动、测量中的误差和操作失误。

2）相邻面角度超差的原因可能有：分度计算错误；分度手柄转数操作失误；测量夹角操作和量具读数不准确。

3）六角对称度超差的原因可能有：专用心轴与分度头主轴的同轴度差；对称度调整、预检失误等。

4）六角对应面不平行的原因可能是工作台纵向进给方向与机床轴线不垂直。

5）六角阶台面未接平的原因可能是两把铣刀的外径不一致。

技能训练 2　角度面零件铣削加工

重点与难点：重点掌握圆柱零件角度面铣削操作方法；难点为角度面的位置控制与检测。

1. 角度面铣削加工工艺准备

铣削加工图 5-12 所示的角度面零件，须按以下步骤进行工艺准备。

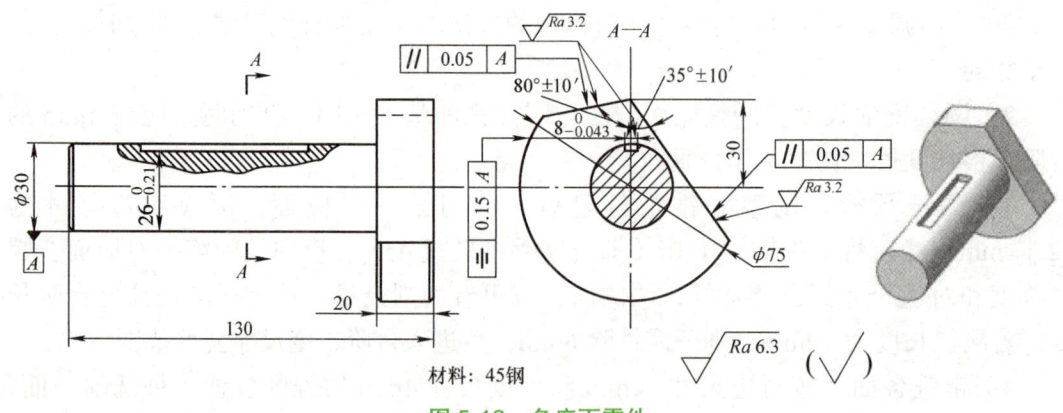

图 5-12　角度面零件

（1）分析图样

1）分析加工精度。

① 角度面与轴上键槽中心平面的夹角分别为 35°±10′ 与 80°±10′。

② 两角度面交线至工件轴线的尺寸为 30mm。

③ 两角度面与工件轴线的平行度公差为 0.05mm。

④ 预制件的总长度为 130mm，角度面所在外圆直径为 ϕ75mm，键槽所在外圆直径为 ϕ30mm，键槽宽度为 $8_{-0.043}^{0}$mm，槽底至轴外圆的尺寸 $26_{-0.21}^{0}$mm，键槽的对称度公差为 0.15mm。

2）分析表面粗糙度。工件键槽和角度面表面粗糙度值为 Ra3.2μm，其余为 Ra6.3μm，铣削加工比较容易达到。

3）材料分析。预制件的材料为 45 钢，其切削性能较好，可选用高速钢铣刀，加注切削液进行铣削。

4）分析形体。预制件为阶梯轴零件，宜采用分度头自定心卡盘装夹。

（2）拟定加工工艺与工艺准备

1）拟定角度面加工工序过程。根据图样的精度要求，角度面在铣床上可采用立铣刀铣削加工。角度面加工工序过程：检验预制件→安装分度头及自定心卡盘→装夹和找正工件→安装立铣刀→工件端面划线→调整 35°±10′角度面铣削位置→粗铣 35°±10′角度面→调整 80°±10′角度面铣削位置→粗铣 80°±10′角度面→预检角度面位置尺寸和夹角精度→准确调整角度面铣削位置→精铣角度面→角度面铣削工序的检验。

2）选择铣床。选用 X5032 型立式铣床。

3）选择工件装夹方式。选用 F11125 型分头度，采用自定心卡盘装夹工件。考虑到工件找正角度面铣削位置时须以键槽为基准，但工件悬臂装夹伸出距离不宜过长，因此宜将键槽位置处于卡爪之间，如图 5-13 所示。

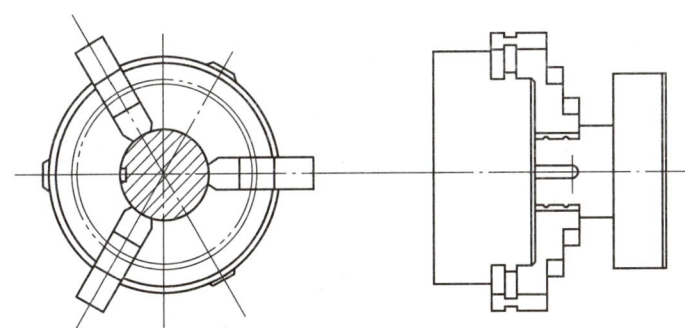

图 5-13 工件装夹方式和位置

4）选择刀具。根据图样给定的角度面所在圆柱面的长度尺寸 20mm 选立铣刀的规格，现选用直径为 28mm 的锥柄中齿标准立铣刀。

5）选择检验测量方法。

① 角度面夹角测量借助分度头和指示表测量，具体的测量步骤如图 5-14 所示。

② 角度面与轴线的位置尺寸测量须先进行计算，按图样给定的角度面交线至轴线的尺寸 30mm（e），由几何关系可以计算得到尺寸 e_1、e_2，然后借助指示表按计算

所得尺寸 e_1、e_2 来测量。

$$e_1 = (30 \times \sin35°) \text{mm} = 17.20\text{mm}$$

$$e_2 = (30 \times \sin80°) \text{mm} = 29.54\text{mm}$$

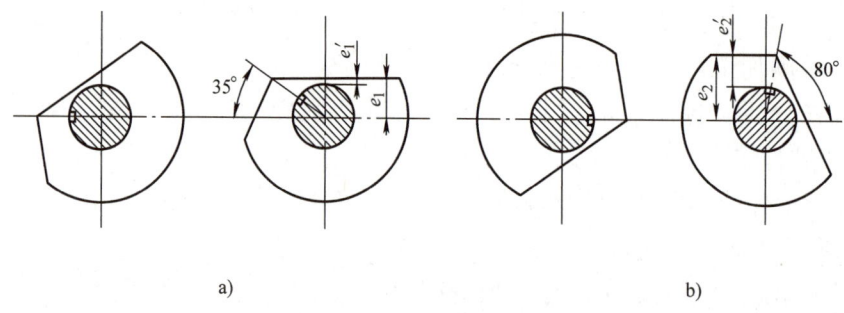

图 5-14 角度面位置精度测量

a) 35°角度面测量　b) 80°角度面测量

借助键槽所在外圆测量角度面至外圆的尺寸为

$$e'_1 = (17.20 - 15) \text{mm} = 2.20\text{mm}$$

$$e'_2 = (29.54 - 15) \text{mm} = 14.54\text{mm}$$

若测得的角度面中心位置及夹角正确，即保证了交点位置尺寸。

2. 角度面工件加工

（1）加工准备

1）检验预制件。

① 检验轴上键槽的宽度、槽底位置和对称度，本例均在公差范围内。

② 检验角度面所在的外径实际尺寸，本例为 74.85mm。

2）安装分度头和自定心卡盘。将分度头主轴水平位置安装在工作台中间 T 形槽内，位置居中，并安装自定心卡盘。

3）分度计算及分度定位销的调整。

① 根据角度分度公式计算分度手柄转数 n。以键槽中间平面为基准。

$$n_1 = \frac{\theta_1}{9°} = \frac{35°}{9°} = 3\frac{8}{9} = 3\frac{48}{54}$$

$$n_2 = \frac{\theta_2}{9°} = \frac{80°}{9°} = 8\frac{8}{9} = 8\frac{48}{54}$$

铣削 35°角度面时，应先找正键槽处于一侧水平位置，然后分度手柄按 n_1 分度。铣削 80°角度面时，应找正键槽处于另一侧水平位置，然后按 n_2 分度，如图 5-14 所示。

② 调整分度定位销和分度叉。将分度定位销调整到 54 孔圈数，分度叉调整为 48 个孔距。

4）装夹和找正工件。用指示表找正工件与分度头轴线的同轴度误差在 0.05mm 以内。

5）安装铣刀。采用变径套安装立铣刀。

6）选择铣削用量。按工件材料（45 钢）和铣刀的规格选择和调整铣削用量，调整主轴转速 n = 235r/min（$v ≈ 20$m/min），进给量 v_f = 47.5mm/min（$f_z ≈ 0.05$mm/z）。

（2）铣削角度面

1）工件表面划线，如图 5-15 所示。

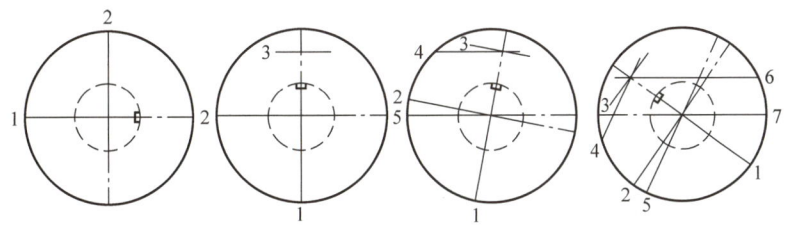

图 5-15　划线步骤示意

① 用指示表测量对称度误差的方法找正工件键槽处于水平位置。

② 用游标高度卡尺在工件端面划水平中心线和垂直中心线。

③ 使垂直中心线处于水平位置，在键槽一侧以 30mm 划平行线得出斜面交线位置。

④ 按 n_1 与 n_2 分度，过交线位置分别划两个角度面的参照线，并过中心线交点划出两角度面参照线的平行线。

⑤ 划线后，用游标卡尺复核角度面参照线与中心的距离应等于 e_1、e_2。

2）对刀。本例确定用立铣刀端铣角度面，铣刀端面刃与工件外圆最高处擦边对刀，作为控制 e_1、e_2 尺寸的依据。

3）试铣预检。

① 将工件键槽通过准确分度处于水平位置一侧，按 $n_1 = 3\dfrac{48}{54}$r 进行角度分度，使 35° 角度面参照线处于水平铣削位置，按 $\dfrac{D}{2} - e_1$ 调整工作台垂向。为了预检需要，可留 0.5mm 作为精铣余量，使铣出的角度面至工件中心的尺寸为 17.70mm，粗铣 35° 角度面。

② 将工件键槽通过准确分度处于水平位置另一侧，如图 5-16b 所示。按 $n_2 = 8\dfrac{48}{54}$r 逆时针进行角度分度，使 80° 角度面参照线处于水平铣削位置。为了预检

需要，也可留 0.5mm 作为精铣余量，使铣出的角度面至工件中心的尺寸为 30mm，粗铣 80°角度面。

③ 预检的过程与划线过程相似。

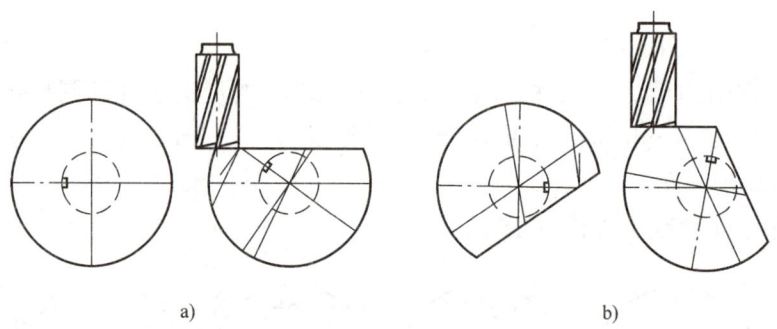

图 5-16　角度面铣削步骤示意

a）铣削 35°角度面　b）铣削 80°角度面

4）精铣角度面。按预检尺寸与图样尺寸的差值移动工作台，准确调整精铣位置，分别精铣 35°、80°角度面。

3. 角度面工件的检验与质量分析要点

（1）角度面的检验

1）用指示表和分度头进行角度的检验。具体的操作过程与划线过程基本相同，所不同的是当工件的 35°角度面处于水平测量位置时，用指示表测量角度面与工作台面的平行度误差，若测得平行度误差为 0.03mm，角度面长度约为 23mm，此时角度误差为

$$\Delta\theta_1 = \sin^{-1}(0.03/23) = 0.0747° = 4'29''$$

角度误差在公差范围内。用同样的方法可以测量 80°角度面进行检验。

2）因角度面至轴线的尺寸公差比较大，可用游标卡尺测量角度面至与之平行的中心线的尺寸，35°角度面至中心的垂直尺寸应为 17.20mm，85°角度面至中心的垂直尺寸为 29.54mm。此时，角度面交线与中心的尺寸应为 30mm。

3）通过目测类比法进行表面粗糙度的检验。本例角度面采用端铣法铣成。

（2）铣削角度面工件质量分析要点

1）角度面夹角超差的主要原因可能有：划线错误和误差大、分度计算错误、分度时未消除分度机构传动间隙、铣削时未锁紧分度头主轴等。

2）角度面交线位置尺寸误差过大的原因可能有：角度面夹角错误、角度面至工件中心的尺寸计算错误、铣削位置调整失误等。

3）角度面与工件轴线不平行的原因可能有：分度头主轴与工作台面不平行；用横向进给铣削时，立铣头与工作台面不垂直等。

技能训练 3　平面直线移距刻线

重点与难点：重点掌握矩形零件平面刻线方法；难点为刻线刀具刃磨与刻线移距操作及刻线清晰度控制。

1. 平面直线移距刻线加工工艺准备

在图 5-17 所示工件的平面上直线移距刻线，须按以下步骤进行工艺准备。

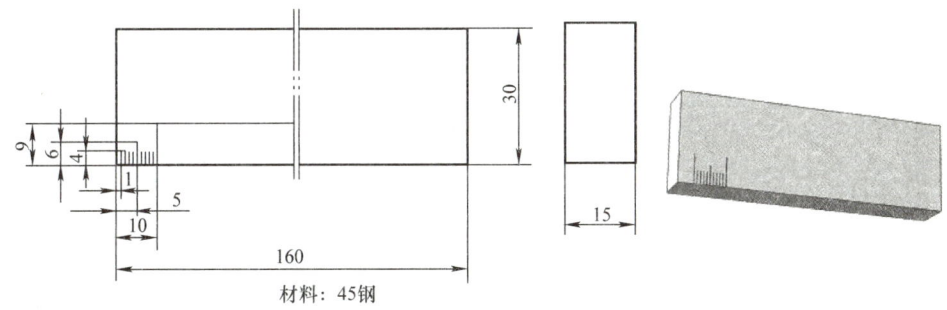

图 5-17　平面直线移距刻线零件

（1）分析图样

1）分析刻线尺寸

① 刻线有短、中、长三种，尺寸分别为：短线 4mm、中线 6mm、长线 9mm。

② 刻线间距尺寸为 1mm。

③ 刻线位置在 30mm×160mm 的平面上，刻线移距方向的起始和终点位置至两端面的尺寸均为 5mm；刻线刻制方向的起始位置位于 30mm 宽度的一侧面。

④ 刻线总长度为 150mm（160mm - 10mm = 150mm）。

2）分析刻线清晰度要求。刻线的清晰度与铣削加工的表面粗糙度有相似之处，刻线槽底部交线及侧面与刻线表面的交线的直线度是刻线的主要目测指标。

3）分析材料：预制件材料为 45 钢，其切削性能较好，刻线刀取正前角。

4）分析形体。矩形零件，采用机用虎钳装夹。

（2）拟定加工工艺与工艺准备

1）拟定平面直线移距刻线加工工序过程。根据刻线要求和工件外形，拟定在立式铣床上加工。刻线加工工序过程：检验预制件→安装、找正机用虎钳→装夹和找正工件→刃磨、安装刻线刀→端面对刀并调整移距方向刻线起始位置→侧面对刀并调整刻制方向起始位置→表面对刀并调整刻线深度→纵向移动间距，横向控制刻线长度，试刻长线（1 条）、短线（4 条）、中线（1 条）→预检刻线位置尺寸、长度尺寸和清晰度→准确调整刻线位置、深度和刻线进给距离→依次准确移距和刻线→刻线工序的检验。

2）选择铣床。选用 X5032 型立式铣床。

3）选择工件装夹方式。选用钳口宽度为 125mm 的机用虎钳装夹工件。考虑到工件长度为160mm，因此宜用长度大于160mm的平行垫块垫高工件，使工件刻线表面略高于钳口上平面。

4）选择刀具。根据在立式铣床上刻线的特点，刻线刀具采用ϕ10mm左右的废旧键槽铣刀改制而成。根据工件材料和刻线尺寸、间隔距离的要求，选取γ_o= 4°~5°，ε_r= 45°，α_o= 6°~7°。刻线刀具的刃磨方法如图5-18所示。

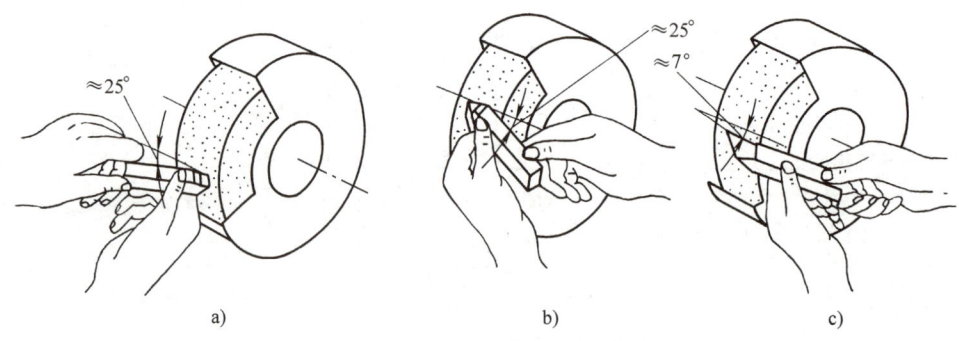

图5-18 刻线刀具的刃磨方法

a）第一步 b）第二步 c）第三步

5）选择刻度移距方法。本例刻度间距要求比较低，并没有间隔误差和累计误差精度要求，故直接用工作台刻度盘刻度进行刻线移距操作。

6）选择检验测量方法。用游标卡尺测量刻线的长度尺寸以及刻线的间距尺寸，间距尺寸通常是通过抽验、目测及测量总移距长度进行测量检验。刻线的位置尺寸也可用游标卡尺测量。此外，刻线的线向可用直角尺测量。对于刻度的清晰度以及四短一中、四短一长的刻线长度分布要求，一般用目测检验。

2. 平面直线移距刻线工件的加工

（1）加工准备

1）检验预制件。

①用刀口形直尺检验刻线表面的平面度，目测检验表面粗糙度。

②用游标卡尺检验工件长160mm、宽30mm与厚15mm，未注公差的尺寸一般可按IT14~IT18确定。

③用直角尺测量矩形工件的各面之间的垂直度。

④用指示表检验上下面的平行度。

2）安装、找正机用虎钳。将机用虎钳安装在工作台中间T形槽内，位置居中，并用指示表找正定钳口定位面与工作台纵向平行。

3）装夹、找正工件。将工件装夹在机用虎钳内，用平行垫块使工件刻线平面高于钳口5mm左右，用指示表找正工件上平面与工作台面平行，平行度误差在0.03mm以内，若垫实夹紧后平行度不够好，可在定钳口和平行垫块上垫薄纸进行找正。

4)安装和找正刻线刀具。用铣刀夹头和弹性套装夹刻线刀,将机床的主轴转速调整到最低档,并将主轴换向电器开关转至"停止"位置。找正刻线刀刀尖的中间平面与工作台横向平行,使刻线刀在沿横向刻线时具有预定的前角、后角和刀尖角。

(2)刻线加工

1)对刀,如图5-19所示。

① 纵向端面对刀时,先调整工作台,使刻线刀刀尖对准工件起始端面与上平面的交线(见图5-19a),锁紧工作台纵向,调整纵向刻度盘使刻度零线和基准零线对齐。

② 横向侧面对刀时,先调整工作台,使刻线刀刀尖对准工件起始侧面与上平面的交线(见图5-19b),锁紧工作台横向,调整横向刻度盘使零度刻线与基准零线对齐。

③ 垂向对刀时,如图5-19c所示。使刀尖恰好与上平面接触,可稍留一些间隙。

2)调整刻线位置。纵向按对刀位置使刀尖向刻线移距方向移动5mm;横向沿刻线进给方向,在横向刻度盘上作记号:调整长线为9mm、中线为6mm、短线为4mm,并分别采用不同颜色的粉笔,如红、黄、蓝粉笔做好记号;垂向升高0.1mm,作为第一条刻线的试刻深度。

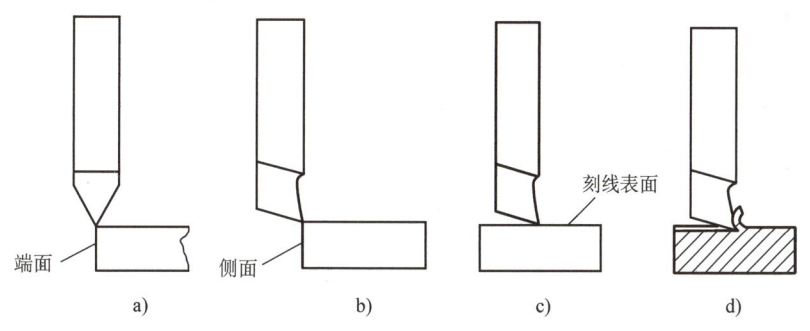

图5-19 平面直线移距刻线步骤

a)端面对刀 b)侧面对刀 c)垂向对刀 d)依次刻线

3)试刻线及预检。

① 在第一条刻线位置,横向手动进给,试刻长线。

② 横向退刀后测量刻线与端面的尺寸为5mm,长度尺寸为9mm,目测刻线是否清晰,直线度及粗细是否符合要求。

4)依次刻线,如图5-19d所示。按预检的结果,微量调整垂向加工位置,达到刻线的粗细要求,随后每刻一条线纵向移距1mm,根据图样短、中、长的分布要求依次横向刻线。在刻线的过程中,应掌握以下要点:

① 注意纵向和横向的刻度盘不能丝毫松动，否则会产生废品。

② 为保护刻线刀的刀尖，退刀时可略下降垂向，刻下一条线时再恢复到原来位置。

③ 因本例刻线间距是1mm，累计的尺寸可在过程中进行复核，还可将线长的规律记忆为"一长四短一中四短"口诀以便操作。

3. 平面直线移距刻线工件的检验与质量分析要点

（1）平面直线移距刻线检验

1）检验前，用细磨石去除刻线的飞边。

2）目测检验刻线的清晰度、粗细是否均匀、刻线的直线度以及长短中的分布是否符合图样要求。

3）检验起始位置尺寸，抽验刻线长度和间距尺寸，测量方法与预检相同。

（2）平面直线移距刻线加工质量要点分析

1）刻线起始位置误差大的主要原因可能有：对刀不准确、工件侧面与工作台纵向不平行、第一条线位置调整错误和预检错误、调整时未消除传动间隙等。

2）刻线长度和间距尺寸误差过大的原因可能有：工作台移距精度差、刻度盘松动、纵向未锁紧或锁紧机构性能不好、横向进给操作或纵向移距失误等。

3）刻线不清晰、直线度不好或粗细不均的原因可能有：刻线刀刃磨质量不好、刀具安装位置不正确影响刻制、刻线过程中刀尖损坏或微量偏转（见图5-20）、工件刻线平面与工作台面不平行等。其中刀尖损坏可使刻线阻力增大，槽底圆弧变大，侧面出现振纹，从而影响刻线的清晰度和直线度（见图5-20a）。刀尖微量偏转是由于刀具刻线中两侧刃受力不均匀和安装找正不准确引起的，由于偏转后影响对称刻制切削，可能会出现单边飞边较大、有振纹的现象，如图5-20b所示。

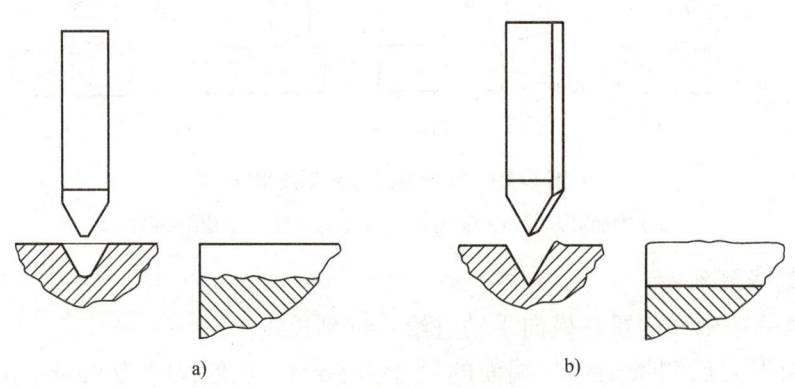

图5-20 刀尖损坏或微量偏转对刻线的影响

a）刀尖损坏对刻线槽形状的影响 b）刀尖偏转对刻线的影响

技能训练 4　圆柱面刻线

重点与难点：重点掌握圆柱面刻线操作方法；难点为刻线刀具的安装、对中对刀及刻线直线度控制。

1. 圆柱面刻线加工工艺准备

在图 5-21 所示的圆柱面上等分刻线，须按以下步骤进行工艺准备。

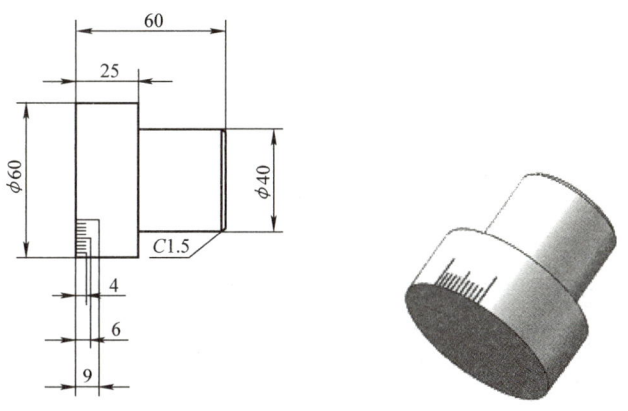

图 5-21　圆柱面等分刻线零件

（1）分析图样

1）分析刻线尺寸

① 刻线有短、中、长 3 种，长度分别为：短线 4mm、中线 6mm、长线 9mm。

② 刻线在 ϕ60mm 圆柱上 70 等分均布，刻线间距弧长 s 为

$$s = \frac{\pi D}{n} = \frac{3.1416 \times 60}{70} \text{mm} = 2.69 \text{mm}$$

③ 刻线位置在 ϕ60mm 圆柱面的一端，刻线槽对称于工件中心，刻线刻制方向的起始位置位于 ϕ60mm 圆柱端面。

2）分析刻线清晰度要求。刻线的清晰度、直线度和粗细均匀度是刻线的主要目测指标，本例没有指明特殊的精度要求。

3）分析材料。预制件材料为调质 45 钢（215HBW），其切削性能较好，具有较高硬度，刻线刀取较小正前角。

4）分析形体。预制件为阶梯轴零件，宜采用自定心卡盘装夹。

（2）拟定加工工艺与工艺准备

1）拟定圆柱面等分刻线加工工序过程。根据刻线要求和工件外形，拟定在卧式铣床上加工。刻线加工工序过程：检验预制件→安装分度头与自定心卡盘并进行找正→

装夹和找正工件→刃磨、安装刻线刀→端面对刀并调整刻线长度起始位置→工件表面划中心线并对刀调整刻线对中位置→表面对刀并调整刻线深度→纵向控制刻线长度，按等分试刻短线（4条）、中线（1条）、长线（1条）→预检刻线长度尺寸和清晰度→准确调整深度和刻线长度→依次准确分度和刻线→刻线工序的检验。

2）选择铣床。选用X6132型卧式铣床。

3）选择工件装夹方式。选用F11125型万能分度头，采用自定心卡盘装夹工件。

4）选择刀具。根据在卧式铣床上刻线的特点，刻线刀具采用12mm×12mm正方形高速钢车刀条刃磨而成。根据工件材料和刻线间隔距离的要求，选取 γ_o = 2°~3°，ε_r = 50°，α_o = 5°~6°。

5）选择等分分度方法。本例等分数 n 为70，可采用分度头简单分度法进行等分操作。

6）选择检验测量方法。检验测量方法与平面刻线相同，但需注意对中对刀操作步骤，否则刻线槽会在圆柱面上发生偏斜。

2. 圆柱面等分刻线

（1）加工准备

1）检验预制件。

① 用千分尺测量 ϕ60mm 圆柱面的圆柱度误差，目测检验刻线表面粗糙度。

② 用指示表借助分度头测量工件两级外圆的同轴度误差。

2）安装、找正分度头。将分度头安装在工作台中间T形槽内，位置居中，注意底部定位键的侧向定位。安装自定心卡盘，并借助标准棒用指示表找正分度头轴线及工作台面与工作台纵向平行。

3）装夹、找正工件。将工件装夹在自定心卡盘内，环形面与卡爪上平面贴合。用指示表找正工件与分度头同轴，同轴度误差在0.03mm以内；上素线与工作台面平行，平行度误差在0.02mm以内。若同轴度不够好，可在工件和卡爪之间垫薄纸进行找正。

4）刃磨、安装和找正刻线刀具。刻线刀具的刃磨方法如图5-18所示。在卧式铣床上采用长刀杆和刀杆垫圈装夹刻线刀。夹紧刀具的两个垫圈内孔与刀杆的间隙不宜过大，两端面应具有较高的平行度。具体操作时，注意将机床的主轴转速调整到最低档，并将主轴换向电器开关转至"停止"位置。刻线刀刀柄背平面紧贴刀杆，这样可使夹紧面积尽可能大一些，刀尖一端不宜伸出太长，以增加刀具的刚度。安装完毕后，须回转刀杆，找正刻线刀刀杆的前平面与工作台面垂直，使刻线刀在沿纵向刻线时具有预定的前角、后角和刀尖角。

5）计算分度手柄转数 n。本例等分数 z = 70，分度手柄转数为

$$n = \frac{40}{z} = \frac{40}{70} = \frac{28}{49}$$

将分度销调整至 49 孔圈位置，分度叉之间孔距数为 28。

（2）刻线加工

1）划线。在工件刻线表面划出水平中心线，并将中心线准确地转过 90°，处于上方刻线位置。

2）对刀。

① 纵向端面对刀时，调整工作台，使刻线刀刀尖对准工件起始端面，调整纵向刻度盘使刻度零线和基准零线对齐，锁紧工作台的纵向。

② 横向对中对刀时，调整工作台，使刻线刀刀尖对准工件表面的中心线划线，锁紧工作台横向。

③ 垂向对刀时，使刀尖恰好与划线表面最高点接触，可稍留一些间隙。

3）调整刻线长度。纵向按对刀位置使刀尖向刻线方向在刻度盘上做记号；调整长线为 9mm，中线为 6mm，短线为 4mm，并分别采用不同颜色的粉笔，如红、黄、蓝粉笔做好记号；垂向升高 0.1mm，作为第一条刻线的试刻深度。

4）试刻线及预检。

① 在第一条刻线位置，纵向手动进给，试刻长线。

② 按 $n = \frac{28}{49}$ 分度，试刻四条短线，一条中线。

③ 用游标卡尺预检刻线长度尺寸、刻线间距尺寸。目测刻线是否清晰，直线度及粗细是否符合要求。

5）依次刻线，如图 5-22 所示。按预检的结果，微量调整垂向加工位置，达到刻线的粗细要求，随后根据图样短线、中线、长线的分布要求和等分要求，由分度头分度、纵向手动进给依次刻线。在刻线的过程中，除了掌握训练 1 所述要点外，还应注意分度后须锁紧分度头主轴进行刻线，否则可能因分度机构间隙影响刻线直线度。

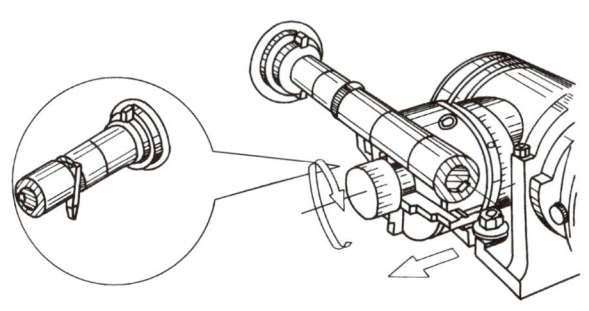

图 5-22　在卧式铣床上刻线刀安装和刻线加工示意

3. 圆柱面刻线的检验与质量分析要点

（1）圆柱面刻线检验　检验项目、测量方法与平面直线移距刻线相同。

（2）圆柱面刻线加工质量要点分析

1）刻线起始位置误差大的主要原因可能有：划线不准确、对刀不准确等。

2）刻线长度和间距尺寸误差过大的原因可能有：分度计算、调整错误，分度操作失误，纵向刻度盘松动，手动进给操作失误等。

3）刻线不清晰、直线度不好或粗细不均的原因除了与平面刻线类似的原因外，可能还有夹紧刻线刀的刀杆垫圈端面夹紧用的环形面积较小、垫圈两端面平行度较差、内孔与刀杆的间隙过大，从而使得刀具夹紧不稳固等因素。

Chapter 6

项目6
外花键加工

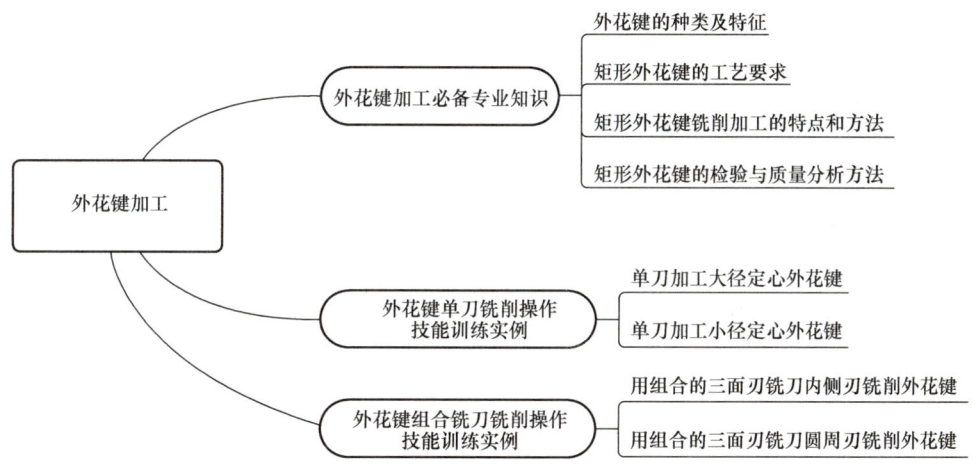

6.1 外花键加工必备专业知识

6.1.1 外花键的种类及特征

外花键按其齿廓形状可以分为矩形、渐开线形、三角形和梯形四种。其中以矩形外花键使用最广泛。矩形外花键的定心方式有大径定心、小径定心和齿侧定心三种（见图6-1），其他齿形的外花键一般都采用齿侧定心。

我国现行标准（GB/T 1144—2001）只规定了小径定心一种方式，因为小径定心稳定性好，精度高。国外一些先进国家大都采用渐开线花键连接的齿侧配合制。

在普通铣床上可加工修配用的大径定心矩形外花键，对小径定心的矩形外花键，一般只进行粗加工。矩形花键的规格为 N（键数）$\times d$（小径，mm）$\times D$（大径，mm）$\times B$（键宽，mm）。

6.1.2 矩形外花键的工艺要求

（1）尺寸精度 键的宽度和键的定心面是主要配合尺寸，精度要求较高。

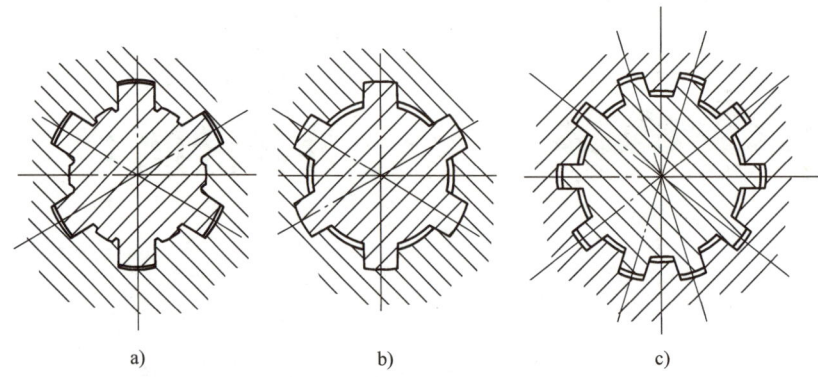

图 6-1 矩形外花键定心方式

a）小径定心　b）大径定心　c）齿侧定心

（2）表面粗糙度　键的两侧面和定心配合面的表面粗糙度，一般要求在 $Ra3.2$ ~ $Ra0.2\mu m$ 之间。

（3）形状和位置精度

1）外花键定心小径（或大径）与基准轴线的同轴度。

2）键的形状精度和等分精度。

3）键的两侧面与基准轴线的对称度和平行度。

外花键的定心配合面的尺寸公差一般采用 f7 或 h7；键的宽度尺寸公差一般采用 f8 或 h8 和 f9 或 h9。

外花键位置偏差（对称度和等分误差）的最大允许量：一般用外花键为 0.010 ~ 0.018mm；精密传动用外花键为 0.006 ~ 0.011mm。

6.1.3　矩形外花键铣削加工的特点和方法

1. 外花键加工设备的确定

外花键的加工方法，应根据零件的数量、技术要求及设备和刀具等具体条件确定。如大批量生产时，可在花键滚床上加工；对精度要求高和表面硬度高的外花键，则在花键磨床上加工。零件数量不多时，可在普通铣床上加工。

2. 外花键的铣削加工方法及特点

（1）使用单刀铣削（见图 6-2a）　当工件的数量很少时，使用三面刃单刀铣削较为简便。用这种方法加工，对铣刀的直径及铣刀的安装精度都没有很高的要求，但缺点是生产效率比较低。用单刀铣削可采用先铣削中间槽，后铣削键侧的方法，也可以采用先铣削键侧，后铣削槽底的方法，这两种方法各有特点。

1）先铣削中间槽，后铣削键侧的加工特点有：

① 先铣削中间槽可以铣除花键加工的大部分余量，只留较少的余量铣削键侧，

减少侧刃铣削次数。

② 借助中间槽的铣削位置，可通过计算，按横向移动 $(B+L)/2$ 调整键侧的铣削加工位置。

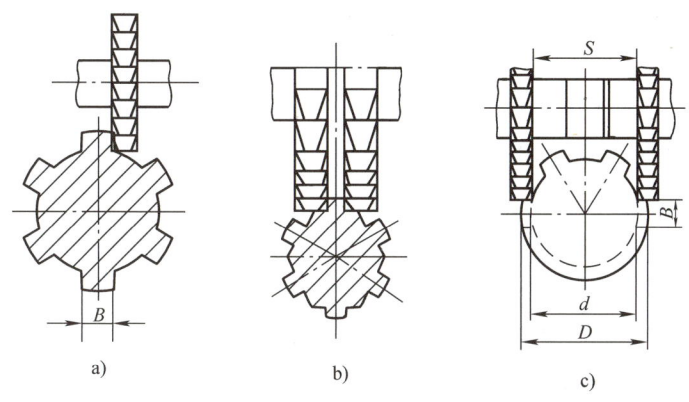

图 6-2 用三面刃铣刀铣削外花键

a）用单刀铣削　b）用组合三面刃铣刀内侧刃铣削　c）用组合三面刃铣刀圆周刃铣削

③ 先铣削中间槽，三面刃铣刀的厚度受到一定限制，限制条件按式（6-1）计算。

$$L' = d'\sin\left[\frac{180°}{N} - \sin^{-1}\left(\frac{B}{d'}\right)\right] \qquad (6-1)$$

式中　L'——铣刀最大宽度（mm）；

　　　d'——外花键留磨小径（mm）；

　　　N——外花键齿数；

　　　B——外花键宽度（mm）。

④ 对于大径定心的外花键，经允许，可铣成折线槽底。若需要用小径铣刀加工，这种方法因槽底中部没有先铣侧面残留的凸尖部分，减少了小径的铣削余量。

2）先铣削键侧，后铣削槽底的加工特点有：

① 键宽尺寸及其对工件轴线的对称度、平行度是花键加工的重点。对不够熟练的操作者，可以利用较多的余量进行多次试切测量，逐步达到图样要求。

② 先铣键侧，可选用厚度较大的铣刀，这样就提高了铣刀的刚度。

③ 先铣削键侧，一次铣除的余量比较少，有利于减少铣削振动。

④ 对于直径较大，齿数较少的花键，槽底中部残留余量比较多，直接用槽底圆弧单刀加工比较困难。

（2）使用组合三面刃铣刀内侧刃铣削（见图 6-2b）　利用组合的两把三面刃铣刀的内侧刃铣削，使外花键的两个键侧同时铣出。铣削时应掌握以下要点：

1）两把三面刃铣刀的直径相同，其误差应小于 0.2mm。

2）两把铣刀侧面刀刃之间的距离应等于外花键键宽，使铣出的键宽在规定的误差范围内。

3）两把三面刃铣刀的内侧刃应对称于工件中心。方法是用试件试切一段后，将试件正反转过90°，用指示表测量键侧对称度误差。根据差值的一半移动工作台横向作精确调整。

（3）使用组合三面刃铣刀圆周刃铣削（见图6-2c） 利用组合的两把三面刃铣刀的圆周刃铣削，使外花键的两个键侧同时铣出。铣削时应掌握以下要点：

1）两把三面刃铣刀的直径要求严格相等，最好一次磨出。

2）利用铣床工作台的垂向移动量控制键的宽度。铣削时，先铣一刀，将工件转过180° 再铣削一刀。用千分尺测量键宽后，按余量的一半上升工作台。重复以上铣削步骤，便能获得准确的键宽尺寸，以及精度高的对称度。

3）两把铣刀之间的距离 s 为

$$s = \sqrt{d^2 - B^2} - 1 \qquad (6\text{-}2)$$

式中　　d——外花键小径（mm）；

　　　　B——外花键键宽（mm）。

s 值调整时一般控制在 ±0.5mm 的范围内。

4）两把三面刃铣刀的内侧刃对工件中心的对称度不要求十分准确。

5）分度头主轴和尾座顶尖必须同轴，加工时尾座的顶尖应顶得比较紧，否则，铣出的键宽两端尺寸会不一致。

（4）使用成形铣刀铣削（见图6-3） 成批量生产时，通常使用专用成形铣刀，铣削时能一次铣削出花键槽。因此，此方法具有生产效率高、加工质量好和操作简便等优点。

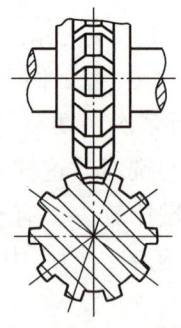

图6-3　用成形铣刀铣削外花键

铣削时，通过调整背吃刀量来控制键的宽度。因此，首件加工须细致地调整背吃刀量，以获得精确的键宽和小径尺寸。此外，加工前应进行"切痕对中"，并在逐步达到键宽尺寸的同时，通过指示表的检测和工作台横向微量调整，使键的两侧面达到对称度要求。

1）调整工作台，目测使成形铣刀的两刀尖与试件外圆间距相同。起动铣床主轴，垂向微量上升，在试件的外圆表面铣出切痕，如图 6-4a 所示。若切痕只有一个，或切痕有大小，此时应微量调整工作台横向，调整的方向应使工件向无切痕和切痕较小的方向移动。纵向移动，换一个位置对刀，直至切痕相同。

2）当切痕中间尖角恰好衔接时，铣刀小径圆弧的中点与工件外圆的最高点恰好接触。此时，垂向位置作为外花键槽深的起始位置。纵向退刀后，垂向上升至花键槽深度 2mm 的 3/4（1.5mm），铣削第一条花键槽，如图 6-4b 所示。

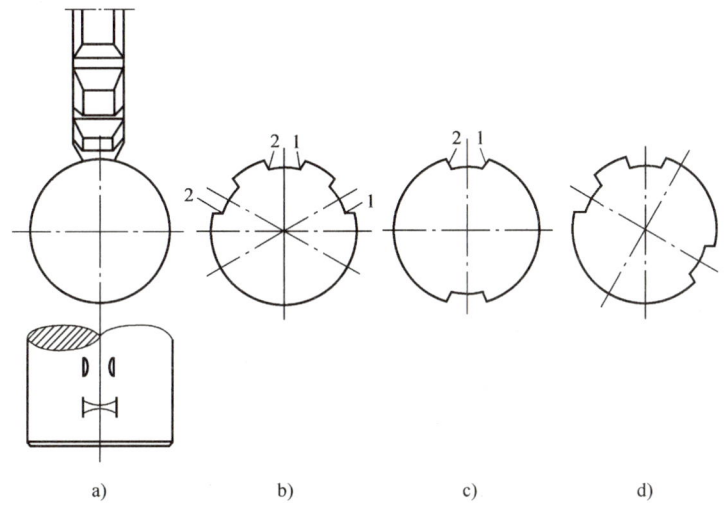

图 6-4　花键成形铣刀的试切对刀和预检

3）预检键侧的对称度，如图 6-4b 所示，将试件顺时针转过 $\theta = \dfrac{360°}{N} = 60°$，$n = 6\dfrac{44}{66}\text{r}$，用指示表测量键侧 1，工件逆时针转过 $2\theta = 120°$，$n = 13\dfrac{22}{66}\text{r}$，用指示表测量键侧 2，若键侧 1、2 的指示表示值一致，说明键的对称度精度较高。若键侧 1、2 的指示表示值不一致，说明对刀有偏差。设测得键侧 1 比键侧 2 高 $\Delta x = 0.10\text{mm}$，则应将工件键侧 1 靠向铣刀移动距离

$$s = \dfrac{\Delta x}{2\cos\dfrac{180°}{N}} = \dfrac{0.10\text{mm}}{2\cos\dfrac{180°}{6}} = 0.06\text{mm}$$

即工件向键侧 1 靠向铣刀方向横向移动 0.06mm。

4）分度手柄准确转过 $n = 20$r，铣削第二条花键槽，如图 6-4c 所示，用外径千分尺测量两端的小径尺寸，因槽底的尺寸比较小，千分尺只能用部分测砧测量，注意测量操作的准确性。必要时可以用指示表、升降规和量块测量大径和小径的差值，以确定小径尺寸的准确数值和垂向应调整的数值 ΔH。

5）分度手柄准确转过 $n = 6\dfrac{44}{66}$r，铣削第三条花键槽，如图 6-4d 所示，用外径千分尺对键宽尺寸进行预检，测得键宽尺寸的实际值以及与图样尺寸的差值 ΔB。如图 6-5 所示，两者之间有以下几何关系：

$$\Delta B = 2\Delta H \sin \frac{180°}{N} \qquad (6-3)$$

本例若测得 $\Delta H = 0.47$mm，则 $\Delta B = 2\Delta H \sin \dfrac{180°}{N} = 2 \times 0.47 \sin 30°$mm $= 0.47$mm。

即本例若 $\Delta H = \Delta B$，说明铣刀廓形准确。

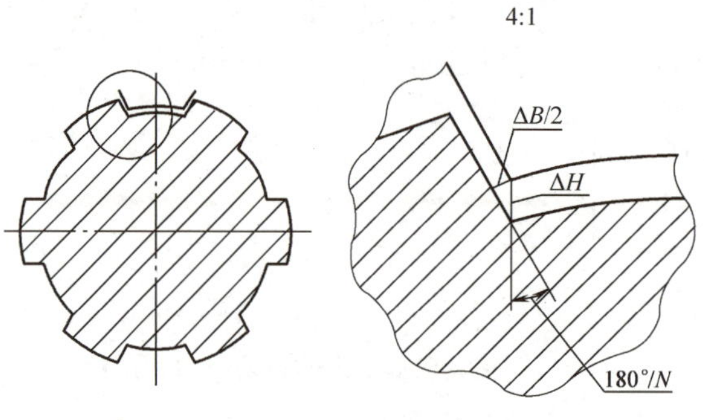

图 6-5 花键成形铣刀槽深和键宽的尺寸几何关系

6）按图样的要求分度，铣削六条花键槽一段长度，其中相邻两条槽全长铣出，便于检测键宽和键侧平行度误差，以及花键另一侧的对称度误差。

7）用千分尺和卡规配合预检试件的键宽、小径尺寸；用指示表检测花键两端对称度误差、键侧与轴线的平行度误差和花键的等分精度。

6.1.4 矩形外花键的检验与质量分析方法

检验外花键的方法与检验键槽的方法基本相同。在单件和小批量生产时，使用千分尺检验键的宽度，用千分尺或游标卡尺检验小径，等分精度由分度头精度保证，必要时可用指示表检验外花键键侧的对称度，如图 6-6a 所示。在成批量和大量生产中，可用图 6-6b 所示的综合量规检验。检验时，先用千分尺或卡规检验键宽，在键宽不小于下极限尺寸的条件下，以综合量规能通过为合格。

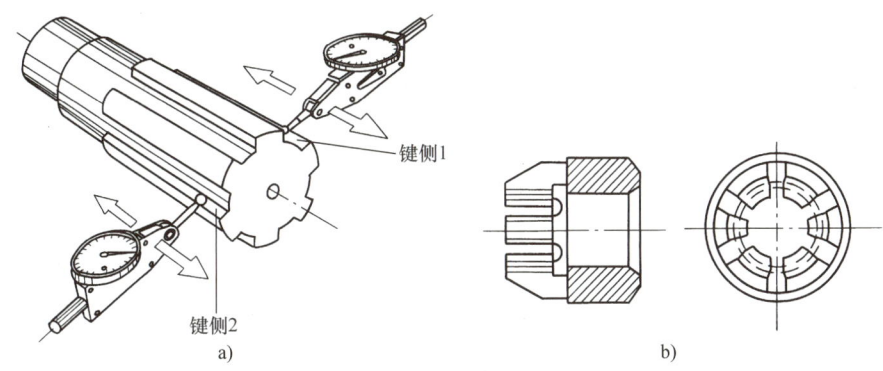

图 6-6 矩形外花键检验

a）用指示表检验对称度　b）用综合量规检验

6.2　外花键单刀铣削操作技能训练实例

技能训练 1　单刀加工大径定心外花键

重点与难点：重点掌握先中间槽后键侧的单刀铣花键方法；难点为工件的装夹、找正及键宽尺寸、对称度的控制。

1. 大径定心外花键铣削加工工艺准备

铣削加工图 6-7 所示的 $6×42\text{mm}×48\text{mm}×12\text{mm}$ 大径定心的外花键，须按以下步骤进行工艺准备。

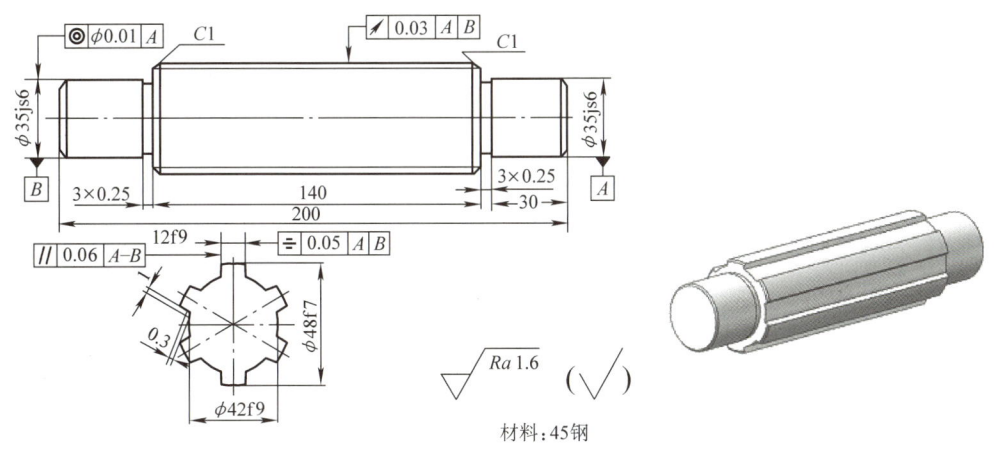

图 6-7 矩形齿外花键零件图

（1）分析图样

1）分析加工精度。

① 花键键宽尺寸为 12f9，即 $12_{-0.059}^{-0.016}\text{mm}$，键侧对工件轴线的对称度公差为

0.05mm，平行度公差为 0.06mm。

② 小径尺寸为 ϕ42f9，即 $42_{-0.275}^{-0.025}$mm。

③ 大径尺寸为 ϕ48f7，圆柱面的长度为 140mm。

④ 在小径和齿侧的连接部位，有深 0.3mm、宽 1mm 的沉割槽。

⑤ 工件的大径对轴线的圆跳动公差为 0.03mm。

2）分析表面粗糙度。工件的表面粗糙度值全部为 Ra1.6μm。

3）分析材料。预制件的材料为 45 钢，其切削性能较好。

4）分析形体。预制件为轴类零件，两端有定位中心孔，便于工件按基准定位，但工件两端的直径为 ϕ35js6 的圆柱面长度 30mm，加上 3mm×0.25mm 的沉割槽宽 3mm，使工件的夹紧部位比较短（仅 33mm），用鸡心卡头和拨盘装夹比较困难。

（2）拟定加工工艺与工艺准备

1）拟定花键加工工序过程。根据图样的精度要求，此花键在铣床上只能作粗加工，键宽与小径应留有磨削加工余量 0.3~0.5mm，并相应地降低加工精度等级。本例拟定键宽与小径均留有磨削余量 0.4mm，即 B'=（12.4±0.045）mm，d'=（42.4±0.105）mm。粗铣花键平行度公差仍为 0.06mm，对称度公差仍为 0.05mm。

采用先铣削中间槽后铣削键侧的方法，外花键粗加工工序过程为：检验预制件→安装和找正分度头、尾座→装夹和找正工件→安装铣刀→切痕对刀调整中间槽铣削位置→铣削中间槽→试铣键两侧，调整铣削位置→铣削键一侧（六面）→铣削键另一侧→调整试铣小径 180° 对称圆弧面铣削位置→铣削小径圆弧面→花键粗铣工序的检验。

2）选择铣床。选用 X6132 万能卧式铣床。

3）选择工件装夹方式。选用 F11125 型万能分度头分度，采用两顶尖和拨盘、鸡心卡头装夹工件。本例工件使用鸡心卡头装夹的部位长度尺寸为 30mm，考虑到花键铣削时铣刀的切出距离，若选择外圆直径为 63mm 的三面刃铣刀，此时切出距离为 31.5mm，有可能铣到卡头。因此，须选择柄部尺寸略小于 12mm 键宽尺寸的鸡心卡头夹紧工件，而且在找正铣削位置时，应将卡头柄部侧面调整到与某一键侧对齐（见图 6-8），以避免铣削过程中铣刀铣坏鸡心卡头，影响加工精度。鸡心卡头部分的尺寸也不宜过大，否则也会影响铣削。

4）选择刀具。

① 选择铣削中间槽和键侧的铣刀。采用先铣削中间槽的加工方法，铣刀的厚度受到限制。受工件装夹部位的长度限制，铣刀的直径应尽可能小。选择时先按图样

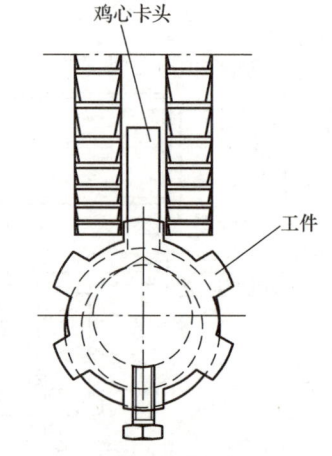

图 6-8 铣削时铣刀与工件、鸡心卡头的相对位置

给定数据计算铣刀厚度限制条件：

按图样给定数据：

$d = 42\text{mm}$，$d' = 42.40\text{mm}$（0.4mm 是小径磨削余量）

$B = 12\text{mm}$，$B' = 12.4\text{mm}$（0.4mm 是键宽磨削余量）

$$L' = d'\sin\left[\frac{180°}{N} - \sin^{-1}\left(\frac{B'}{d'}\right)\right] = 42.4\sin\left[\frac{180°}{6} - \sin^{-1}\left(\frac{12.4}{42.4}\right)\right]$$

$=9.53\text{mm}$

按铣刀标准，选择 63mm × 22mm × 8mm 标准直齿三面刃铣刀。

② 选择铣削小径圆弧面的铣刀。选用 63mm × 22mm × 1.60mm 的标准细齿锯片铣刀，用每铣一刀转动一个小角度，逐步铣出圆弧面的加工方法，铣削留有磨削余量的花键槽底小径圆弧面。

5）选择检验测量方法。键宽尺寸用 0~25mm 的外径千分尺测量检验；键侧与轴线的平行度、键侧对轴线的对称度，均在铣床上借助分度头分度，用带座的指示表检验；测量对称度误差时将键侧置于水平位置，然后采用 180° 翻身法测量检验；小径尺寸用 25~50mm 的外径千分尺测量检验。

2. 大径定心外花键工件粗铣加工

（1）加工准备

1）检验预制件。根据花键轴的一般加工工艺，在铣削花键前，定心大径已经过磨削。预制件的检验主要是用千分尺测量工件 $\phi48\text{mm}$ 外圆的实际尺寸、圆柱度误差，以及用指示表、两顶尖测量座（见图 6-9）测量与两端中心孔定位轴线的径向圆跳动误差，也可以在机床上安装分度头后，用两顶尖顶装工件进行检验。本例预制工件的大径尺寸、圆柱度及圆跳动均符合图样要求。

图 6-9 用两顶尖测量座测量预制件的径向圆跳动误差

2）安装分度头和尾座。安装时注意底面和定位键侧的清洁度，在旋紧紧固螺栓时，可用手向定位键贴合方向施力。两顶尖的距离按工件长度确定，尾座顶尖的伸出距离要尽可能小一些，以增强尾座顶尖的刚度。按工件 6 齿等分数调整分度盘、分度销位置和分度叉展开角度。本例选用 $n = \dfrac{40}{z} = 6\dfrac{44}{66}$ r。

3）装夹和找正工件。两顶尖定位并用鸡心卡头和拨盘装夹工件后，用指示表找正上素线与工作台台面平行，侧素线与纵向进给方向平行，找正工件与分度头轴线的同轴度误差在 0.03mm 以内。若工件有几件，应找正尾座顶尖的轴线与工作台面平行，通常可借助尾座转体的上平面进行找正。

4）安装铣刀。根据铣刀孔径选用 ϕ22mm 刀杆，三面刃铣刀和锯齿铣刀安装的位置大致在刀杆长度的中间，并应有一定的间距，铣削时互不妨碍。因刀杆直径比较小，铣削时容易发生振动，在安装横梁和支架后，应注意调节支架刀杆支持轴承的间隙并加注润滑油。

5）选择铣削用量。按工件材料（45 钢）和铣刀的规格，调整主轴转速 n = 95r/min（$v \approx$ 19m/min），进给量 v_f = 47.5mm/min（$f_z \approx$ 0.03mm/z）。在粗铣中间槽和侧面时，主轴转速可调低一档，在用锯片铣刀铣削圆弧面时，主轴转速和进给量均可以调高一档。

（2）铣削加工外花键

1）试切对刀。将鸡心卡头柄部置于水平位置，用切痕对刀法，调整三面刃铣刀铣削中间槽的位置，具体操作方法与用三面刃铣刀铣削轴上直角沟槽相同，铣出的直角槽对称于工件轴线。

2）调整铣削长度。本例花键虽然是在圆柱面上贯通的，但因受到装夹位置的限制，铣削终点位置应在铣刀中心刚过花键靠近分度头一侧的台阶端面为宜，并应注意不能铣到鸡心卡头。

3）中间槽铣出一段后，用指示表测量槽的对称度，测量时，先用外径千分尺测量槽的实际宽度尺寸，然后将工件转过 90°，用杠杆指示表测量处于水平向上的槽侧面，再将工件按原方向转过 180°，用处于原高度的杠杆指示表比较测量槽的另一侧面，若指示表示值不一致，记住示值高的一侧，微量调整工作台横向，移动的方向是示值高的一侧靠向铣刀，移动的距离是两侧示值差的一半。重复以上过程，直至中间槽对称工件轴线。

4）调整中间槽的深度。中间槽深 H 按大径实际尺寸与小径留有磨量的尺寸确定。本例为 $H = \dfrac{D-d'}{2} = \dfrac{48-42.4}{2}$ mm = 2.8mm。

5）铣削中间槽。按试切的位置铣削第一条中间槽，然后按分度手柄转数 n 分度，依次铣削六条中间槽，如图 6-10a 所示。

6）调整键侧铣削位置。中间槽铣削完毕后，将分度头主轴转过 $\dfrac{\theta}{2} = \dfrac{180°}{N}$ = 30° $\left(n = 3\dfrac{22}{66}\text{r}\right)$，使键处于上方位置。根据原工作台横向位置，按实际槽宽尺寸 L' 和

放磨键宽尺寸 B' 移动距离 s_1，如图 6-10b 所示。

$$s_1 = \frac{L'+B'}{2} = \frac{8.1+12.4}{2}\text{mm}=10.25\text{mm}$$

即工作台横向移动 10.25mm。

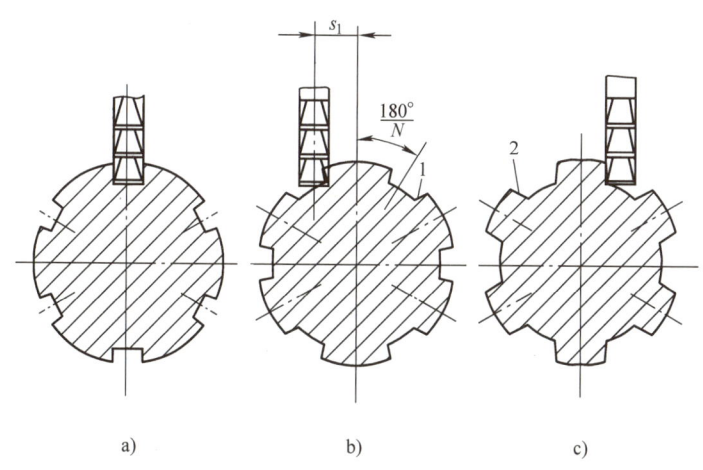

图 6-10 外花键先铣中间槽后铣键侧的加工步骤

a）铣削中间槽 b）铣削键侧 1 c）铣削键侧 2

7）预检键的对称度并铣削键侧 1。为了保证键的对称度，可按放磨键宽尺寸再留有 1mm 左右的余量（本例放余量 1mm，则试切时 s_1 = 10.75mm）试切键两侧，用杠杆指示表预检键侧的对称度，具体操作方法与测量槽的对称度误差相似。试切时，在移动 s_1 = 10.75mm 试铣键侧 1 后，工作台横向移动 $s_2 = 2s_1$，试铣键侧 2，然后用指示表比较测量键两侧，若测得键侧 1 与键侧 2 的示值不一致，可根据指示表的示值差，将高的一面余量铣去。

当键对称度达到图样要求时，用千分尺测量键宽尺寸，按键宽的实际尺寸与 12.4mm 差值的一半，准确移动工作台横向。此外，工作台垂向按键侧的深度 $H_1 \approx \frac{D-d'}{2}+0.5$mm 调整，随后按等分要求，依次铣削各键键侧 1。

8）铣削键侧 2。按 s_2 = 20.50mm 横向准确移动工作台，铣削键侧 2。铣出一段后，可测量键宽尺寸，确保键宽尺寸在 12.4mm 的公差范围内。随后按等分要求，依次铣削各键键侧 2，如图 6-10c 所示。

9）铣削小径圆弧面。

① 对刀。调整工作台，目测使锯片铣刀宽度的中间平面通过工件轴线（即对中对刀），如图 6-11a 所示。将分度头主轴转过 30° 使工件槽处于上方位置，铣刀处于槽的中间位置。通过垂向对刀，确定小径铣削位置。

② 铣削小径圆弧面。调整工件的圆周位置，使锯片铣刀从靠近键的一侧处开始铣削（见图 6-11b），并调节好纵向自动进给停止限位挡块，每铣削一刀后，应退刀，再摇动分度手柄，使工件转过一个小角度后，继续进行铣削。工件每次转过的角度越小，圆弧面的形状精度越高。铣削好一个槽的槽底圆弧面后，按起始或终点位置分度，依次铣削六个圆弧面。铣削时应注意，锯片铣刀不能碰伤键侧面。

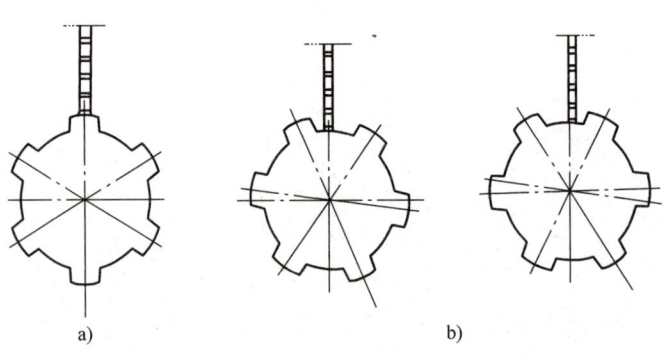

图 6-11　用锯片铣刀铣削槽底圆弧面

a）锯片铣刀对刀位置　b）锯片铣刀周向铣削位置

3. 大径定心外花键检验与质量分析要点

（1）外花键的检测

1）用千分尺测量键宽和小径尺寸。键宽尺寸应在 12.355~12.445mm 的范围内；小径尺寸应在 42.295~42.505mm 的范围内。测量操作时，应注意在花键全长内多选几个测量点，应对各键都进行测量，测量数据可记录下来，以便进行合格判断和质量分析。

2）用指示表测量平行度、对称度和等分度误差。对称度的检验方法如图 6-6a 所示，检验一般在铣削完毕后直接在机床上进行。检验时，将工件通过分度头准确转过 90°，使键处于水平位置，用指示表测量键侧 1，翻转 180°，以同样高度测量键侧 2，测量点可在键侧全长内多选几点，指示表的示值变动量应在 0.05mm 之内；平行度的测量也可用同样办法进行（见图 6-12），各键侧测量时指示表的示值变动量均应在 0.06mm 之内。测量等分度时，应注意按原分度方向进行，以免传动间隙影响测量精度。

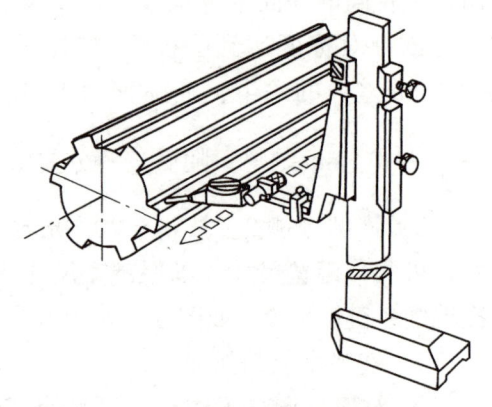

图 6-12　用指示表测量花键平行度

3）通过目测类比法进行表面粗糙度的检验。对槽底圆弧面，应目测其多边形状折线的疏密程度，若多边形明显，则可认为表面粗糙度不合格。还应目测检验键侧是否有微小的碰伤情况。

（2）外花键铣削的质量分析要点

1）在采用三面刃单刀铣削外花键时，由于铣削操作上的失误，如中间槽加工后横向移动距离计算错误、横向调整不准确、预检测量有误差、试切调整键侧对称度和键宽时余量控制不合理、分度不准确等原因，均可能引起花键键宽尺寸超差和等分度误差。

2）在安装找正分度头、装夹找正工件时，由于测量及操作上的失误和不准确，如分度头尾座的顶尖轴线与工作台面和进给方向不平行、两顶尖轴线不同轴、工件装夹后与分度头同轴度较差、尾座顶尖顶得较松等原因，可能会引起花键等分度、平行度和对称度超差。

3）采用锯片铣刀铣削花键槽底小径圆弧面时，因操作上的失误会引起较大的加工误差。例如，铣削起点和终点位置过于靠近键侧，会碰伤键侧；每铣一刀分度头转过的小角度较大，会引起较大的表面形状误差；锯片铣刀铣削时铣刀径向圆跳动误差大或进给量过大，加工表面出现振纹，使表面粗糙度值超差等。

技能训练2 单刀加工小径定心外花键

重点与难点：重点掌握先键侧后小径圆弧的单刀铣削花键方法；难点为用成形单刀铣削小径圆弧的操作调整。

1. 单刀铣削小径定心外花键加工工艺准备

加工图6-13所示的小径定心外花键，须按以下步骤做好工艺准备。

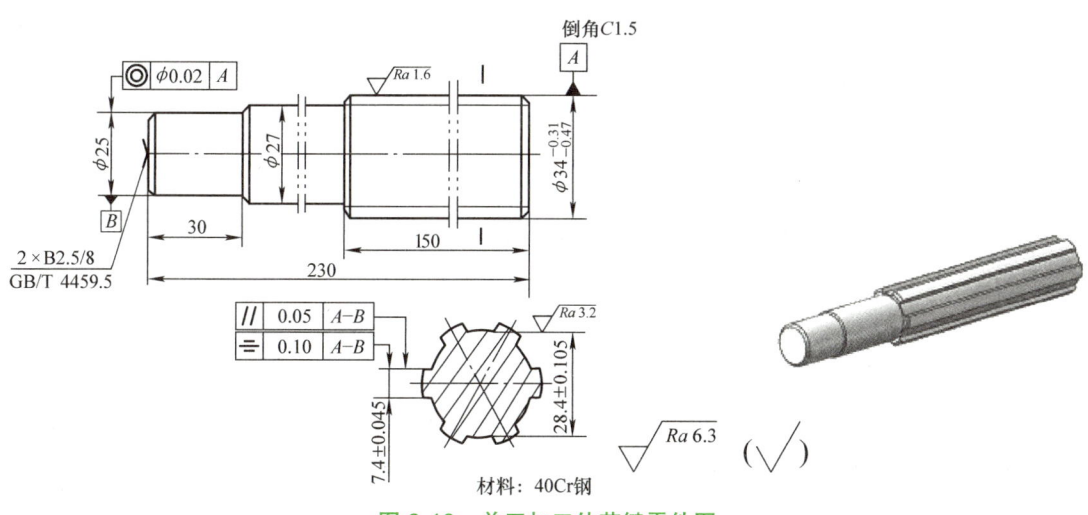

图6-13 单刀加工外花键零件图

（1）分析图样

1）分析加工精度。按零件图所示，加工精度为：

① 键宽 $B = 7_{-0.098}^{-0.040}$ mm， $B' = (7.4 \pm 0.045)$ mm 。

② 小径 $d = 28_{-0.041}^{-0.020}$ mm； $d' = (28.4 \pm 0.105)$ mm 。

③ 大径 $D = 34_{-0.47}^{-0.31}$ mm 。

④ 键侧对工件轴线的对称度公差为0.10mm，对工件轴线平行度公差为0.05mm。

2）分析表面粗糙度。大径表面粗糙度为 $Ra1.6\mu m$，小径表面粗糙度为 $Ra3.2\mu m$，其余（包括键侧）表面粗糙度为 $Ra6.3\mu m$。

3）分析材料。工件材料为40Cr合金结构钢，具有较高的强度。

4）分析形体。工件是阶梯轴，花键在 $\phi 34$mm × 150mm 外圆上贯通，两端有孔径尺寸为2.5mm 的 B 型中心孔，而且有 $\phi 25$mm × 30mm 的外圆柱面，便于工件定位装夹。

（2）拟定外花键铣削加工工艺及工艺准备

1）外花键加工工序。外花键的直径比较小，采用先铣削键侧，后铣削中间槽的方法加工。外花键铣削加工工序过程为：检验预制件→安装分度头→找正工件并在工件表面划键宽线→按划线对刀调整键侧1铣削位置→试切两侧面并预检键对称度→铣削键侧1（六面）→调整键侧2铣削位置并达到工序要求→铣削键侧2（六面）→调整槽底圆弧面铣削位置→铣削槽底圆弧面达到小径要求→外花键工序的检验。

2）选择铣床。工件长度为230mm，分度头及尾座安装长度约为550mm，选择与X6132型类同的卧式铣床。

3）选择工件装夹方式。由形体分析可知，工件两端有顶尖孔，又具有可供夹紧的 $\phi 25$mm × 30mm 圆柱面，既可以采用两顶尖、鸡心卡头和拨盘装夹工件，也可以采用自定心卡盘和尾座顶尖一夹一顶的方式装夹。本例选用F11125型万能分度头采用一夹一顶方式装夹。

4）选择刀具。

① 选择铣削键侧刀具。本例采用先铣削键侧后铣削槽底圆弧面的加工方法，铣刀的厚度不受严格限制，现选用 63mm × 8mm × 22mm 直齿三面刃铣刀。

② 选择铣削槽底圆弧面刀具。本例采用成形单刀铣削，单刀的形式与结构如图6-14所示。单刀的切削刃形状由工具磨床刃磨，圆弧部分的长度和半径尺寸应进行检验，侧刃夹角用游标万能角度尺检验，如图6-15a所示。侧刃与圆弧刃的两个交点距离和圆弧半径通常可在进行试件试切后，对切痕进行检验，如图6-15b所示。

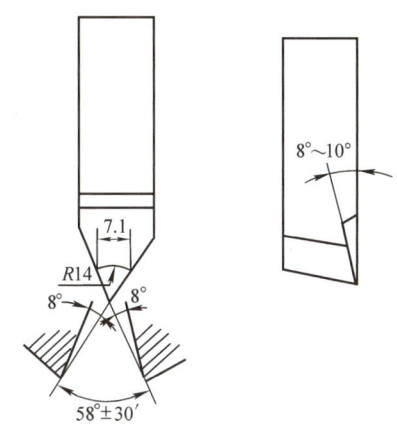

图 6-14　铣削外花键槽底成形单刀形式与结构

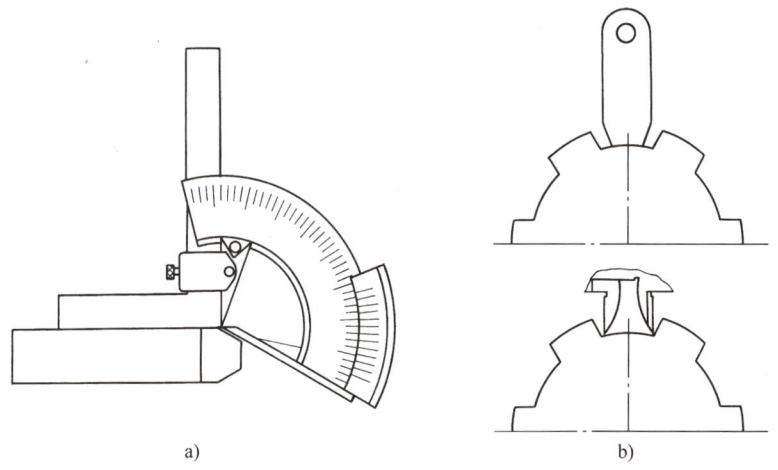

图 6-15　铣削外花键槽底成形单刀的检验

a）侧刃夹角的检验　b）圆弧刃的检验

5）选择检验测量方法。按工序要求，键的宽度尺寸、对称度误差与平行度误差，以及小径尺寸检验测量方法与训练 1 相同。

2. 小径定心外花键单刀铣削加工

（1）加工准备

1）安装分度头和尾座，并在分度头上安装自定心卡盘，安装前应选择自定心精度较高的卡盘，安装时应注意清洁各定位接合面，保证安装精度。其他操作与训练 1 相同。

2）预检、装夹和找正工件。

① 检验大径的尺寸与圆柱度，并检验大径圆柱面与两顶尖轴线的同轴度。

② 大径圆柱面一端中心孔用尾座顶尖定位，$\phi 25\text{mm} \times 30\text{mm}$ 的圆柱面用自定心卡盘定位夹紧。

③ 工件找正的方法与训练1基本相同，当工件与分度头轴线同轴度有误差时，可将工件转过一个角度装夹后，再进行找正，若还有误差，也可在卡爪与工件之间垫薄铜片，直至工件大径外圆与回转中心同轴度误差在0.03mm之内。上素线与工作台面的平行度、侧素线与进给方向平行度误差均在0.02mm/100mm范围内。

3）安装铣刀。三面刃铣刀与装夹成形单刀头的紧固刀盘一起穿装在刀杆上，并有一定的间距。铣削槽底圆弧面的成形单刀头装夹方式如图6-16所示，本例选用图6-16b所示的装夹方式。

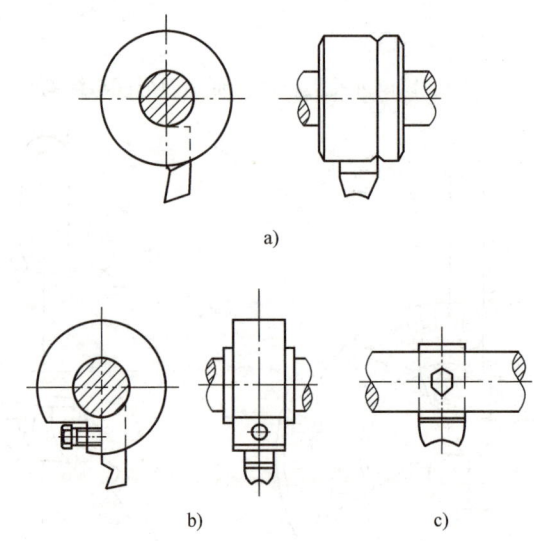

图6-16 铣削外花键槽底成形单刀安装方法

a）用夹紧刀盘安装　b）用方孔刀盘安装　c）用方孔刀杆安装

4）选择铣削用量。三面刃铣刀的铣削用量与本项目训练1相同，圆弧面单刀的铣削用量由试切确定。试切时，根据工件的振动情况、圆弧面的表面质量（包括圆弧的形状和表面粗糙度）确定。

（2）加工外花键

1）工件表面划线。

① 划水平中心线。将划线游标高度尺调整至分度头的中心高125mm，在工件外圆水平位置两侧划水平线，然后将工件转过180°，按同样高度在工件两侧重复划一次线，若两次划线不重合，则将划线位置调整在两条线的中间，再次划线，直至翻转划线重合，该重合的划线即为水平位置中心线。

② 划键宽线。根据水平中心线的划线位置，将游标高度卡尺调高或调低键宽尺寸的一半（本例为3.7mm）。仍按上述方法，在工件水平位置的两侧外圆上划出键宽线。

2）调整键侧铣削位置。

① 划线后，将工件转过 90°，使键宽划线转至工件上方，作为横向对刀依据。调整工作台，使三面刃铣刀侧刃切削平面离开键侧 1 键宽线 0.3～0.5mm，在横向刻度盘上用粉笔做记号并锁紧工作台横向。

② 根据花键铣削长度、铣刀切入和切出距离，调整铣削终点的自动停止限位挡块。

③ 调整键侧垂向铣削位置时，先使铣刀圆周刃恰好擦到工件表面，然后工作台垂向上升 H。

$$H = \frac{D' - d}{2} + 0.4 = \left(\frac{33.65 - 28}{2} + 0.4\right)\text{mm}$$

=3.22mm（式中 0.4mm 是键侧加深量）

3）试切与对称度预检。试铣键侧 1 与键侧 2，如图 6-17a、b 所示。试铣键侧 2 时，工作台横向移动距离 s。

$$s = L + B + 2(0.3 \sim 0.5) = 16.2\text{mm}$$

式中，0.3～0.5mm 是试铣时键侧单面保留的铣削余量。

预检键的对称度的具体操作方法与本章第二节训练 1 相同。

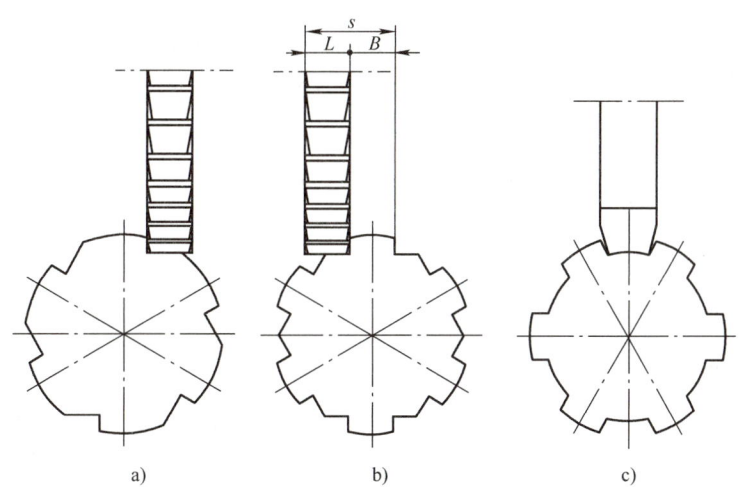

图 6-17　先键侧后槽底铣削花键步骤

a）试铣键侧 1　b）试铣键侧 2　c）铣削槽底小径圆弧面

4）铣削键侧 1。根据预检结果，若测得键侧 1 比键侧 2 少铣去 0.15mm，则将工件由水平预检测量位置转至上方铣削位置，然后调整工作台横向，将键侧 1 铣去 0.15mm。再次测量键宽尺寸，按工序图样的键宽尺寸与实测尺寸差值的一半调整工作台横向，按等分数分度，依次铣削键侧 1（六面）。

5）铣削键侧 2。键侧 1 铣削完毕后，调整工作台横向，保证键宽尺寸达到（7.4±0.045）mm，按等分要求，依次铣削键侧 2（六面）。

6）铣削槽底小径圆弧面，如图 6-17c 所示。

① 安装成形单刀。单刀伸出的尺寸尽可能小，以提高刀具的刚度。由于成形单刀铣削时常用圆弧切削刃对刀，因此应注意单刀的安装精度。目测检验安装精度的方法如图 6-18a 所示，借助的平行垫块尽可能长，若安装正确，垫块应与刀轴平行。

② 横向对刀。调整工作台，目测使单刀的圆弧刀刃的两个尖角与工件键顶同时接触，如图 6-18b 所示，对刀后锁紧工作台横向。

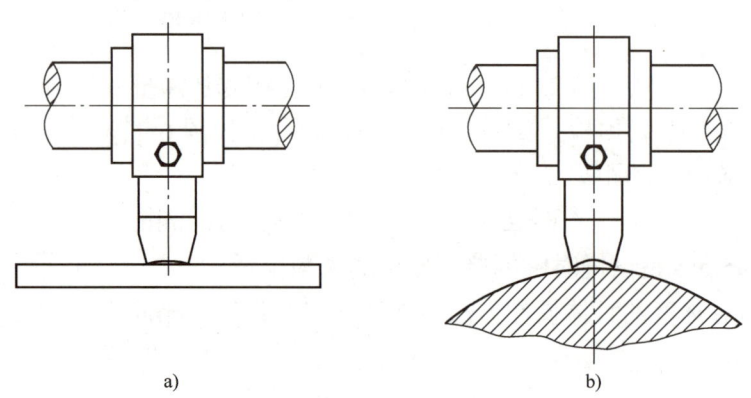

图 6-18　铣削槽底的单刀安装与对刀位置
a）目测检验单刀安装精度　b）目测单刀横向对刀位置

③ 调整工件转角。将工件由铣削键侧的位置转至铣削槽底位置。转角为 $\dfrac{\theta}{2}=\dfrac{180°}{N}$（本例为 30°，$n=3\dfrac{22}{66}\text{r}$）。

④ 试切预检小径尺寸。工作台垂向在槽底对刀，试切出圆弧面，工件转过 180°，按垂向同样铣削位置，试切出对应的圆弧面，用外径千分尺预检小径尺寸。

⑤ 按实测尺寸与工序尺寸差值的一半调整工作台垂向。当试切的小径尺寸符合图样要求时，按工件等分要求，依次铣削槽底圆弧面，使小径尺寸达到（28.4±0.105）mm。

（3）检验与质量分析要点

1）检测外花键。

① 测量键宽和小径尺寸精度。用千分尺测量键宽尺寸应在 7.355～7.445mm 范围内，小径尺寸应在 28.295～28.505mm 范围内。

② 测量键侧对称度、平行度和等分度误差。具体操作方法与训练 1 相同，对称

度测量示值变动量应在 0.1mm 以内；平行度测量示值变动量应在 0.05mm 以内；等分度测量示值变动量应在 0.07mm 以内。

2）分析质量要点。

① 本例采用分度头安装自定心卡盘采用与尾座一顶一夹的方式装夹工件。由于工件夹紧部位无台阶面，在铣削过程中，可能因切削力波动、冲击，使工件沿轴向发生微量位移，从而使工件脱离准确的定位和找正位置，影响对称度、平行度和等分度。

② 选用成形单刀铣削槽底圆弧面，受刀具刃磨质量、安装精度、刀具切削性能等影响，铣削而成的小径圆弧面形状和尺寸精度、表面粗糙度都会产生一些误差，如刀具几何角度不好，可能引起切削振动，从而影响表面粗糙度。又如，刀具安装精度和对刀误差，可能会形成槽底圆弧面的同轴度误差，如图 6-19 所示。

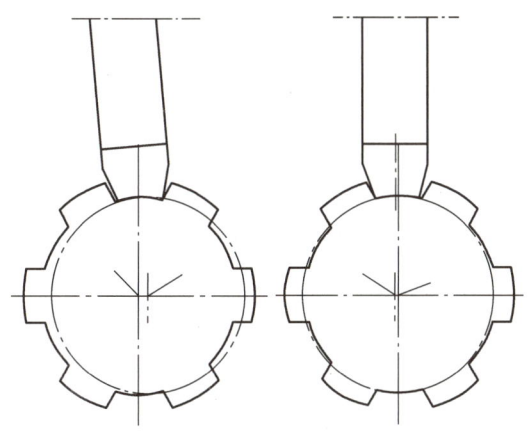

图 6-19　槽底圆弧面的同轴度误差

6.3　外花键组合铣刀铣削操作技能训练实例

技能训练 1　用组合的三面刃铣刀内侧刃铣削外花键

重点与难点：重点掌握用组合三面刃铣刀内侧刃铣削外花键方法；难点为铣刀组合调整、对刀操作和外花键对称度控制。

1. 用组合的三面刃铣刀内侧刃铣削外花键加工工艺准备

铣削图 6-20 所示的外花键，须按以下步骤做好加工工艺准备。

（1）分析图样

1）分析加工精度。

① 键宽 $B = 6_{-0.04}^{-0.01}$ mm，$B' = (6.4 \pm 0.045)$ mm。

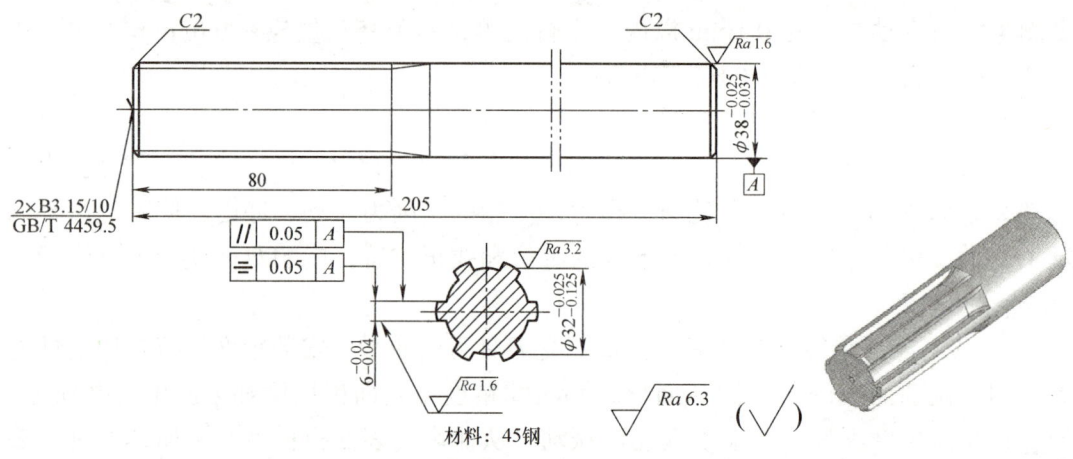

图 6-20 组合铣刀铣削外花键零件图一

② 小径 $d = \phi 32_{-0.125}^{-0.025}$ mm。

③ 大径 $D = \phi 38_{-0.037}^{-0.025}$ mm。

④ 键侧对工件轴线的对称度和平行度公差均为 0.05mm。

大径和键宽尺寸须经过磨削加工达到尺寸精度，铣削加工为粗加工，槽底小径尺寸可由铣削加工获得。

2）分析表面粗糙度。大径和键侧表面粗糙度为 $Ra1.6\mu m$，小径表面粗糙度为 $Ra3.2\mu m$，其余表面粗糙度为 $Ra6.3\mu m$。大径和键侧须经过磨削才能达到粗糙度要求，小径圆弧面可用铣削加工达到表面质量要求。

3）分析材料。工件材料为 45 钢，调质硬度为 220~250HBW。

4）分析形体。工件是光轴，花键在外圆柱面上，有效长度为 80mm，工件两端有孔径为 3.15mm 的 B 型中心孔，而且有 $\phi 38mm \times 125mm$ 的光轴部分，便于工件定位装夹。

（2）拟定外花键铣削加工工艺及工艺准备

1）外花键加工工序。采用组合三面刃铣刀加工键侧，锯片铣刀加工槽底小径圆弧面的方法。花键铣削加工工序过程为：检验预制件→安装分度头→安装试件→安装组合铣刀→试件试切调整键宽尺寸→预检对称度→装夹、找正工件→在工件表面划键宽线→工件试切、复核对称度→铣削键侧（六键12面）→调整槽底圆弧面铣削位置→铣削槽底圆弧面达到小径要求→花键工序检验。

2）选择铣床。选择与 X6132 型类似的卧式铣床。

3）选择工件装夹方式。由形体分析可知，工件可采用一顶一夹或两顶尖装夹方式，本例考虑到采用两把三面刃铣刀同时铣削键的两个侧面，切削力使轴转动的力矩很小，而指向分度头的轴向力较大，因此选用 F11125 型分度头，采用两顶尖、鸡心卡头和拨盘来装夹工件。

4）选择铣刀。

① 铣削键侧的组合三面刃铣刀。铣刀的厚度不受严格限制，两把铣刀进行组合的侧面刃应完好无损，刃磨质量基本相同，夹持部位的表面无凸起、拉毛等瑕疵。因花键的收尾部分圆弧并没有尺寸要求，故选 63mm×8mm×22mm 直齿三面刃铣刀。

② 铣削槽底圆弧面刀具。因花键属于大径定心的修配零件，使用成形单刀刃磨、安装、对刀等比较麻烦，故采用锯片铣刀铣削槽底圆弧面，可以达到圆弧面的粗糙度和尺寸精度要求。本例选用 63mm×1.6mm 的标准锯片铣刀。

5）选择铣削用量。工件材料为 45 钢，调质后的材料硬度为 235HBW，宜选用优质碳素结构钢切削用量范围内较小的切削速度和进给量。按铣刀规格，现选主轴转速 n = 75r/min（v ≈ 15m/min），进给量 v_f = 47.5mm/min（f_z ≈ 0.03mm/z）。

6）选择检验测量方法。试件试切的检验是采用组合铣刀铣削花键的重要操作步骤。试件的长度应与工件大致相同，而直径尺寸、精度并无严格要求。关键是试件的顶尖孔应具有较高的精度。试件试切后的键宽尺寸、对称度检验方法与单刀铣削时基本相同，其试切测量过程为：按划线对刀→试切两侧面→用外径千分尺测量键宽尺寸→调整中间垫圈厚度直至宽度符合要求→将工件转过 90°，用指示表测量键一侧→将工件转过 180° 测量键另一侧→将工件回转恢复至原铣削位置→横向微量移动指示表示值差的一半（移动的方向是使示值高的一侧多铣去一些）→工件回转一个位置重复以上对称度试切测量步骤直至对称度符合要求。

2. 外花键用组合铣刀铣削加工

（1）加工准备

1）检验预制件。检验重点是工件大径圆柱面与两顶尖轴线的同轴度。具体测量方法与单刀铣削花键时相同。大径圆柱面对轴线的径向圆跳动指示表示值应在 0.03mm 以内，圆柱度误差应在 0.012mm 以内；大径尺寸应在 37.963～37.975mm 范围内。

2）安装和找正分度头与尾座。具体方法与单刀铣削外花键相同。

3）安装铣刀。根据铣刀的孔径选择刀杆，为减小铣削振动，便于键宽的调整，铣刀杆与刀杆垫圈的精度应进行检验。一些刀杆由于铣削时受过切削力的冲击等因素，造成其直线度较差、刀杆弯曲，铣削中会使铣刀产生跳动，影响尺寸调整和表面粗糙度控制。

通常可借助标准平板检验刀杆。检验时将刀杆放置在平板上，用手缓慢转动刀杆，若刀杆的素线始终在全长内与平板贴合，说明刀杆的直线精度较高。刀杆垫圈主要是检验两端面的平行度，测量时可使用千分尺，也可在标准平板上将一侧端面与平板贴合，另一侧端面用指示表进行测量。

组合铣刀中间垫圈的尺寸选择，应按铣刀侧刃与装夹面之间的尺寸确定。测量铣刀侧刃刀尖与装夹面的距离尺寸，可借助中间带孔的平行垫块（见图6-21a），将刀具用于组合的侧面刃向上，另一侧轻放在标准平板上，再将带孔的平行垫块沿径向搁放在多个刀尖上，然后用深度千分尺测量垫块上平面至刀具装夹面的尺寸，测得的尺寸减去垫块的厚度尺寸，即为刀具侧刃刀尖至装夹面的尺寸e。组合铣刀中间垫圈的厚度$b = B + e_1 + e_2$。若装夹面低于侧刃刀尖，则e为正值；若装夹面高于侧刃刀尖，则e为负值。装夹面高于刀具侧刃刀尖，可用环形垫圈测量（见图6-21b），下面的垫圈将刀具垫高，使刀具与平板平行，上面的垫圈用于深度千分尺测量。按计算值选择垫圈厚度可先略厚一些，使试切键宽有一定的余量，然后按实测键宽对中间垫圈进行磨削修正（单个垫圈）或组合调整（多个垫圈）。本例若$e_1 = 0.05$mm，$e_2 = 0.35$mm，则$b = B' + e_1 + e_2 = 6.4$mm $+ 0.5$mm $+ 0.35$mm $= 7.25$mm。

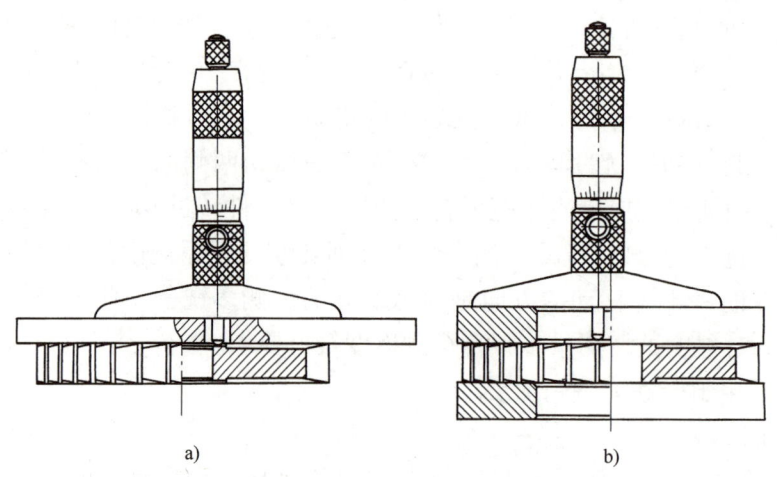

图6-21 测量刀具侧刃刀尖与装夹面的位置尺寸

a）用平行垫块测量 b）用环形垫圈测量

组合铣刀与锯片铣刀可同时安装在刀杆上，但应保持一定的间距。

4）装夹和找正工件。因本例采用试件试切调整键宽和对称度，故工件的找正在对称度和键宽调整完毕后进行，具体方法与单刀铣削花键时相同。

（2）铣削外花键

1）试件试切对刀。按预定的试件试切过程操作，操作时掌握以下要点：

① 试件的装夹应与工件一样重视，特别是顶尖定位应无轴向间隙，但分度时不能感觉太紧。

② 试件试切调整应首先调整键宽尺寸。试切后，按试切的键宽尺寸与6.4mm的差值，在平面磨床上磨削修正垫圈厚度，组合铣刀中间的垫圈最好采用单个垫圈，这样调整速度快、精度高。若由几个垫圈组合，垫圈的数量不宜太多，以免积累误差。

③ 试切调整对称度时，应铣出较长一段键侧，键侧深度应与工件一致，否则会因侧面面积过小而影响测量精度。

2）装夹找正工件并试切复核对称度。采用试件试切后，拆下试件，装夹找正工件，具体方法与单刀铣削花键相同。试切复核对称度时，只需在端部铣出一小段，便可进行复核，以保证工件的对称度和键宽尺寸精度。若无法找到合适的试件，在工件上直接进行试切调整键宽和对称度时，可按以下步骤进行（见图6-22）：

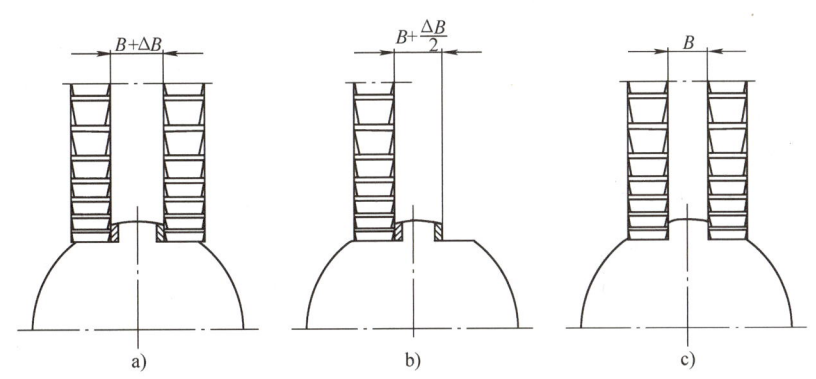

图 6-22　双刀铣花键试切调整步骤

a）双刀试切调整　b）单刀偏铣调整　c）双刀精确调整

① 在工件圆柱面上划出水平位置键宽线，将键宽线转至上方铣削位置。

② 将组合铣刀的中间垫圈厚度按测量计算值 b 增加 1mm，安装组合铣刀。

③ 调整工作台，目测对刀，使键宽划线处于组合刀具内侧刃的中间，键侧深度留有余量试切一小段。

④ 采用在机床上用指示表测量对称度误差的方法，预检工件试切段的对称度，并按示值差调整工作台横向，利用原试切键再试切出新的一小段，重复调整，直至达到对称度要求。

⑤ 对键宽尺寸进行测量时，若测得的键宽比要求的键宽尺寸大 0.95mm（7.35mm），则应拆下外侧的铣刀和中间垫圈，调整中间垫圈的组合厚度使其减去 0.95mm。

⑥ 夹紧留在刀杆上的内侧三面刃铣刀，用内侧单刀在原位置铣削键内侧，铣削的余量应是 0.95mm 的一半，即 0.475mm。试铣一小段后，键宽尺寸应为 6.875mm（7.35mm－0.475mm）。

⑦ 将调整后的中间垫圈和外侧三面刃铣刀装入刀杆，仍在原铣削位置试切工件，此时外侧面将键外侧铣去 0.475mm，由于对称的花键两侧面铣去相等的余量，因此切出的键仍然对称工件轴线，同时，通过中间垫圈的调整，又达到了键宽 6.4mm 的

尺寸要求。

3）铣削键侧。调整键侧深度、花键铣削长度，按等分分度，依次铣削花键键侧（6条12面）。

4）铣削槽底圆弧面。用锯片铣刀铣削槽底圆弧面的方法与单刀铣削花键相同。

3. 组合铣刀铣削外花键的检验与质量分析要点

（1）检验外花键

1）键宽、小径尺寸精度，对称度、平行度和等分度位置精度的检验方法与单刀铣削花键时相同。

2）本例花键的有效长度检验方法与用盘形铣刀铣削半封闭的直角沟槽的检验方法相同。

（2）加工质量要点分析

1）用组合铣刀铣削花键，除槽底外一般是一次铣削成形，铣削后键宽尺寸、对称度、平行度和等分度都同时形成。因此，在试切调整操作中，若试切调整步骤错误，键宽尺寸预检不准确、中间垫圈尺寸组合或修正不准确、中间垫圈的组合数量较多、横向偏移值计算错误、横向移动量不准确等，均可能导致试切调整误差增大，影响花键铣削精度。在无法试件试切而直接在工件上试切调整时还可能损坏工件。

2）用组合铣刀内侧刃铣削外花键时，对刀杆、刀杆垫圈、铣刀和中间垫圈的精度有较高的要求，若刀杆弯曲、刀杆垫圈端面不平行、组合铣刀的侧刃刃磨质量较差、中间垫圈的组合质量差（如采用较多的铜片垫圈、垫圈孔与刀轴外圆的间隙过大、垫圈端面的环形面积较小等）可能造成键宽尺寸调整困难、尺寸不稳定、表面粗糙度差等弊病。

技能训练2　用组合的三面刃铣刀圆周刃铣削外花键

重点与难点：重点掌握用三面刃铣刀的圆周刃铣削外花键的方法；难点为工件装夹、找正与外花键平行度控制。

1. 用组合三面刃铣刀圆周刃铣削外花键加工工艺

铣削图6-23所示的外花键，须按以下步骤做好加工工艺准备。

（1）分析图样

1）分析加工精度。按零件图所示，加工精度为：

① 键宽 $B = 6_{-0.04}^{-0.01}$ mm，$B' = (6.4 \pm 0.045)$ mm。

② 小径 $d = \phi 26_{-0.072}^{-0.020}$ mm，$d' = \phi(26.4 \pm 0.042)$ mm。

③ 大径 $D = \phi 32_{-0.087}^{-0.025}$ mm。

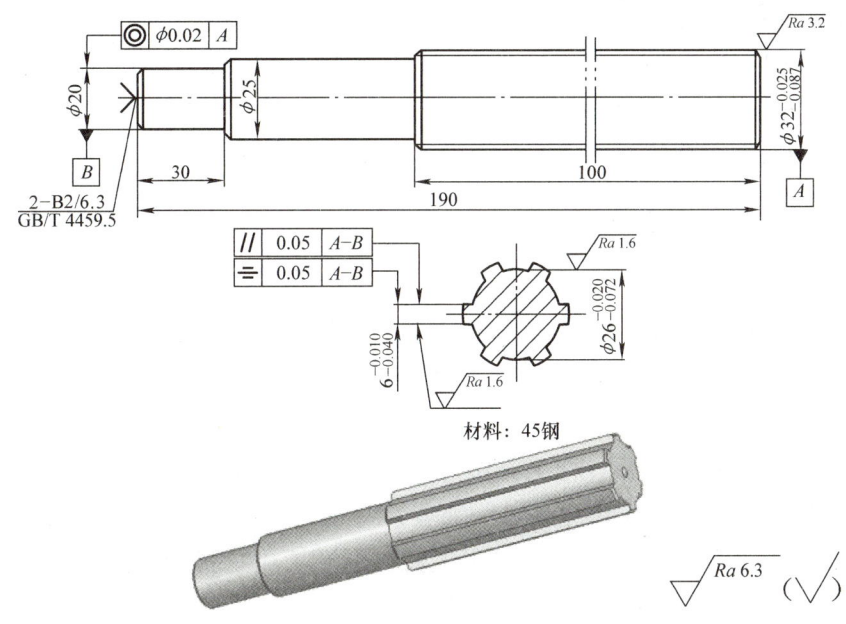

图 6-23　组合铣刀铣削外花键零件图二

④ 键对工件轴线对称度和平行度公差均为 0.05mm。

小径和键宽尺寸须经过磨削加工达到尺寸精度，铣削加工为粗加工。

2）分析表面粗糙度。小径和键侧表面粗糙度为 $Ra1.6\mu m$，大径表面粗糙度为 $Ra3.2\mu m$，其余表面粗糙度为 $Ra6.3mm$。小径和键侧须经过磨削才能达到表面粗糙度要求。

3）分析材料。工件材料为 45 钢，切削性能较好。

4）分析形体。工件是阶梯轴，花键在 $\phi 32mm$ 圆柱面上贯通，两端有孔径为 $\phi 2mm$ 的 B 形中心孔，左侧有 $\phi 20mm \times 30mm$ 外圆柱面，便于工件定位装夹。

（2）拟定外花键铣削加工工艺及工艺准备

1）外花键加工工艺。采用组合三面刃铣刀，用圆周刃加工键侧，外花键铣削加工工序过程为：检验预制件→安装分度头→装夹找正工件→安装组合铣刀→工件表面划键宽线→试切预检对称度、键宽→铣削键侧（六键 12 面）→调整槽底圆弧面铣削位置→铣削槽底圆弧面达到小径要求→花键工序检验。

2）选择铣床。选择与 X6132 型类同的卧式铣床。

3）选择工件装夹方式。本例考虑到采用两把三面刃铣刀圆周刃铣削键的两个侧面，切削力有使轴向上拉起的趋势，这种拉力会影响工件的键宽尺寸、平行度和对称度，因此选用 F11125 型分度头，采用自定心卡盘和尾座顶尖一顶一夹的方法装夹工件。

4）选择铣刀。

① 铣削键侧选用组合三面刃铣刀，铣刀的厚度不受严格限制，两把铣刀进行组合的圆周刃应完好无损，直径尺寸应严格相等，最好一次磨出，故选63mm×8mm×22mm 直齿三面刃铣刀。

② 铣削槽底选用圆弧面铣刀，采用带方孔的刀杆安装。

5）选择铣削用量。工件材料为45钢，宜选用优质碳素结构钢切削用量范围内较小的切削速度和进给量。按铣刀规格，现选主轴转速 n = 75r/min（$v ≈ 15$m/min），进给量 $v_f ≈ 47.5$mm/min（$f_z ≈ 0.03$mm/z）。

6）选择检验测量方法。采用组合铣刀圆周刃铣削外花键的重要操作步骤就是严格控制工件轴线与工作台面的平行度、工件大径圆柱面与分度头回转轴线的同轴度。键宽尺寸、对称度检验方法与单刀铣削时基本相同，其试切测量过程为：按垂向对刀切痕调整横向，使内侧刃对称工件中心→试切两侧面（两键4面）→用外径千分尺测量键宽尺寸→调整工作台垂向位置直至宽度符合要求→用指示表测量键一侧→将工件转过180°测量键另一侧→重复以上对称度试切测量步骤直至对称度和平行度符合要求。

2. 外花键用组合铣刀圆周刃铣削加工

（1）加工准备

1）检验预制件。重点检验工件小径圆柱面与两顶尖轴线的同轴度，具体测量方法与单刀铣削外花键时相同，小径圆柱面对轴线的径向圆跳动指示表示值应在0.07mm以内，圆柱度误差应在0.052mm以内；小径尺寸应在25.928～25.98mm范围内。

2）安装和找正分度头与尾座。尾座顶尖的轴线必须与分度头主轴同轴，否则会因不同工件的中心孔间距不一致，影响工件上素线与工作台面的平行度，从而影响外花键精度。

3）安装铣刀。组合铣刀内侧刃之间的距离 S 由式 $S ≈ \sqrt{d^2 - B^2} - 1$ 确定，S 值调整控制在（24.3±0.5）mm范围内。由于铣刀的侧刃与装夹面一般不在同一平面，所以中间垫圈厚度尺寸的确定，须通过测量两把铣刀的内侧刃刀尖之间的尺寸进行调整。组合铣刀与成形单刀分别安装在不同的刀杆上，若工件数量较多时，可以先加工所有工件键侧，然后加工槽底圆弧面。

4）装夹和找正工件的具体方法与单刀铣削花键时相同。装夹时，尾座顶尖定位应使工件 ϕ20mm 外圆台阶面与卡盘爪端面贴合，无轴向间隙，但分度时不能感觉太紧。找正重点是工件轴线与工作台面的平行度，若借助大径外圆柱面找正，应严格控制上素线与工作台面的平行度和径向圆跳动。

（2）铣削外花键

1）工件表面划水平键宽线的方法与前述相同。

2)调整横向铣削位置。

3)试切调整键宽尺寸。

4)预检复核花键对称度和平行度。

5)铣削键侧面。

6)铣削槽底圆弧面。

3. 组合铣刀圆周刃铣削外花键的检验与质量分析要点

(1)检验外花键

1)键宽、小径尺寸精度,对称度和等分度位置精度的检验方法与单刀铣削外花键时相同。

2)本例外花键的键侧面由三面刃铣刀的圆周刃铣削,平面度和表面粗糙度按周铣平面方法检验。

(2)加工质量分析要点

1)用组合铣刀圆周刃铣削外花键时,两把铣刀的圆周刃一次铣削两个键的不同侧面,铣削后键宽尺寸、对称度、平行度和等分度都同时形成。

2)用组合铣刀圆周刃铣削花键时,预检测量要求比较高,若测量方法错误会使测量结果不准确,影响加工精度。

3)由于铣刀圆周刃铣削时有将工件向上拉起的趋势,所以分度头的回转体紧固、尾座顶尖体的紧固和顶尖的锁紧都十分重要。如果出现松动,不仅影响表面粗糙度,而且会影响花键的平行度、对称度和键宽尺寸精度。

项目 7
直齿圆柱齿轮加工

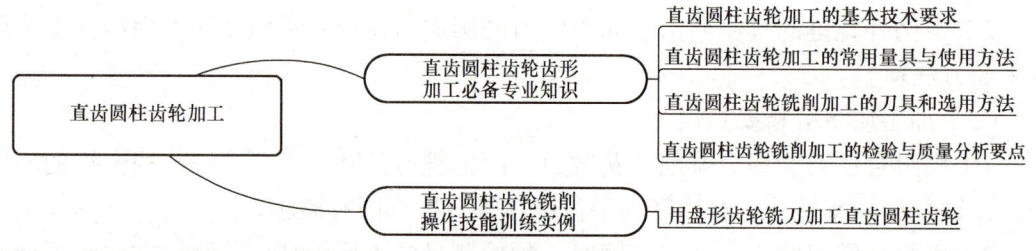

7.1 直齿圆柱齿轮齿形加工必备专业知识

7.1.1 直齿圆柱齿轮加工的基本技术要求

1. 标准圆柱齿轮的齿形曲线

根据齿轮传动的原理，要使一对啮合的齿轮能很均匀地传动，就应把轮齿的齿形曲线做成合适的形状。标准圆柱齿轮的齿形曲线采用渐开线，渐开线齿轮具有传动平稳、制造和装配简便等优点。

（1）渐开线齿形曲线的形成　齿轮渐开线齿形曲线的形成如图 7-1 所示。在圆盘的圆周上围绕一根棉线，并在棉线头 a 上拴一支铅笔，然后拉紧线头 a，逐渐展开，铅笔尖在纸上画出的曲线称为渐开线。因此，渐开线是一条和圆相切的直线在圆周上作纯滚动时，直线上任意一点所描出的轨迹。这个圆称为基圆。

（2）渐开线曲线的特点　由图 7-1 所示渐开线的形成可知：

1）发生线 bc 的长度等于基圆上相应的展开弧长 ac。

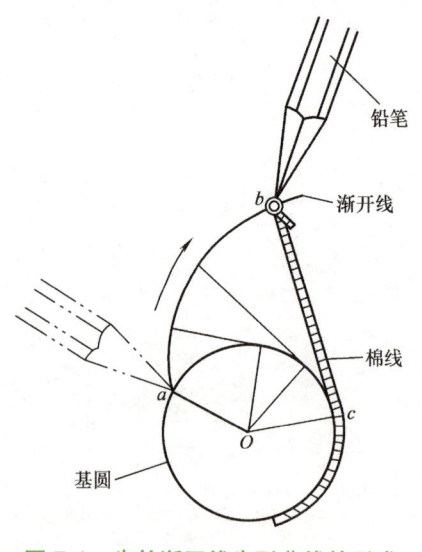

图 7-1　齿轮渐开线齿形曲线的形成

2）发生线 bc 是渐开线上 b 点的法线。

3）基圆越大，渐开线越平直；基圆越小，渐开线越弯曲；基圆相同，相对应的渐开线弯曲程度相同。

4）基圆以内无渐开线。

2. 直齿圆柱齿轮各部分的名称、含义及计算方法

（1）标准直齿圆柱齿轮各部分名称、含义（见图 7-2）

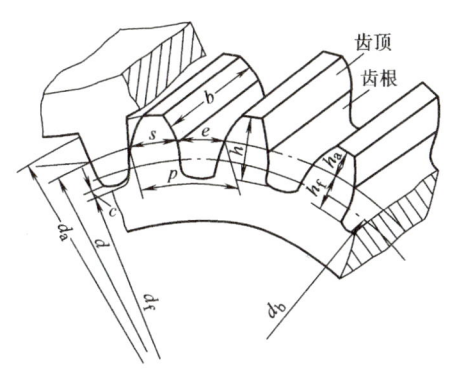

图 7-2 直齿圆柱齿轮各部分的名称

1）分度圆：槽宽与齿厚相等处的圆。分度圆直径用 d 表示。

2）齿顶圆：通过齿轮顶部的圆。齿顶圆直径用 d_a 表示。

3）齿根圆：通过齿轮根部的圆。齿根圆直径用 d_f 表示。

4）齿距：相邻两个齿的对应点在分度圆圆周上的弧长，用 p 表示。

5）齿宽：齿轮轮齿部分的轴向长度，用 b 表示。

6）齿厚：一个轮齿在分度圆上所占的弧长，用 s 表示。

7）槽宽：一个齿槽在分度圆上所占的弧长，用 e 表示。

8）齿顶高：从齿顶圆到分度圆的径向距离，即齿顶圆到分度圆之间的那一段齿高，用 h_a 表示。

9）齿根高：从齿根圆到分度圆的径向距离，即齿根圆到分度圆之间的一段齿高，用 h_f 表示。

10）齿高：轮齿的全深，齿根圆与齿顶圆之间的径向距离，用 h 表示。

11）顶隙：当两个齿轮完全啮合时，一个齿轮的齿顶与另一个齿轮的齿根间的间隙称为顶隙，用 c 表示。

12）中心距：相互啮合的两个齿轮轴线之间的距离，用 a 表示。

13）压力角：渐开线上任意点受力方向与该点运动方向之间的夹角称为该点的压力角 α（见图 7-3）。压力角随其位置不同而变化，齿顶部位的压力角最大，齿根部位的压力角最小，国家标准规定齿轮分度圆上的压力角为 20°。压力角又称为齿形角。

14）模数：模数是齿轮尺寸计算中的主要参数，用来表示轮齿的大小；模数值等于分度圆直径除以齿数；模数越大，齿形越大；模数越小，齿形越小（见图7-4）。齿轮常用标准模数见表7-1。

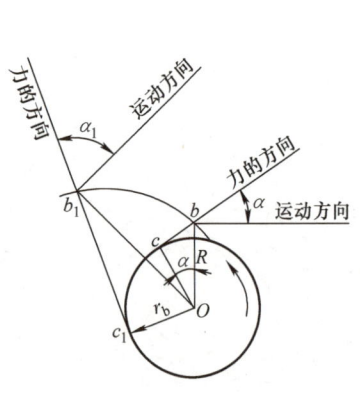

图7-3　渐开线的压力角

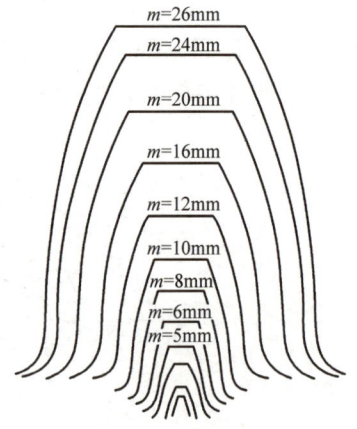

图7-4　模数与轮齿齿廓的关系

表7-1　齿轮常用标准模数　　　　　　　　　　（单位：mm）

第一系列	1	1.25	1.5	2	2.5	3	4	5	6
第二系列	1.75	2.25	2.75	3.25	3.5	(3.75)	4.5	5.5	(6.5)
第一系列	8	10	12	16	20	25	32	40	50
第二系列	7	9(11)	14	18	22	28	(30)	36	45

（2）标准直齿圆柱齿轮各部分尺寸的计算公式（见表7-2）

表7-2　标准直齿圆柱齿轮各部分尺寸的计算公式

各部分名称	代号	计算公式
分度圆直径	d	$d = mz$
齿顶高	h_a	$h_a = m$
齿根高	h_f	$h_f = 1.25m$
齿高	h	$h = 2.25m$
齿顶圆直径	d_a	$d_a = d + 2h_a = m(z+2)$
齿根圆直径	d_f	$d_f = d - 2h_f = m(z-2.5)$
基圆直径	d_b	$d_b = mz\cos\alpha$
齿距	p	$p = \pi m$
齿厚	s	$s = 1.5708m$
槽宽	e	$e = 1.5708m$
顶隙	c	$c = 0.25m$
中心距	a	$a = \dfrac{1}{2}(d_1 + d_2) = \dfrac{m}{2}(z_1 + z_2)$

注：m 为齿轮模数。

7.1.2 直齿圆柱齿轮加工的常用量具与使用方法

1. 弦齿厚的检测方法

弦齿厚的测量采用保证齿侧间隙的单齿测量法，计算与操作都比较方便，但测量时齿轮的齿顶圆直径误差会影响测量精度。

（1）游标齿厚卡尺的结构与规格　游标齿厚卡尺是由两个相互垂直的齿高尺和齿厚尺组成的，齿高尺用以调整弦齿高，保证齿厚尺的测量位置，弦齿厚的测量由齿厚尺的固定测量爪与活动测量爪配合完成。游标齿厚卡尺有 1～16mm、1～26mm、5～32mm 和 15～55mm 四种规格，分度值为 0.01mm 和 0.02mm。

（2）齿厚的计算

1）分度圆弦齿厚的计算：分度圆弦齿厚略小于分度圆弧齿厚，弦齿高略大于分度圆弧齿高。分度圆弦齿厚与弦齿高计算公式为

$$\bar{s} = mz\sin\frac{90°}{z} \tag{7-1}$$

$$\bar{h}_a = m\left[1+\frac{\pi}{2}\left(1-\cos\frac{90°}{2}\right)\right] \tag{7-2}$$

由公式可知，影响弦齿厚和弦齿高的参数是模数 m 与齿数 z，为了简化计算，表 7-3 列出了当模数 m = 1mm 时不同齿数的弦齿厚 $\bar{s}^*$ 和弦齿高 $\bar{h}_a^*$。计算不同模数的弦齿厚与弦齿高时，可在表中按被测齿轮的齿数查出 $\bar{s}^*$ 与 $\bar{h}_a^*$，然后按 $\bar{s} = m\bar{s}^*$ 与 $\bar{h}_a = m\bar{h}_a^*$ 进行计算。

表 7-3　分度圆弦齿厚与弦齿高（m = 1mm）　　　　　　（单位：mm）

齿数 z	齿厚 $\bar{s}^*$	齿高 $\bar{h}_a^*$	齿数 z	齿厚 $\bar{s}^*$	齿高 $\bar{h}_a^*$
12	1.5663	1.0513	23	1.5695	1.0268
13	1.5669	1.0474	24	1.5696	1.0257
14	1.5675	1.0440	25	1.5697	1.0247
15	1.5679	1.0411	26	1.5698	1.0237
16	1.5683	1.0385	27	1.5699	1.0228
17	1.5686	1.0363	28	1.5699	1.0220
18	1.5688	1.0342	29	1.5700	1.0212
19	1.5690	1.0324	30	1.5701	1.0205
20	1.5692	1.0308	31	1.5701	1.0199
21	1.5693	1.0294	32	1.5702	1.0193
22	1.5694	1.0280	33	1.5702	1.0187

（续）

齿数 z	齿厚 $\bar{s}^*$	齿高 $\bar{h}_a^*$	齿数 z	齿厚 $\bar{s}^*$	齿高 $\bar{h}_a^*$
34	1.5702	1.0181	66	1.5706	1.0093
35	1.5703	1.0176	67	1.5706	1.0092
36	1.5703	1.0171	68	1.5706	1.0091
37	1.5703	1.0167	69	1.5706	1.0089
38	1.5703	1.0162	70	1.5706	1.0088
39	1.5704	1.0158	71	1.5707	1.0087
40	1.5704	1.0154	72	1.5707	1.0086
41	1.5704	1.0150	73	1.5707	1.0084
42	1.5704	1.0146	74	1.5707	1.0083
43	1.5705	1.0144	75	1.5707	1.0082
44	1.5705	1.0140	76	1.5707	1.0080
45	1.5705	1.0137	77	1.5707	1.0080
46	1.5705	1.0134	78	1.5707	1.0079
47	1.5705	1.0131	79	1.5707	1.0078
48	1.5705	1.0128	80	1.5707	1.0077
49	1.5705	1.0126	81	1.5707	1.0076
50	1.5705	1.0124	82	1.5707	1.0075
51	1.5705	1.0121	83	1.5707	1.0074
52	1.5706	1.0119	84	1.5707	1.0073
53	1.5706	1.0116	85	1.5707	1.0073
54	1.5706	1.0114	86	1.5707	1.0072
55	1.5706	1.0112	87	1.5707	1.0071
56	1.5706	1.0110	88	1.5707	1.0070
57	1.5706	1.0108	89	1.5707	1.0069
58	1.5706	1.0106	90	1.5707	1.0069
59	1.5706	1.0104	91	1.5707	1.0068
60	1.5706	1.0103	92	1.5707	1.0067
61	1.5706	1.0101	93	1.5707	1.0066
62	1.5706	1.0100	94	1.5707	1.0065
63	1.5706	1.0098	95	1.5707	1.0065
64	1.5706	1.0096	96	1.5707	1.0064
65	1.5706	1.0095	97	1.5707	1.0064

（续）

齿数 z	齿厚 $\overline{s}^*$	齿高 $\overline{h}_a^*$	齿数 z	齿厚 $\overline{s}^*$	齿高 $\overline{h}_a^*$
98	1.5707	1.0063	127	1.5708	1.0048
99	1.5707	1.0062	130	1.5708	1.0047
100	1.5707	1.0062	135	1.5708	1.0046
105	1.5708	1.0059	140	1.5708	1.0044
110	1.5708	1.0056	145	1.5708	1.0042
115	1.5708	1.0054	150	1.5708	1.0041
120	1.5708	1.0051	齿条	1.5708	1.0000
125	1.5708	1.0049			

注：1. 本表也适用于斜齿轮和锥齿轮，但要按当量齿数查此表。
　　2. 如果当量齿数带有小数，就要用比例插入法，把小数考虑进去。

2）固定弦齿厚的计算：所谓固定弦齿厚，是指基准齿条齿形与齿轮齿形对称相切时两切点间的距离 AB（图 7-5），而固定弦 AB 到齿顶的距离称为固定弦齿高。具体计算时按以下公式

$$\overline{s}_e = \frac{\pi m}{2}\cos^2\alpha \tag{7-3}$$

$$\overline{h}_e = m\left(1 - \frac{\pi}{8}\sin 2\alpha\right) \tag{7-4}$$

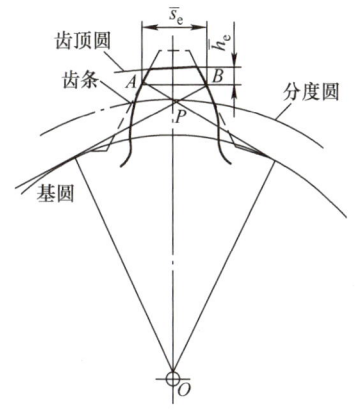

图 7-5　齿轮固定弦齿厚与固定弦齿高

由计算公式可知，固定弦齿厚与固定弦齿高只与齿轮模数、压力角有关，与齿数无关，也就是说不论齿轮的齿数多少，只要模数与压力角一定，它的齿厚尺寸也就固定了。为了简化计算，表 7-4 列出了压力角 α = 20° 时不同模数对应的固定弦齿厚和固定弦齿高，供测量时参考使用。

表7-4　固定弦齿厚与固定弦齿高（α = 20°）　　　　　　　　（单位：mm）

模数 m	固定弦齿厚 $\bar{s}_e$	固定弦齿高 $\bar{h}_e$	模数 m	固定弦齿厚 $\bar{s}_e$	固定弦齿高 $\bar{h}_e$
1	1.3871	0.7476	6	8.3223	4.4854
1.25	1.7338	0.9344	6.5	9.0158	4.8592
1.5	2.0806	1.1214	7	9.7093	5.2330
1.75	2.4273	1.3082	7.5	10.4029	5.6068
2	2.7741	1.4951	8	11.0964	5.9806
2.25	3.1209	1.6820	9	12.4834	6.7282
2.5	3.4677	1.8689	10	13.8705	7.4757
2.75	3.8144	2.0558	11	15.2575	8.2233
3	4.1612	2.2427	12	16.6446	8.9709
3.25	4.5079	2.4296	13	18.0316	9.7185
3.5	4.8547	2.6165	14	19.4187	10.4661
3.75	5.2017	2.8034	15	20.8057	11.2137
4	5.5482	2.9903	16	22.1928	11.9612
4.25	5.8950	3.1772	18	24.9669	13.4564
4.5	6.2417	3.3641	20	27.7410	14.9515
4.75	6.5885	3.5510	22	30.5151	16.4467
5	6.9353	3.7379	24	33.2892	17.9419
5.5	7.6288	4.1117	25	34.6762	18.6895

注：测量斜齿轮时，应按法向模数查表。测量锥齿轮时，应按大端模数查表。

（3）弦齿厚的测量方法　弦齿厚的测量方法如图7-6所示，先根据计算得到的固定弦齿高或分度圆弦齿高调整齿高尺游标。若齿顶圆直径有误差，应计入误差对弦齿高的影响值。测量时，将垂直尺测量面紧贴齿顶面，然后用齿厚尺测量弦齿厚。

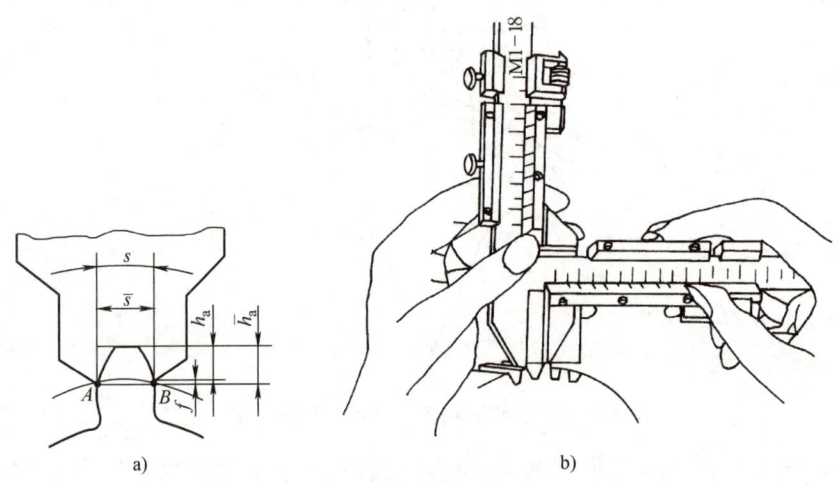

图7-6　分度圆弦齿厚的测量方法
a）测量位置　b）操作示意图

2. 公法线长度的检测方法

公法线长度是两平行平面与齿轮轮齿两异名齿侧相切的两切点间的直线距离（见图7-7）。公法线长度测量是保证齿侧间隙的有效方法，在齿轮加工中因测量简便、准确，不受测量基准的限制而得到广泛应用。

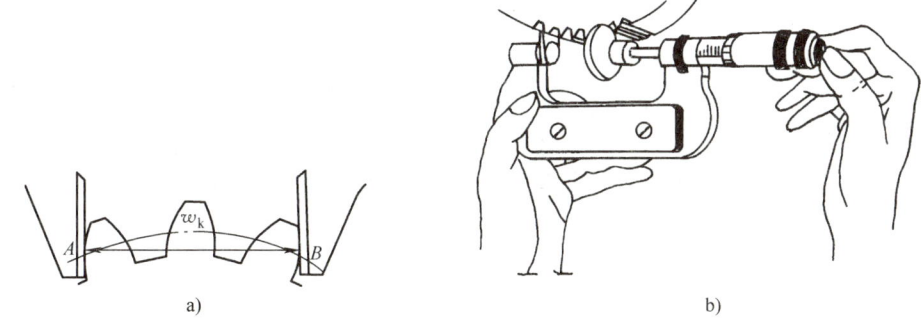

图7-7 公法线长度

a）测量长度 b）操作示意图

（1）公法线千分尺的结构与规格 测量公法线长度通常使用公法线千分尺。公法线千分尺的测砧与外径千分尺不同，主要作用是便于将测砧伸入齿槽进行测量。公法线长度千分尺的规格与外径千分尺相同。测量较大齿轮（$m > 2\text{mm}$）的公法线长度也可以使用普通的游标卡尺。

（2）直齿轮的公法线长度与跨测齿数计算 跨测齿数是根据被测齿轮的齿数和齿形角确定的，目的是使测量点尽量接近分度圆。公法线长度 w_k 与跨齿数 k 的计算公式为

$$k = \frac{\alpha}{180°} z + 0.5 \tag{7-5}$$

$$w_k = m\cos\alpha[(k-0.5)\pi + z\,\text{inv}\alpha] \tag{7-6}$$

式中 k——跨测齿数；

w_k——公法线长度（mm）；

m——齿轮模数（mm）；

α——压力角（°）；

z——齿轮齿数；

$\text{inv}\alpha$——渐开线函数。

当压力角 $\alpha = 20°$ 时

$$k = 0.111z + 0.5 \tag{7-7}$$

$$w_k = m[2.9521(k-0.5)+0.014z] \quad (7\text{-}8)$$

为了简化计算，表 7-5 列出了模数 $m=1$mm、压力角 $\alpha=20°$ 时不同齿数的跨测齿数与公法线长度值，查表后可按 $w_k = m w_k^*$ 的计算值进行测量。

表 7-5　标准直齿圆柱齿轮公法线长度表

（$m=1$mm、$\alpha=20°$ 时）

被测齿轮总齿数 z	跨测齿数 k	公法线长度值 w_k^*/mm	被测齿轮总齿数 z	跨测齿数 k	公法线长度值 w_k^*/mm	被测齿轮总齿数 z	跨测齿数 k	公法线长度值 w_k^*/mm
10	2	4.5683	37	5	13.8028	64	8	23.0373
11		4.5823	38		13.8168	65		23.0513
12		4.5963	39		13.8308	66		23.0653
13		4.6103	40		13.8448	67		23.0793
14		4.6243	41		13.8588	68		23.0933
15		4.6383	42		13.8728	69		23.1074
16		4.6523	43		13.8868	70		23.1214
17		4.6663	44		13.9008	71		23.1354
18		4.6803	45		13.9148	72		23.1494
19	3	7.6464	46	6	16.8810	73	9	26.1155
20		7.6604	47		16.8950	74		26.1295
21		7.6744	48		16.9090	75		26.1435
22		7.6884	49		16.9230	76		26.1575
23		7.7025	50		16.9370	77		26.1715
24		7.7165	51		16.9510	78		26.1855
25		7.7305	52		16.9650	79		26.1995
26		7.7445	53		16.9790	80		26.2135
27		7.7585	54		16.9930	81		26.2275
28	4	10.7246	55	7	19.9591	82	10	29.1937
29		10.7386	56		19.9732	83		29.2077
30		10.7526	57		19.9872	84		29.2217
31		10.7666	58		20.0012	85		29.2357
32		10.7806	59		20.0152	86		29.2497
33		10.7946	60		20.0292	87		29.2637
34		10.8086	61		20.0432	88		29.2777
35		10.8226	62		20.0572	89		29.2917
36		10.8367	63		20.0712	90		29.3057

（续）

被测齿轮总齿数 z	跨测齿数 k	公法线长度值 w_k^* / mm	被测齿轮总齿数 z	跨测齿数 k	公法线长度值 w_k^* / mm	被测齿轮总齿数 z	跨测齿数 k	公法线长度值 w_k^* / mm
91	11	32.2719	118	14	41.5064	145	17	50.7410
92		32.2859	119		41.5205	146		50.7550
93		32.2999	120		41.5344	147		50.7690
94		32.3139	121		41.5484	148		50.7830
95		32.3279	122		41.5625	149		50.7970
96		32.3419	123		41.5765	150		50.8110
97		32.3559	124		41.5905	151		50.8250
98		32.3699	125		41.6045	152		50.8390
99		32.3839	126		41.6185	153		50.8530
100	12	35.3500	127	15	44.5846	154	18	53.8192
101		35.3641	128		44.5986	155		53.8332
102		35.3781	129		44.6126	156		53.8472
103		35.3921	130		44.6266	157		53.8612
104		35.4061	131		44.6406	158		53.8752
105		35.4201	132		44.6546	159		53.8892
106		35.4341	133		44.6686	160		53.9032
107		35.4481	134		44.6826	161		53.9172
108	13	38.4142	135		44.6966	162		53.9312
109		38.4282	136	16	47.6628	163	19	56.8973
110		38.4422	137		47.6768	164		56.9113
111		38.4563	138		47.6908	165		56.9254
112		38.4703	139		47.7048	166		56.9394
113		38.4843	140		47.7188	167		56.9534
114		38.4983	141		47.7328	168		56.9674
115		38.5123	142		47.7468	169		56.9814
116		38.5263	143		47.7608	170		56.9954
117		38.5403	144		47.7748	171		57.0094

（续）

被测齿轮总齿数 z	跨测齿数 k	公法线长度值 w_k^*/mm	被测齿轮总齿数 z	跨测齿数 k	公法线长度值 w_k^*/mm	被测齿轮总齿数 z	跨测齿数 k	公法线长度值 w_k^*/mm
172	20	59.9755	182	21	63.0677	192	22	66.1599
173		59.9895	183		63.0817	193		66.1739
174		60.0035	184		63.0957	194		66.1879
175		60.0175	185		63.1097	195		66.2019
176		60.0315	186		63.1237	196		66.2159
177		60.0456	187		63.1377	197		66.2299
178		60.0596	188		63.1517	198		66.2439
179		60.0736	189		63.1657	199	23	69.2101
180		60.0876	190		66.1319	200		69.2241
181		63.0537	191		66.1459			

7.1.3 直齿圆柱齿轮铣削加工的刀具和选用方法

铣削加工圆柱齿轮的铣刀是铲齿成形铣刀，齿轮铣刀的刃口形状是渐开线齿形，渐开线的形状又与齿轮基圆的大小有关。现行标准把齿轮铣刀按齿轮的齿数划分成段，每一段为一个号数，并把这一段中最少齿数的轮齿齿形作为铣刀的廓形，以免齿轮啮合时发生干涉。具体选择时，当齿轮模数 $m = 1 \sim 8$mm 时，按齿轮的齿数在 8 把一套齿轮铣刀的表 7-6 中选择铣刀号数。当齿轮模数 $m = 1 \sim 8$mm 且精度要求较高时，按齿轮的齿数在 15 把一套齿轮铣刀的表 7-7 中选择铣刀号数。

表 7-6 8 把一套齿轮铣刀号数表

刀具	1	2	3	4	5	6	7	8
所铣齿轮齿数	12～13	14～16	17～20	21～25	26～34	35～54	55～134	135～+∞

表 7-7 15 把一套齿轮铣刀号数表

刀具	1	$1\frac{1}{2}$	2	$2\frac{1}{2}$	3	$3\frac{1}{2}$	4	$4\frac{1}{2}$	5	$5\frac{1}{2}$	6	$6\frac{1}{2}$	7	$7\frac{1}{2}$	8
所铣齿轮齿数	12～13	14	15～16	17～18	19～20	21～22	23～25	26～29	30～34	35～41	42～54	55～79	80～134	135～+∞	

7.1.4 直齿圆柱齿轮铣削加工的检验与质量分析要点

1. 直齿圆柱齿轮的检验

（1）齿形的检验　一般由正确选择铣刀和准确的对刀操作予以保证。

（2）公法线长度的检验　使用公法线千分尺按被测齿轮规定跨测齿数检测公法线长度，检测方便、简单、精度高，不受测量基准的限制，必要时也可使用分度圆弦齿厚检验方法。

（3）分齿精度的检验　由准确的分度操作和分度头传动机构的精度保证，也可通过选择测量多个公法线长度或分度圆齿厚的部位，以间接地检测分齿精度。

2. 直齿圆柱齿轮加工质量分析

（1）齿槽偏斜的主要原因　对刀不准确、铣削时工作台横向未锁紧等。

（2）齿厚（或公法线长度）不等、齿距误差较大的原因　分度操作不准确（少转或多转圈孔），工件径向圆跳动过大，分度时未消除分度间隙，铣削时未锁紧分度头主轴，铣削过程中工件微量角位移等。

（3）齿厚（公法线）超差的原因　测量不准确，铣刀选择不正确，分度失误，调整铣削层深度错误，工作台零位不准（使齿槽铣宽），工件装夹不稳固（铣削时工件松动）等。

（4）齿形误差较大的原因　选错铣刀号数、工作台零位不准确等。

（5）齿向误差大的原因　心轴垫圈不平行，工件装夹后未找正轴向圆跳动，分度头和尾座轴线与进给方向不平行等。

（6）齿面粗糙的原因　铣削用量选择不当，工件装夹刚度差，铣刀安装精度差（圆跳动大），分度头主轴间隙较大等。

7.2　直齿圆柱齿轮铣削操作技能训练实例

技能训练　用盘形齿轮铣刀加工直齿圆柱齿轮

重点与难点：重点掌握直齿圆柱齿轮的铣削方法；难点为对刀与齿厚尺寸的控制操作。

加工图 7-8 所示直齿圆柱齿轮，须按以下步骤进行。

1. 分析图样

（1）齿轮参数分析

1）齿轮模数 $m = 2.5$mm，齿数 $z = 38$，压力角 $α = 20°$。

2）齿顶圆直径 $d_a = \phi 100_{-0.087}^{0}$mm，分度圆直径 $d = \phi 95$mm，齿宽 $b = 25$mm。

（2）齿轮精度要求分析　精度等级 10FJ，公法线长度 $w_k = 34.54_{-0.332}^{-0.126}$mm，跨齿数 $k = 5$。

（3）坯件相关要求分析　基准内孔的精度较高，齿顶圆和基准端面对基准孔轴线的圆跳动公差均为 0.028mm，两端面平行度公差为 0.025mm。

（4）齿面粗糙度要求分析　齿轮齿面通常用轮廓最大高度上限值表示，本例 $Rz = 12.5\mu m$。

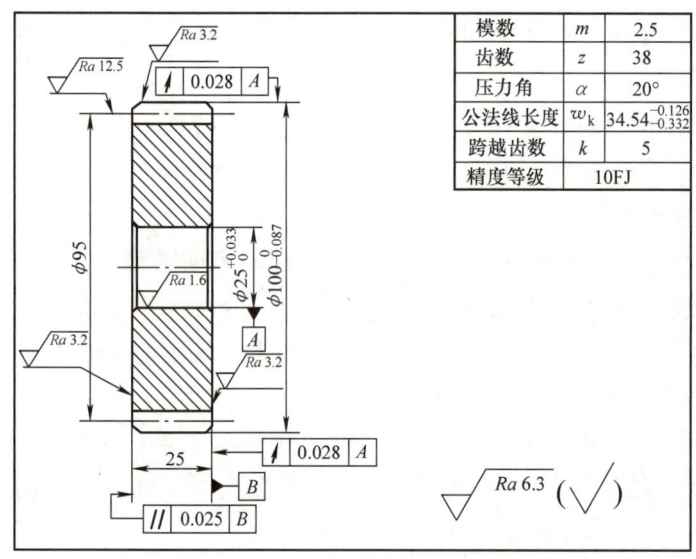

图 7-8　直齿圆柱齿轮工件图

（5）材料分析　工件所用材料为 45 钢，T235（220～250HBW），具有较高硬度。

（6）形体分析　套类零件宜采用专用心轴装夹工件。

2. 拟定加工工艺与工艺准备

（1）拟定直齿圆柱齿轮加工工序过程　拟定在卧式铣床上用分度头加工。铣削加工工序过程：齿轮坯件检验→安装并调整分度头→装夹和找正工件→工件表面划中心线→计算、选择和安装齿轮铣刀→对刀并调整进刀量→试切、预检公法线长度→准确调整进刀量→依次准确分度和铣削→直齿圆柱齿轮铣削工序检验。

（2）选择铣床　选用 X6132 型或类似的卧式铣床。

（3）选择工件装夹方式　在 F11125 型分度头上用两顶尖、鸡心卡头和拨盘装夹心轴与工件，心轴的形式如图 7-9 所示。

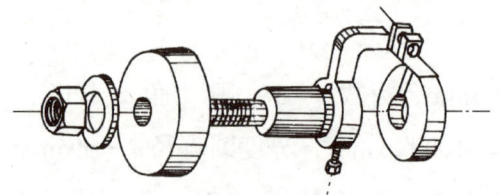

图 7-9　心轴和工件装夹

（4）选择刀具　根据齿轮的模数、齿数和压力角来选择：$m = 2.5$mm、$\alpha = 20°$ 的 6 号齿轮铣刀。

（5）选择检验测量方法　用 25～50mm 公法线千分尺测量公法线长度。

3. 铣削加工

（1）齿轮坯件检验

1）用专用心轴套装工件，用指示表检验工件齿顶圆和内孔基准的同轴度，检验工件端面对轴线的轴向圆跳动误差。

2）用外径千分尺测量齿轮坯件两端面的平行度误差和齿顶圆直径。

（2）安装、调整分度头及其附件　安装分度头，找正分度头主轴顶尖与尾座顶尖的同轴度，与纵向进给方向和工作台面的平行度。计算分度手柄转数 n 调整分度插销、分度盘及分度叉。

$$n = \frac{40}{z} = \frac{40}{38} = 1\frac{3}{57}$$

（3）装夹、找正工件　使工件外圆与分度头主轴同轴，轴向圆跳动误差在 0.03mm 以内，如图 7-10 所示。

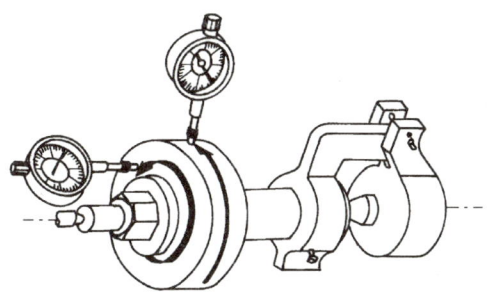

图 7-10　齿轮坯件找正

（4）工件圆柱面划线　在工件圆柱面划出对称中心，间距 3mm 的两条齿槽对刀线。

（5）安装铣刀及调整铣削用量　铣刀安装在刀杆中间部位，主轴的转速调整为 $n = 75$r/min（$v_c \approx 15$m/min），$v_f = 37.5$mm/min。

（6）对刀

1）横向对刀时，分度头准确转过 90°，使划线位于工件上方，调整工作台横向，使齿轮铣刀刀尖位于划线中间，铣出切痕，并进行微量调整，使切痕处于对刀线中间。

2）垂向对刀时，调整工作台，使齿轮铣刀恰好擦到工件圆柱面最高点。

（7）试铣、验证齿槽位置　垂向上升 $1.5m = 1.5 \times 2.5$mm $= 3.75$mm 铣出一条齿

槽。退刀后，将工件转过 90°，使齿槽处于水平位置，在齿槽中放入 $\phi 6\text{mm}$ 的标准圆棒，用指示表测量圆棒；然后，将工件转过 180°，用同样方法进行比较测量，如图 7-11 所示。若指示表的示值不一致，则按示值差的 1/2 微量调整工作台横向，调整的方向应使铣刀靠向指示表示值低的一侧。

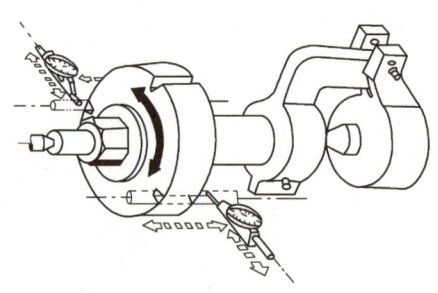

图 7-11　测量齿槽对称度位置

（8）调整齿槽的深度及预检　将工件转过 90°，使齿槽处于铣削位置，根据垂向对刀记号，工作台上升 $2.25m = 2.25 \times 2.5\text{mm} = 5.625\text{mm}$，先上升 5.40mm 进行试切。根据铣削距离，调整好纵向自动挡铁，铣削时使用切削液。试铣 5 个齿槽后，用公法线千分尺预检，测量公法线长度后，第二次吃刀量 Δa 按齿槽精铣深度调整量的估算公式计算：

1）按弦齿厚测量控制尺寸时，齿槽精铣深度调整量的估算公式为

$$\Delta a = 1.37 \left(\overline{s}_\text{e} - \overline{s}_\text{t} \right) \tag{7-9}$$

式中　Δa——精铣时的吃刀量（mm）；

$\overline{s}_\text{e}$——粗铣后的分度圆弦齿厚或固定弦齿厚（mm）；

$\overline{s}_\text{t}$——图样要求的分度圆弦齿厚或固定弦齿厚（mm）。

2）按公法线长度测量控制尺寸时，齿槽精铣深度调整量的估算公式为

$$\Delta a = 1.46 (w_\text{e} - w_\text{t}) \tag{7-10}$$

式中　Δa——精铣时的吃刀量（mm）；

w_e——粗铣后的公法线长度（mm）；

w_t——图样要求的公法线长度（mm）。

本例预检时若测得 $w_\text{e} = 34.68\text{mm}$，根据图样给定的公差值，则 $\Delta a = 1.46 \times (34.68 - 34.54 - 0.12)\text{mm} = 0.0292\text{mm}$。

（9）粗、精铣齿槽　按原铣削位置，逐齿粗铣齿槽；按计算得到的 Δt 值调整工

作台垂向，准确分度精铣齿槽；铣出 6 个齿槽后，可再次复核公法线长度是否符合图样要求，然后依次精铣全部齿槽。

（10）铣削加工注意事项

1）注意按测量的方法选择 Δa 的计算方法。

2）若齿轮齿面质量要求较高，需分粗铣、精铣两次进给铣削，对齿面要求不高或齿轮模数较小时，也可一次进给铣出。为了保证尺寸公差要求，首件一般需要经过两次调整铣削深度，第一次铣削后留约 0.50mm 的余量进行精铣。

3）在预检后第二次升高工作台时，应将公差值考虑进去，否则会使铣出的轮齿变厚而无法正确啮合使用。

4）齿轮的齿槽必须对称于工件中心，否则会发生齿形偏斜，影响齿轮的传动平稳性。因此，对刀后验证齿槽的对称度是加工中的重要环节。

5）若使用的机床是万能卧式铣床，应注意检查铣床工作台的零位是否已对准，未对准时铣削齿轮，会产生多种误差。

4. 检验与质量分析

（1）直齿圆柱齿轮的检验

1）齿形的检验：在铣床上用成形法加工的齿轮精度不高，因此齿形一般由正确选择铣刀和准确的对刀操作予以保证，齿槽对称度的验证也是齿形验证的方法和内容之一。

2）公法线长度检验：测量公法线长度可用游标卡尺和公法线千分尺。前者适用于齿槽较宽、测量精度较低的齿轮。本例采用 25～50mm 的公法线长度千分尺测量，测量的方法与使用外径千分尺基本相同，但应注意测砧之间的齿数应是跨测齿数（本例跨测齿数是 5），测砧与侧面的测量接触力应使用千分尺的测力装置，否则会因测力过大，而影响测量准确性。

3）分齿精度检验：分齿精度由准确的分度操作和分度头传动机构的精度保证。通常的检验方法是选择测量多个公法线长度或分度圆弦齿厚的部位，以间接地检测分齿精度。若公法线长度或分度圆弦齿厚的变动量比较小，分齿精度相应也比较高。

（2）直齿圆柱齿轮加工质量分析

1）齿槽偏斜的主要原因：对刀不准确、铣削时工作台横向未锁紧等。

2）齿厚（或公法线长度）不等、齿距误差较大的原因：分度操作不准确（少转或多转圈孔），工件径向圆跳动过大，分度时未消除分度间隙，铣削时未锁紧分度头主轴，铣削过程中工件微量角位移等。

3）齿厚（公法线）超差的原因：测量不准确，铣刀选择不正确，分度失误，调整铣削层深度错误，工作台零位不准（使齿槽铣宽），工件装夹不稳固（铣削时工件松动）等。

4）齿形误差较大的原因：选错铣刀号数、工作台零位不准确等。

5）齿向误差大的原因：心轴垫圈不平行，工件装夹后未找正轴向圆跳动，分度头和尾座轴线与进给方向不平行等。

6）齿面粗糙的原因：铣削用量选择不当，工件装夹刚度差，铣刀安装精度差（圆跳动大），分度头主轴间隙较大等。

 模拟试卷样例

模拟试卷样例一

一、判断题（对的画√，错的画×。每题1分，共22分）

1. 在铣床上可以加工圆柱孔和椭圆孔。（ ）
2. 圆柱形铣刀和套式面铣刀一样，主要用于周边铣削。（ ）
3. 常用的高速钢大都采用 W18Cr4V 钨系高速钢。（ ）
4. 分度盘（孔盘）的作用是解决非整转数的分度。（ ）
5. 操作过程中，若机床发生故障，应立即通知维修人员。（ ）
6. 铣刀切削刃的强度主要取决于刀具的楔角。（ ）
7. X6132型铣床的主轴是空心轴，前端是莫氏锥孔。（ ）
8. 粗铣时，应选用以润滑为主的切削液。（ ）
9. 用端铣法铣削平面，其平面度的好坏主要取决于铣床主轴轴线与进给方向的垂直度。（ ）
10. 阶梯铣削的铣刀，刀尖圆弧半径最大的，加工的余量最大，属于粗加工铣刀。（ ）
11. 为了提高铣床立铣头回转角度的精度，可采用正弦规检测找正。（ ）
12. 铣削斜面时，若采用转动立铣头方法铣削，立铣头转角与工件斜面夹角必须相等。（ ）
13. 轴上键槽对轴线的对称度要求很高，属于键槽铣削中的形状精度要求。（ ）
14. 用三面刃铣刀铣削台阶时，若万能卧式铣床工作台零位不准，则铣出的台阶宽度上窄下宽，侧面呈凹弧形曲面。（ ）
15. 铣削T形槽底，可直接用半圆键槽铣刀代替T形槽铣刀。（ ）
16. 万能分度头的交换齿轮有12个，均是5的倍数。（ ）
17. 配置分度头交换齿轮时，在符合搭配原则的前提下，主动齿轮之间和从动齿轮之间可以互换位置。（ ）

18. 刻线线条的粗细与刀具的刻制深度有关,与刻线刀的刀尖角无关。（   ）

19. 用两把三面刃铣刀组合铣削外花键,铣刀的外径尺寸不要求相等,而宽度尺寸要求完全相等。（   ）

20. 用两把三面刃铣刀内侧刃铣削外花键,铣刀之间的垫圈厚度应与花键宽度严格相等。（   ）

21. 选择齿轮铣刀时,须根据图样中工件的模数 m 和压力角 α 确定铣刀号数。（   ）

22. 铣削用量的选择顺序是吃刀量、每齿进给量、铣削速度,然后换算成每分钟进给量和每分钟主轴转速。（   ）

二、选择题（将正确答案的序号填入空格内。每题1.5分，共30分）

（一）单选题

1. 大型的箱体零件应选用（   ）铣削加工。
   A. 立式铣床　　B. 仿形铣床　　C. 龙门铣床　　D. 万能卧式铣床

2. 锯片铣刀和切口铣刀的厚度自圆周向中心凸缘（   ）。
   A. 逐渐增厚　　B. 平行一致　　C. 逐渐减薄　　D. 呈台阶状

3. 确定铣削主运动的基础数据是（   ）。
   A. 铣床主轴转速　　　　　　B. 主切削刃的线速度
   C. 铣刀直径　　　　　　　　D. 铣刀齿数

4. 影响切削变形的是铣刀的（   ）。
   A. 后角　　B. 偏角　　C. 前角　　D. 刀尖角

5. 工作台能在水平面内扳转 ±45°的铣床是（   ）。
   A. 卧式铣床　　B. 万能卧式铣床　　C. 龙门铣床　　D. 立式铣床

6. 精加工钢件时,应选择以（   ）为主的切削液。
   A. 润滑　　B. 防锈　　C. 冷却　　D. 清洗

7. 可以采用顺铣的主要措施是:（   ）。
   A. 增加工件重量　　　　　　B. 减小自动进给量
   C. 调整工作台轴向传动间隙　　D. 调整主轴间隙

8. 在铣床上用机用虎钳装夹工件时夹紧力指向（   ）。
   A. 固定钳口　　B. 机用虎钳导轨　　C. 活动钳口　　D. 机用虎钳底盘

9. 铣削矩形工件垂直面时,若铣出的垂直面与基准面之间的夹角 < 90°,应在固定钳口的（   ）垫入纸片和铜片。
   A. 上部　　B. 中部　　C. 下部　　D. 任意位置

10. 键槽的主要技术要求是（   ）。
    A. 长度和深度　　　　　　B. 表面粗糙度
    C. 对称度和宽度　　　　　D. 与基准的位置尺寸

11. 为了防止锯片铣刀折断、打碎，切断工件时，应使锯片铣刀的外圆（　　）。
   A. 高于工件底面　　　　　　　B. 用底面相切
   C. 略低于工件底面　　　　　　D. 尽可能多低于底面

12. 在万能卧式铣床上用三面刃铣刀铣削直角沟槽，若工作台零位未对准，铣出的直角沟槽会（　　）。
   A. 上宽下窄　　　B. 上窄下宽　　　C. 中间宽两端窄　　D. 中间窄两端宽

13. 弹簧夹头是用于装夹直柄铣刀的，通常有（　　）条弹性槽。
   A. 5　　　　　　B. 4　　　　　　C. 3　　　　　　D. 2

14. 半圆键槽的深度借助键块测量，键块的直径应（　　）铣刀直径。
   A. 小于　　　　　B. 等于　　　　　C. 大于　　　　　D. 约等于

15. 在铣床上采用齿轮铣刀进行齿轮铣削的方法称为（　　）。
   A. 展成加工法　　B. 成形加工法　　C. 仿形加工法　　D. 坐标加工法

16. F11125型万能分度头的定数是40，表示（　　）。
   A. 传动蜗杆的直径　　　　　　B. 主轴上蜗轮的模数
   C. 主轴上蜗轮的齿数　　　　　D. 传动蜗杆的轴向模数

17. 铣床上常用的T12320回转工作台的传动比是（　　）。
   A. 1∶60　　　　B. 1∶90　　　　C. 1∶120　　　　D. 1∶40

18. 差动分度是通过差动交换齿轮使（　　）作差动运动来进行分度的。
   A. 分度盘和分度手柄　　　　　B. 分度头主轴和工件
   C. 分度头主轴和工作台丝杠　　D. 分度盘与工作台丝杠

19. 在X5032型铣床上选用直径为100mm，齿数为16的铣刀，转速采用75r/min，铣削速度v_c为（　　）mm/min。
   A. 94.24　　　　B. 11.78　　　　C. 47.12　　　　D. 23.56

20. 用F11125型分度头分度，铣削齿数$z=48$的直齿圆柱齿轮，分度头手柄的转数n应为（　　）。
   A. 18/24　　　　B. 55/66　　　　C. 50/66　　　　D. 22/24

（二）多项选择题（将正确答案的序号填入空格内。每题4分，共48分）

1. 卧式升降台铣床与立式升降台铣床的结构大致相同，所不同的是（　　）。
   A. 床身　　　　　　B. 主轴位置　　　　　C. 工作台
   D. 进给箱　　　　　E. 主轴箱　　　　　　F. 升降台

2. 万能卧式升降台铣床与立式铣床的功用基本相同，通常适宜采用万能卧式铣床加工的内容是（　　）。
   A. 直齿锥齿轮　　　B. 圆盘凸轮　　　　　C. 矩形花键
   D. 斜齿圆柱齿轮　　E. 切断　　　　　　　F. 柱状直线成形面

3. 铣床一级保养内容和部位有（　　）。

A. 外保养 B. 内保养 C. 传动
D. 冷却 E. 润滑 F. 附件

4. 在铣床上铣削齿轮，常用的检测项目为（　　）。

A. 公法线长度 B. 等分误差
C. 分度圆弦齿厚 D. 固定弦齿厚和弦齿高
E. 齿圈径向圆跳动 F. 齿距累积误差
G. 齿形 H. 齿向

5. 硬质合金与高速工具钢相比，具有（　　）等特点。

A. 热硬性好 B. 冲击韧度好 C. 抗弯强度高
D. 耐磨性好 E. 可取较高铣削速度

6. 每分钟进给速度的计算与（　　）有关。

A. 铣刀直径 B. 铣刀材料 C. 铣刀齿数 D. 铣刀转速
E. 铣刀每齿进给量 F. 铣刀每转进给量

7. 铣削通常采用逆铣的原因是（　　）。

A. 机床消耗的功率小 B. 铣削的表面质量高 C. 铣削时不会拉动工作台
D. 适用于较难调整工作台传动间隙的铣床 E. 铣刀每齿进给量较大

8. 采用螺栓压板时应注意（　　）。

A. 螺栓靠近工件 B. 垫块与工件等高
C. 压板在工件上压紧点靠近加工部位 D. 压紧力越大越好
E. 合理布置受压点 F. 注意保护已加工面和工作台面

9. 在轴类零件上方铣削直角沟槽，为了保证槽的对称度不受工件直径变化的影响，应选用（　　）装夹工件。

A. 工作台T形槽直槽定位 B. 轴用虎钳 C. V形块定位
D. 机用虎钳 E. 分度头两顶尖和一顶一夹方式

10. 无法进行简单分度，宜采用差动分度的等分数为（　　）。

A. 61 B. 63 C. 77
D. 80 E. 68 F. 129

11. 矩形花键的技术要求包括（　　）。

A. 键宽和定心面的尺寸精度 B. 定心小径或大径对工件基准的同轴度
C. 键的形状精度 D. 键的等分精度 E. 键的两侧面与基准轴线的平行度
F. 键的两侧面对基准轴线的对称度 G. 键侧对轴线的垂直度

12. 直线移距分度是在（　　）之间安装交换齿轮。

A. 分度头主轴与铣床主轴 B. 分度头主轴与侧轴
C. 分度头主轴与铣床纵向工作台丝杠 D. 分度头侧轴与工作台纵向丝杠
E. 分度头主轴与工作台横向丝杠

模拟试卷样例一答案

一、判断题

1.√　　2.×　　3.√　　4.√　　5.×　　6.√　　7.×　　8.×
9.√　　10.×　　11.√　　12.×　　13.×　　14.√　　15.×　　16.√
17.√　　18.×　　19.×　　20.×　　21.×　　22.√

二、选择题

（一）单项选择题

1.C　　2.C　　3.B　　4.C　　5.B　　6.A　　7.C　　8.C
9.A　　10.C　　11.B　　12.A　　13.C　　14.A　　15.A　　16.C
17.B　　18.A　　19.D　　20.B

（二）多项选择题

1. AB　　　　　2. ACDEF　　　　3. ACDEFG　　　4. ACDEFGH
5. ADE　　　　6. CDEF　　　　7. CD　　　　　　8. ABCEF
9. ABCE　　　10. ABCF　　　11. ABCDEF　　　12. CD

模拟试卷样例二

一、判断题（对的画√、错的画×。每题1.5分，共30分）

1. 铣床床身前壁有燕尾形垂直导轨，升降台沿此导轨垂直移动。　　（　　）

2. 调整X6132型铣床进给速度时，只需转动菌状转盘，使箭头对准选定的进给速度值即可。　　（　　）

3. 前角的主要作用是影响切屑变形、切屑与前刀面的摩擦以及刀具的强度。
　　（　　）

4. 进给速度是工件在进给方向上相对刀具的每分钟位移量。　　（　　）

5. 铣削过程中，切削液不应冲注在切屑从工件上分离下来的部位，否则会使铣刀产生裂纹。　　（　　）

6. 使用机用虎钳装夹工件时，铣削过程中应使铣削力指向活动钳口。　　（　　）

7. 对表面有硬皮的毛坯件，不宜采用顺铣。　　（　　）

8. 用立铣刀铣削台阶面时，若立铣刀外圆上切削刃铣削台阶侧面，则端面切削刃铣削台阶平面。　　（　　）

9. 若轴上半封闭键槽配装一端带圆弧的平键，该槽应选用三面刃铣刀铣削。
　　（　　）

10. 半圆键槽铣刀的端面中心孔，在铣削时可用顶尖顶住，以增加铣刀的刚度。
　　（　　）

11. 在万能卧式铣床上切断较宽的工件，工作台零位不准会使铣刀扭曲折断。
（   ）

12. 分度叉的作用是便于多次重复使用相同圈孔数的分度操作。（   ）

13. 在分度头交换齿轮传动中，惰轮只起连接传动的作用。（   ）

14. 由于刻线线条细，因此在圆柱面上刻线时，刻线刀刀尖不一定要对准工件中心位置。（   ）

15. 用三面刃铣刀单刀铣削外花键时，只需将铣刀的侧刃对准键侧划线，便可保证外花键较高的对称度要求。（   ）

16. 使用键宽极限量规即能检验外花键是否合格。（   ）

17. F11125型分度头只备有一块分度盘（孔盘），最大的孔圈数是40。（   ）

18. 在分度头交换齿轮传动中，惰轮不改变从动齿轮的转速，但改变从动齿轮的转向。（   ）

19. 刻线操作时，每次刻线后均应垂直下降工作台才可以进行退刀操作。
（   ）

20. 铣削外花键键侧时，若调整垂向吃刀量以工件外圆为基准，一次铣出侧面的上升距离应等于$(D-d)/2$。（   ）

二、选择题（将正确答案的序号填入括号内。每题1.5分，共30分）

1. 万能卧式铣床的工作台可以在水平面内扳转（   ）角度，以适应用盘形铣刀加工螺旋槽等工件。

A. ±35°　　　　　　B. ±90°　　　　　　C. ±45°

2. X6132型铣床的主轴前端锥孔锥度是（   ）。

A. 7：24　　　　　　B. 莫氏4号　　　　　C. 1：12

3. 基面是过切削刃上选定点，其方向（   ）假定的主运动方向。

A. 平行于　　　　　　B. 垂直于　　　　　　C. 通过

4. 刀齿齿背是（   ）的铣刀称为铲齿铣刀。

A. 阿基米德螺旋线　　B. 直线　　　　　　　C. 折线

5. 铣削速度的单位是（   ）。

A. m/min　　　　　　B. mm　　　　　　　C. r/min

6. 用高速钢铣刀铣削45钢时，通常选用的铣削速度是（   ）m/min。

A. 5～10　　　　　　B. 20～45　　　　　　C. 60～80

7. 采用切削液能将已产生的切削热从切削区域迅速带走，这主要是切削液具有（   ）作用。

A. 润滑　　　　　　　B. 冷却　　　　　　　C. 清洗

8. 在铣床上用机用虎钳装夹工件，其夹紧力指向（   ）。

A. 活动钳口　　　　　B. 机用虎钳导轨　　　C. 固定钳口

9. 在卧式铣床上用周铣法铣削垂直面与平行面，产生误差的根本原因是（　　）形成的平面与基准面不垂直或不平行。

A. 切削刃　　　　　　B. 刀尖轨迹　　　　　　C. 刀体

10. 选用可倾虎钳装夹工件，铣削与基准面夹角为 α 的斜面，当基准面与预加工表面平行时，虎钳转角 θ =（　　）。

A. α − 90°　　　　　　B. 90° − α　　　　　　C. 180° − α 或 α

11. 在万能卧式铣床上用盘形铣刀铣削台阶时，台阶两侧面上窄下宽，呈凹弧形面，这种现象是由（　　）引起的。

A. 铣刀刀尖有圆弧　　B. 工件定位不准确　　C. 工作台零位不准

12. 键槽铣刀用钝后，为了保持其外径尺寸不变，应修磨铣刀的（　　）。

A. 周刃　　　　　　　B. 端刃　　　　　　　C. 周刃和端刃

13. 为了避免锯片铣刀折损，切断时通常不应使铣刀外圆（　　）。

A. 高于工件底面　　　B. 与工件底面相切　　C. 低于工件底面

14. 万能分度头蜗杆副的啮合间隙应保持在（　　）mm 范围内。

A. 0.10 ~ 0.30　　　　B. 0.001 ~ 0.005　　　C. 0.02 ~ 0.04

15. 选用鸡心卡头、尾座和拨盘装夹工件的方式适用于装夹（　　）的轴类工件。

A. 较短　　　　　　　B. 一端有中心孔　　　C. 两端有中心孔

16. 若需要分度头按 18°、24°、36° 分度，应采用（　　）分度法分度。

A. 简单　　　　　　　B. 角度　　　　　　　C. 差动

17. 用差动分度法分度时，分度手柄的转数 n 按（　　）计算确定。

A. $40/z'$　　　　　　B. $40/z$　　　　　　C. $z'/40$

18. 在铣床上进行刻线加工，刃磨刻线刀时，刀尖角 ε_r 通常选择（　　）。

A. 30° ~ 40°　　　　　B. 45° ~ 60°　　　　　C. 10° ~ 20°

19. 铣成的外花键，若小径两端尺寸有大小，主要原因是（　　）。

A. 铣刀跳动大　　　　　　　　　　　　B. 铣刀转速高

C. 工件上素线与工作台面不平行

20. 在成批大量生产中，通常使用（　　）检验外花键。

A. 综合量规　　　　　B. 百分尺　　　　　　C. 塞规

三、计算题（每题 4 分，共 20 分）

1. 在 X5032 型铣床上用直径为 4mm 的铣刀，若需以 20m/min 的铣削速度铣削，试问铣床主轴转速是否能达到要求？

2. 在 X5032 型铣床上铣削一键槽，槽宽为 10mm，槽长为 40mm，若 v_c = 20m/min，v_f = 75mm/min。试求（1）铣刀直径 d_0。（2）每齿进给量 f_z。（3）铣刀纵向（沿槽向）移动距离 s。

3. 用 $D = 25mm$ 的标准圆棒测量一燕尾块宽度,已知燕尾块宽度 A 应达到 100mm,槽深 $H = 40mm$,槽形角 $\alpha = 60°$,试求圆棒外侧距离 M(见试卷图 1)。

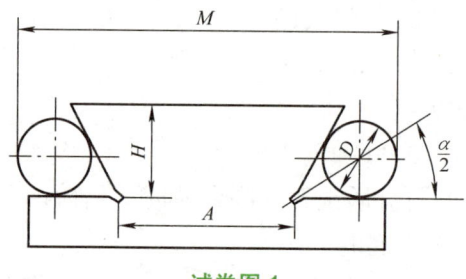

试卷图 1

4. 在 X6132 型铣床上用 F11125 型分度头装夹工件铣削外花键。已知外花键齿数 $z = 8$,键宽 $B = 8mm$,小径 $d = 42mm$。若采用先铣中间槽的方法,试求铣刀最大宽度 L' 并选用铣刀。

5. 在 X6132 型铣床上用 F11125 型分度头分度,采用主轴交换齿轮法进行直线移距刻线,若配置交换齿轮 $z_1 = 90$,$z_4 = 60$,选 $n = 5r$,试校核其刻线每格刻度值是否为 2.25mm?若不正确应如何调整?

四、简答题(每题 4 分,共 20 分)

1. 简述铣床进给变速机构的功用、操作及变速范围。
2. 工件装夹有哪些基本要求?
3. 铣削键槽时,常用哪几种对刀方法?
4. 使用和保养分度头时应注意哪些事项?
5. 铣削外花键时,工件装夹后应找正哪些项目?若找正时偏差大会产生哪些弊病?

模拟试卷样例二答案

一、判断题

1.√ 2.× 3.√ 4.√ 5.× 6.× 7.√ 8.× 9.× 10.√
11.√ 12.√ 13.× 14.× 15.× 16.× 17.× 18.√ 19.√ 20.×

二、选择题

1.C 2.A 3.B 4.A 5.A 6.B 7.B 8.C 9.A 10.C
11.C 12.B 13.C 14.C 15.C 16.B 17.B 18.B 19.C 20.A

三、计算题

1. 解:

$$n = \frac{1000v_c}{\pi d_0} = \frac{1000 \times 20}{\pi \times 4} \text{r/min} = 159\text{r/min},$$

根据 X5032 铣床主轴转速表值，主轴转速最大值是 1500r/min，比所要求转速低，其差值为 1591r/min － 1500r/min ＝ 91r/min。

答：X5032 型铣床主轴转速无法使 d_0 ＝ 4mm 的铣刀达到 v_c ＝ 20m/min 的要求。

2. 解：

（1）键槽应一次铣成，故选 d_0 ＝ 10mm。

（2）键槽铣刀 z ＝ 2，因为 $f_z = \dfrac{v_f}{zn}$，

其中 $n = \dfrac{1000v_c}{\pi d_0} = \dfrac{1000 \times 20}{\pi \times 10}$ r/min ＝ 636.6r/min，选 n ＝ 600r/min，

所以 $f_z = \dfrac{75}{2 \times 600}$ mm/z ＝ 0.063mm/z。

（3）铣刀纵向移动距离 $s = l - d_0$ ＝ 40mm － 10mm ＝ 30mm。

答：（1）选 d_0 ＝ 10mm。（2）每齿进给量 f_z ＝ 0.063mm/z。（3）铣刀纵向移距 s ＝ 30mm。

3. 解：

$$M = A + 2.732D = 100\text{mm} + 2.732 \times 25\text{mm} = 168.30\text{mm}$$

答：圆棒外侧距离 M 应为 168.30mm。

4. 解：

$$L' = d \sin\left[\dfrac{180°}{z} - \arcsin\left(\dfrac{B}{d}\right)\right]$$

$$= 42\text{mm} \times \sin\left[\dfrac{180°}{8} - \arcsin\left(\dfrac{8}{42}\right)\right]$$

$$= 42\text{mm} \times \sin(22.5° - 10.98°) = 8.39\text{mm}$$

答：铣刀最大宽度 L' ＝ 8.39mm，现选用 L ＝ 6mm，d_0 ＝ 63mm 的标准三面刃铣刀。

5. 解：

因为 $\dfrac{z_1 z_3}{z_2 z_4} = \dfrac{40s}{nP_s}$，

所以 $s = \dfrac{z_1 z_3 n P_s}{z_2 z_4 \times 40} = \dfrac{90 \times 5 \times 6}{60 \times 40}$ mm ＝ 1.125mm，1.125 ÷ 2.25 ＝ 0.5。

由计算可知，可改变 z_1、z_4 和 n 的数值，因 z_1 ＝ 90，n ＝ 5 不宜扩大，故缩小 z_4 ＝ 60 数值，按比例 z_4 ＝ 60 × 0.5 ＝ 30 即可使刻度值 s ＝ 2.25mm。

答：经计算校核，当 n ＝ 5，z_1 ＝ 90，z_4 ＝ 60 时，每格刻度值 s ＝ 1.125mm。调整 z_4 ＝ 30，即可使 s ＝ 2.25mm。

四、简答题

1. 答：铣床进给变速机构的功用是将进给电动机的额定转速通过其传动系统，带动工作台实现一定速度的移动。调整进给量时，可拉出菌状转盘，然后转动转盘，使箭头对准选定进给量的数值，再把转盘推回原位置。X6132 型铣床纵向和横向进给量有 23.5～1180mm/min 共 18 种；垂向进给量是纵向和横向进给量的 1/3，相应的有 8～394mm/min 共 18 种。

2. 答：工件装夹的基本要求：①夹紧力不应破坏工件定位；②夹紧力的大小应能保证加工过程中工件不脱离定位；③因夹紧力所产生的工件变形和表面损伤不应超过允许的范围；④夹紧机构应能调节夹紧力的大小；⑤应有足够的夹紧行程；⑥夹紧机构应具有动作快、操作方便、体积小和安全等优点，并具有足够的强度和刚度。

3. 答：铣削键槽时，常用以下对刀方法。①切痕对刀法：是用铣刀在轴上铣出切痕，利用切痕对称中心的方法，包括三面刃铣刀和键槽铣刀两种切痕对刀法。②划线对刀法：是用划针等划线工具在轴上划出对称中心的线条，然后利用划线来对称中心的方法。③擦边对刀法：用铣刀碰擦紧贴在轴侧薄纸，然后按 $0.5(D+d_0)+$ 纸厚来调整铣刀对称中心。④环表对刀法：是用装夹在铣床主轴上的指示表分别与轴的两侧最高点接触，使两侧接触时的最小读数一致，从而达到铣床主轴对称工件中心的方法。

4. 答：分度头的使用和保养应注意以下几点：①分度头蜗杆副的啮合间隙应保持在 0.02~0.04mm 范围内；②在分度头上装夹工件，应先锁紧分度头主轴，施力应适当；③在搬运和调整分度头时，严禁用锤子等物敲打；④分度时，通常应匀速顺摇分度手柄，若摇过了头，应退回半圈以上再按原方向摇到规定位置；⑤分度时，分度手柄上定位销应慢慢插入分度盘孔内；⑥正确使用分度头主轴锁紧手柄，分度时松开，加工时锁紧，但铣螺旋槽时严禁锁紧；⑦工件装夹在分度头上应留有足够的"退刀"距离；⑧注意保持分度头的清洁和润滑，严禁超载使用。

5. 答：铣削外花键时，工件装夹后应找正以下项目：①工件两端的径向圆跳动；②工件的上素线与工作台台面平行；③工件的侧素线与工作台纵向进给方向平行。若工件两端的径向圆跳动超差，会产生外花键等分误差大等多种弊病；若工件上素线与工作台台面不平行，会使外花键小径两端尺寸不一致；若工件侧素线与纵向进给方向不平行，会使外花键键侧平行度超差。